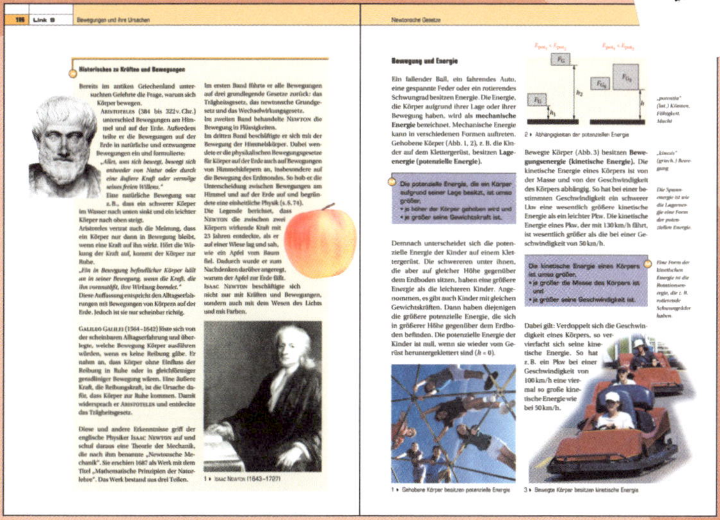

Diese Seiten vermitteln dir – unterstützt durch **Merksätze,** Tabellen und Übersichten – physikalisches Grundlagenwissen über wichtige Begriffe, Gesetze, Erscheinungen und Zusammenhänge.

Ergänzendes und Vertiefendes bietet zusätzliche Informationen.

Vielfältige **Aufgaben** ermöglichen es dir, dein Wissen anzuwenden und zu testen.

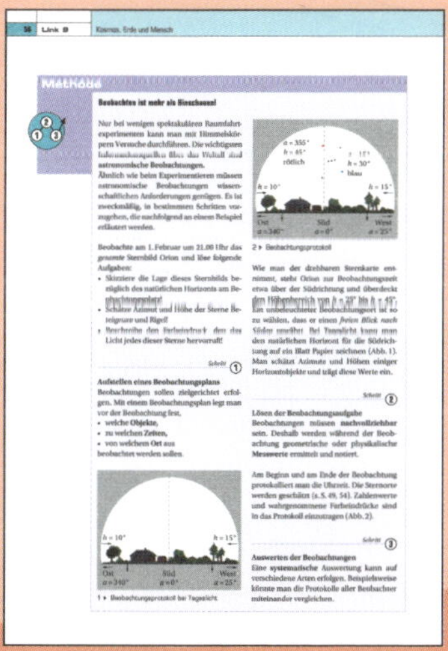

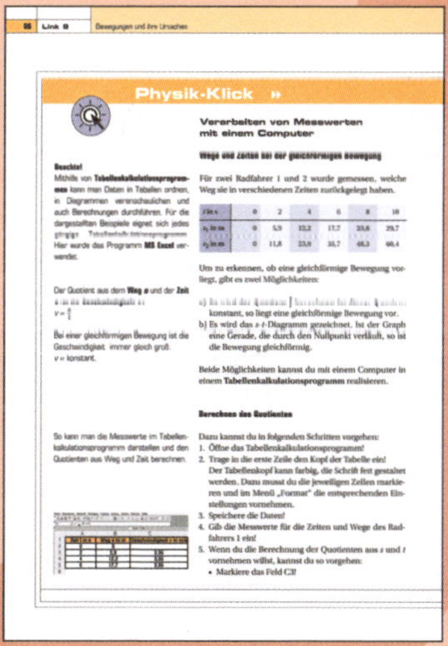

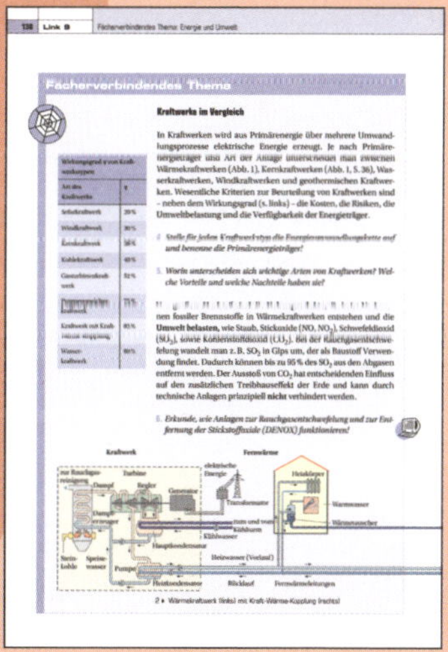

Methoden
Für die Physik charakteristische Denk- und Arbeitsmethoden zeigen dir, wie du bei bestimmten Tätigkeiten (z. B. Erklären, Experimentieren, Protokollieren, Interpretieren, Lösen von Aufgaben) schrittweise vorgehen kannst.

Physik-Klick
Diese Seiten geben dir Anregungen für die Arbeit mit neuen Medien, insbesondere für die Nutzung des Internets.

Fächerverbindendes Thema
Diese Seiten sollen dich zum selbstständigen Bearbeiten von Themen anregen, die eine Verbindung zwischen verschiedenen Fächern herstellen.

Projekte
Neben Sachinformationen werden hier interessante Fragen aufgeworfen, die du in der Gruppe bearbeiten kannst. Außerdem kannst du eigene Projektideen entwickeln.

Inhaltsverzeichnis

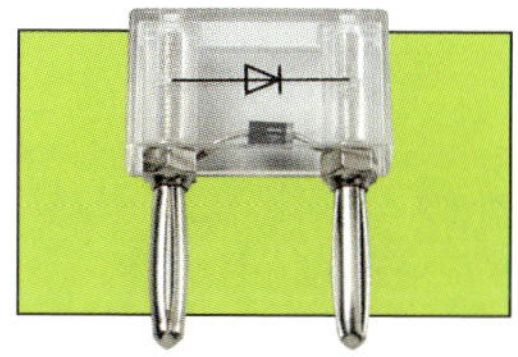

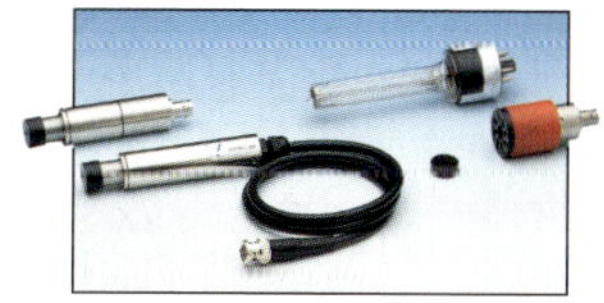

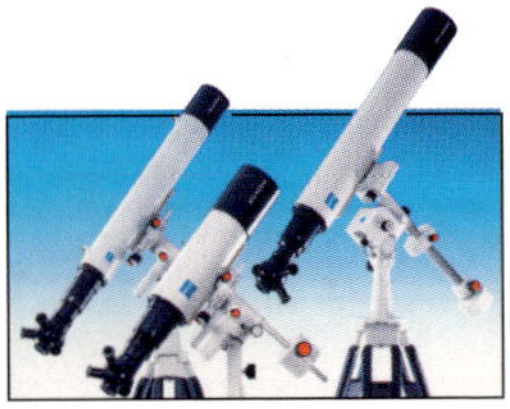

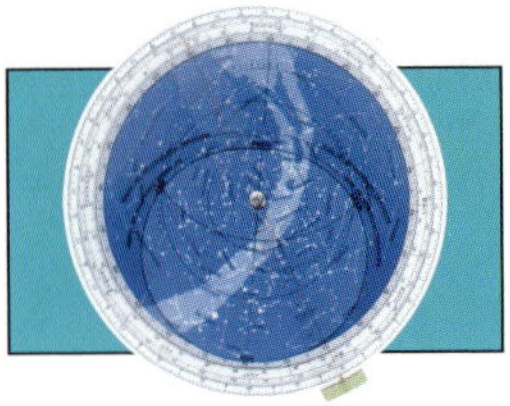

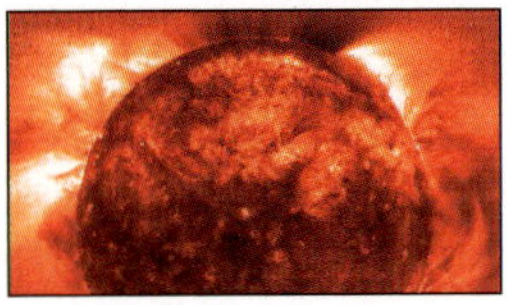

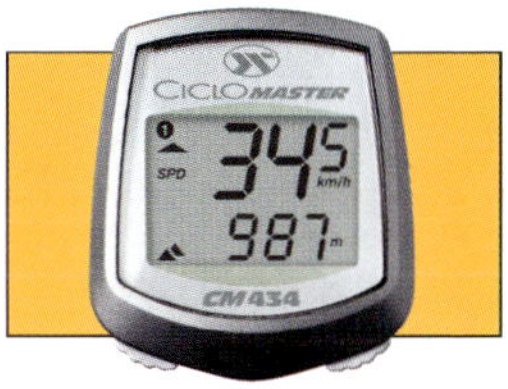
CICLOMASTER
SPD
345
km/h
987
CM434

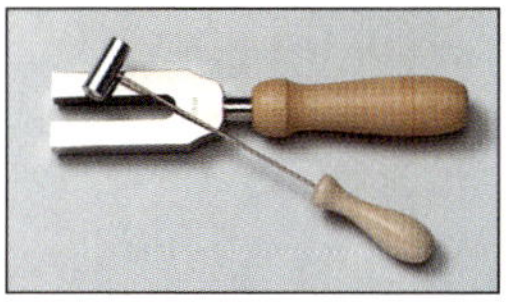

5 Wahlpflichtbereiche Fächerverbindendes Thema

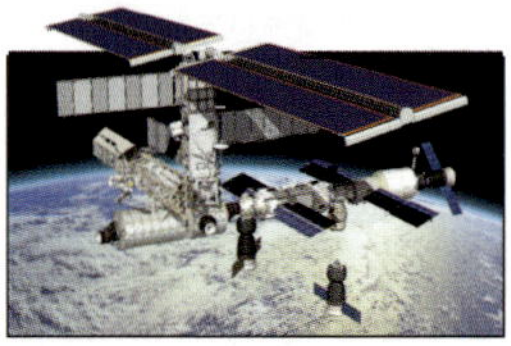

Adam Opel AG: 102/2, 104/1,109/1; Archiv der Archenhold-Sternwarte Berlin: 44/2, 43/3, 46/2, 46/3, 72/4, 74/1; Archiv DUDEN PAETEC Schulbuchverlag: 15/1, 23/2, 27/2, 29/4, 30/1, 32/1, 32/2, 32/3, 47/1, 49/2, 55/1, 55/2, 55/3, 58/1, 64/2, 66/2, 72/3, 74/2, 106/1, 106/2; Astrofoto/Numazawa: 61/1; BAM Berlin: 37/1; Berliner Wasserbetriebe: 141/2; Boeing: 45/3; CERN: 26/1, Corbis: London, Düsseldorf: 8/1; Corel Photos Inc.: 45/2, 96/2, 98/1, 99/1, 100/2, 100/4, 101/1, 101/3, 105/2, 107/3, 114/2, 118/4, 124/3, 134/1, 134/2, 134/3, 135/2, 136/2; Cornelsen Experimenta: 9/2, 9/5, 19/2, 19/3, 20/1, 23/3, 23/5, 28/4, 60/3, 94/1, 101/5, 114/1, 117/2, 117/5, 140/1; DB AG/Klarner: 97/1; DLR Deutsche Luft- und Raumfahrt: 81/4; ESA: 60/2, 104/2, 110/2; Fischer, R., Berlin: 9/3; GNS Gesellschaft für Nuklear-Service mbH: 40/1; Hawk Bike GmbH, Berlin: 118/3; Hemera Photo Objekts: 13/4, 81/2, 84/2, 100/5, 106/3, 116/2, 122/1, 124/1; Informationsstelle für Elektrizitätsanwendung, Zürich: 41/1; Institut für Mikrotechnik, Mainz : 9/4; Jeff Lee Computer art: 128/1, 128/2, 130/1, 130/2; John Foxx Images: 117/4; Kyocera: 16/7; Liesenberg, G., Berlin: 49/3, 49/4, 49/5, 82/3, 108/1, 116/1, 118/5; Mahler, H., Berlin: 38/1; Meyer, L., Potsdam: 11/1, 12/5, 14/1, 15/4, 16/1, 16/2, 16/3, 16/4, 16/5, 16/6, 16/8, 19/1, 21/1, 29/2, 43/5, 81/1, 81/3, 81/5, 82/1, 96/1, 113/1, 117/3, 118/2, 122/2, 124/2, 124/5, 131/1; NASA: 42/1, 60/5, 62/1, 62/2, 62/3, 63/1, 63/1a, 64/1, 66/1, 67/1, 68/3, 70/2, 70/3, 70/4, 71/3, 71/4, 71/5, 71/6, 75/1, 76/1, 76/2, 79/1; NASA, ESA: 43/1; NASA and The Hubble Heritage Team (AURA/STScI): 60/1; NASA/JPL-Caltech/UMD: 72/2; NASA, Nick Galante/PMRF: 18/3; ÖAMTC: 100/1, 100/3, 111/1, 115/1; Photo Disc Inc.: 23/1, 33/2, 43/2, 60/4, 69/2, 71/2, 77/1, 82/4, 91/2, 101/, 107/1, 117/1, 118/1, 124/4, 131/4, 141/1; Photosphere: 22/1; Physikalisch-Technische Bundesanstalt Braunschweig und Berlin: 103/1; PHYWE SYSTEME GmbH & Co. KG, Göttingen: 29/3, 121/4, 133/1; picture-alliance/Bildfunk, Frankfurt am Main: 44/3; picture-alliance/dpa, Frankfurt am Main: 31/2, 33/1, 127/1; picture-alliance/akg-images, Frankfurt am Main: 126/1; Rüd, D., Wölfersheim: 83/2; Scharffenberg, M., Birkenstein: 80/1; Schwarz, O., Gotha: 43/4, 54/2; Siemens AG/München: 9/1, 23/4, 34/1, 36/2/, 82/2, 139/1a/1b; SOHO/MDI: 67/2; Technorama, Schweiz: 119/2; Thüringisches Landesamt für Archäologie und Denkmalpflege, Weimar: 33/3; Universitätssternwarte Bonn, M. Altmann: 62/4; Volkswagen AG: 101/4; Wacker Siltronic AG, Burghausen: 10/2

Titel: picture-alliance/dpa/dpaweb, ESA/EUMETSAT

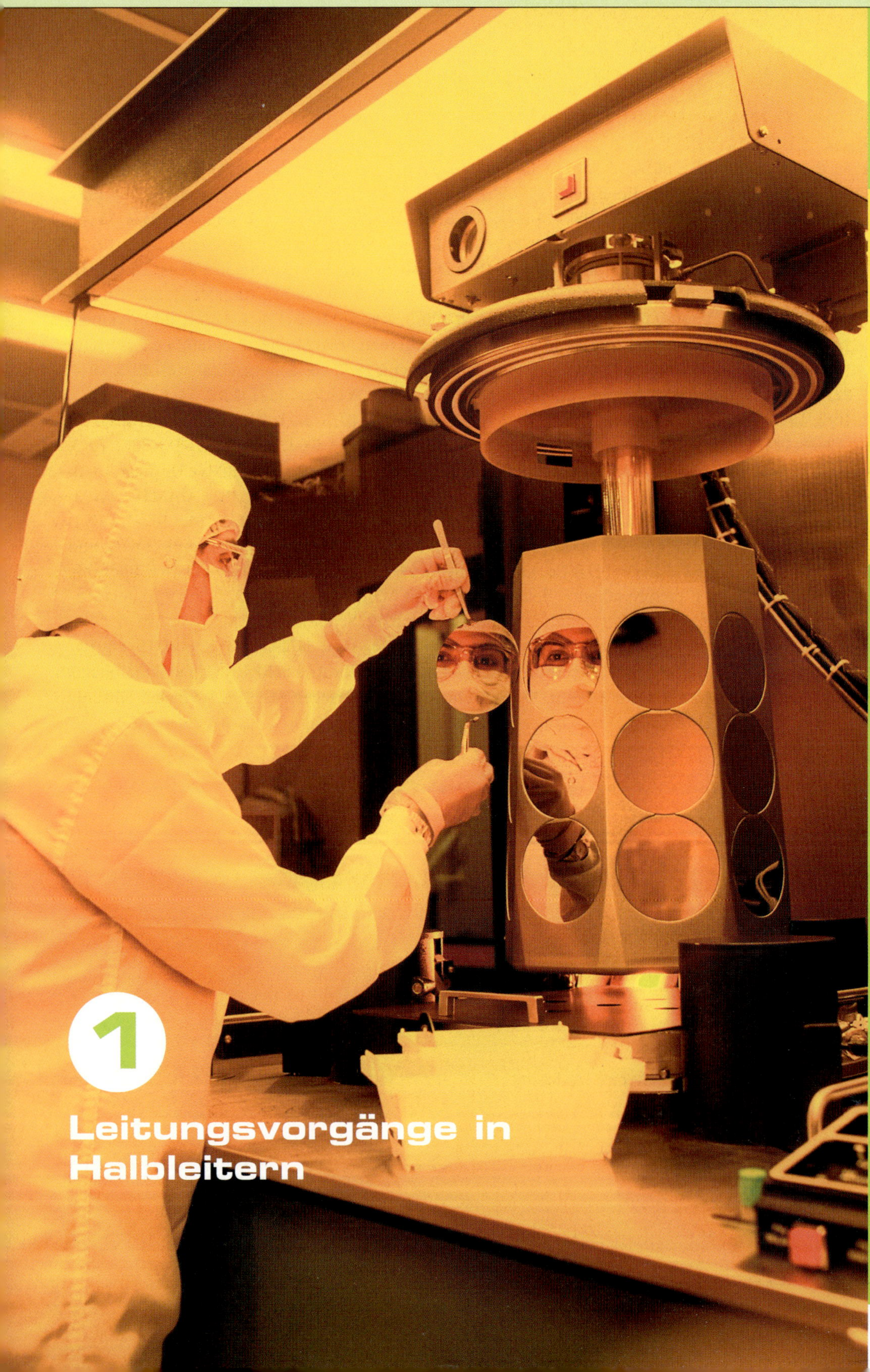

1 Leitungsvorgänge in Halbleitern

Halbleiter und ihre Nutzung

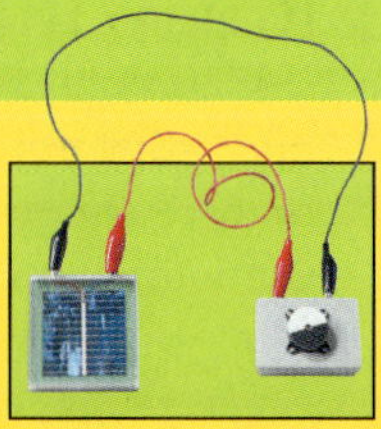

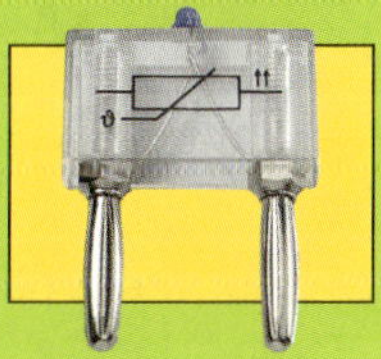

Silicium – ein besonderer Stoff ▸▸ Halbleiterscheiben (Wafer) aus Silicium sind das Ausgangsmaterial für Chips, die man heute nicht nur in Computern, sondern auch in vielen anderen Geräten und Anlagen findet.
Was unterscheidet Silicium von anderen Stoffen? Warum stellt man Siliciumscheiben in Reinsträumen her?

Hell und sparsam ▸▸ Bei vielen Leuchtanzeigen, z. B. in Stereoanlagen und Haushaltsgeräten, werden heute Leuchtdioden anstelle von kleinen Glühlampen verwendet. Leuchtdioden sind spezielle Halbleiterdioden. Sie haben gegenüber Glühlampen den Vorteil, dass sie kleiner und billiger sind und erheblich länger halten.
Wie sind Leuchtdioden aufgebaut und wie kommt ihre Lichtwirkung zustande?

Leitung in Halbleitern

Von reinen Halbleitern spricht man, wenn auf mehr als 10^9 Siliciumatome ein Fremdatom oder ein Gitterfehler kommt.

Halbleiter sind Stoffe, deren elektrische Leitfähigkeit zwischen der von Leitern und Isolatoren liegt. Diese Leitfähigkeit ist bei reinen Halbleitern wie Silicium, Germanium und Selen nur gering.

Im Unterschied zu Metallen sind bei einem reinen Halbleiter bei **Zimmertemperatur** alle **Elektronen** im Gitter fest gebunden (Abb. 2). Einzelne Elektronen können aber diese Bindung verlassen. Dabei entsteht jeweils eine Fehlstelle, ein **Loch.** Man spricht auch von **Defektelektronen.** Diese Löcher oder Defektelektronen werden teilweise wieder durch Elektronen besetzt. Im Mittel sind aber immer ein paar freie Elektronen und Löcher vorhanden und stehen als frei bewegliche Ladungsträger zur Verfügung (1. Voraussetzung des elektrischen Leitungsmodells). Wird an einen solchen reinen Halbleiter eine Spannung angelegt (2. Voraussetzung des elektrischen Leitungsmodells), dann laufen parallel zueinander folgende Vorgänge ab:

- Die wenigen freien Elektronen bewegen sich in Richtung Pluspol der elektrischen Quelle.
- In die Löcher springen benachbarte, ursprünglich gebundene Elektronen.

Dadurch erfolgt insgesamt eine Bewegung von Elektronen in der einen Richtung und gleichzeitig von Löchern in der entgegengesetzten Richtung (Abb. 1). Dieser Leitungsmechanismus wird als **Eigenleitung** bezeichnet.

Die Eigenleitung ist technisch kaum nutzbar.

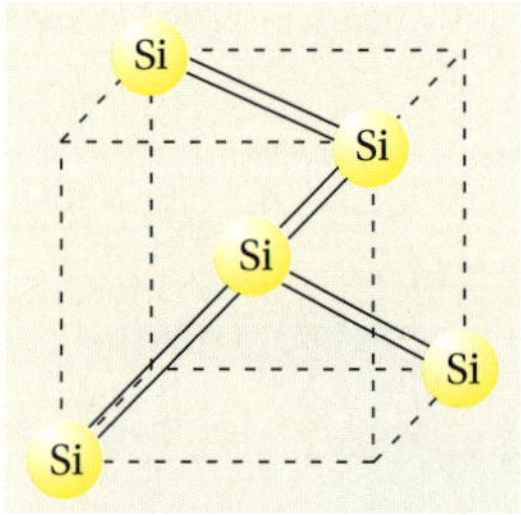

2 ▸ Räumliche Darstellung von Silicium: Bei reinem Silicium sind fast alle Elektronen im Gitter fest gebunden. Das Foto rechts zeigt Silicium.

Die Leitfähigkeit eines Halbleiters kann gezielt erhöht werden, wenn man Atome anderer Elemente (Fremdatome) einbringt, die mehr oder weniger Außenelektronen haben als die Halbleiteratome. Man nennt diesen Vorgang **Dotieren.** Beim Dotieren entstehen **Störstellen** mit freien Elektronen oder Löchern. Die darauf basierende Leitung wird **Störstellenleitung** genannt.

Bei Halbleitern erfolgt der elektrische Leitungsvorgang durch Elektronen und Löcher (Defektelektronen). Je nach der Dotierung unterscheidet man zwischen n-Halbleitern und p-Halbleitern.

Die beiden grundsätzlichen Möglichkeiten des Dotierens sind auf S. 11 oben dargestellt. Bewegen sich vorrangig negativ geladene Elektronen, so spricht man von **n-Leitung.** Erfolgt die Leitung vor allem durch Löcher, so wird von **p-Leitung** gesprochen.

freies Elektron
Loch/Defektelektron

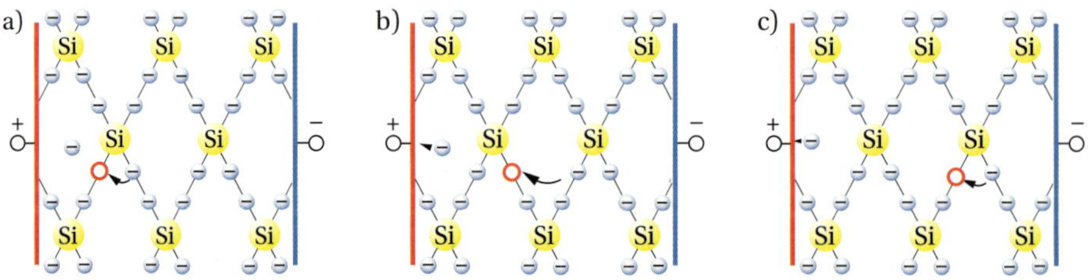

1 ▸ Eigenleitung in Silicium im elektrischen Leitungsmodell: Beim Anlegen einer Spannung bewegen sich die Elektronen in Richtung Pluspol und die Löcher in Richtung Minuspol.

1

n-Halbleiter	p-Halbleiter
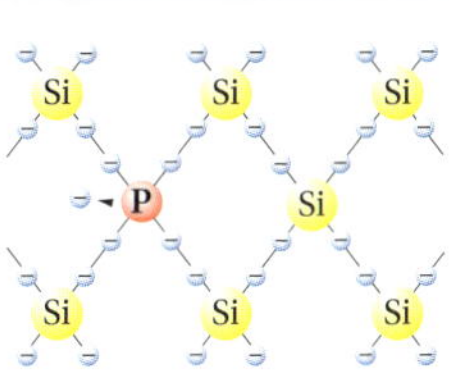 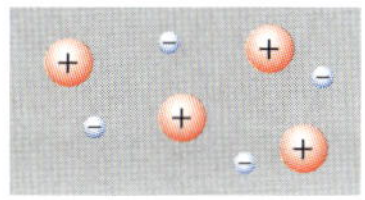 Phosphor-Ion freies Elektron	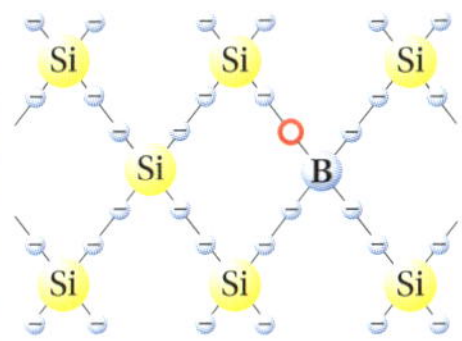 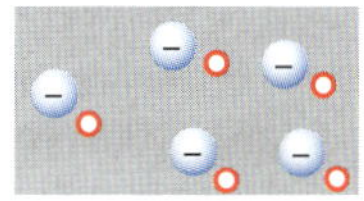 Bor-Ion Defektelektron (Loch)
Wird ein Phosphoratom (5-wertig) in Silicium dotiert, kann ein Außenelektron des Phosphors nicht gebunden werden und steht als freies Elektron für eine **n-Leitung** zur Verfügung.	Wird in ein Siliciumkristall ein Boratom (3-wertig) dotiert, kann ein Außenelektron eines Siliciumatoms nicht gebunden werden. Es bleibt ein Loch, das für eine **p-Leitung** zur Verfügung steht.

Der elektrische Widerstand eines Halbleiters ist ebenso wie der eines Metalldrahtes **temperaturabhängig.** Im Halbleiter wirken zwei gegensätzliche Vorgänge. Einerseits führen bei höherer Temperatur die Atome und Ionen des Halbleiterkristalls stärkere Schwingungen um ihre Ruhelage aus und behindern dadurch stärker die Bewegung der frei beweglichen Elektronen.
Andererseits können sich bei einer höheren Temperatur mehr Außenelektronen aus ihren Bindungen lösen. Somit stehen mehr frei bewegliche Ladungsträger und Löcher zur Verfügung. Je nachdem, welcher dieser Vorgänge überwiegt, steigt oder sinkt der Widerstand eines Halbleiters bei Temperaturerhöhung. Solche temperaturabhängigen Halbleiterwiderstände bezeichnet man als **Thermistoren,** wobei man zwischen Kaltleitern und Heißleitern unterscheidet. Bei **Kaltleitern** wird der elektrische Widerstand umso größer, je höher die Temperatur ist. Bei **Heißleitern** nimmt der elektrische Widerstand mit steigender Temperatur ab (Übersicht unten). Die Stromstärke steigt und dient als Maß für die Temperatur. Das nutzt man in elektronischen Thermometern.

Die Leitfähigkeit und damit der Widerstand von Halbleitern kann auch durch die Stärke des einfallenden Lichts beeinflusst werden. Das wird bei **Fotowiderständen** (s. unten) genutzt: Je stärker sie mit Licht beleuchtet werden, desto besser leiten sie den elektrischen Strom. Das Licht steuert den elektrischen Strom.

LDR
Light Dependent Resistor

Thermistoren		Fotowiderstände (LDR) 
Heißleiter (NTC-Widerstand)	**Kaltleiter (PTC-Widerstand)**	
Mit steigender Temperatur ϑ verringert sich der Widerstand. 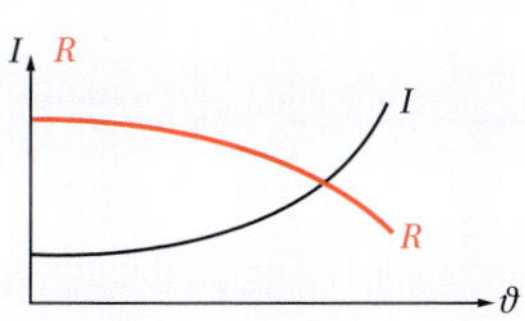	Mit steigender Temperatur ϑ vergrößert sich der Widerstand. 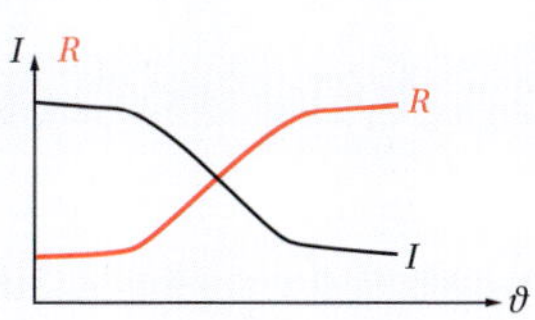	Mit zunehmender Beleuchtungsstärke E verringert sich der Widerstand. 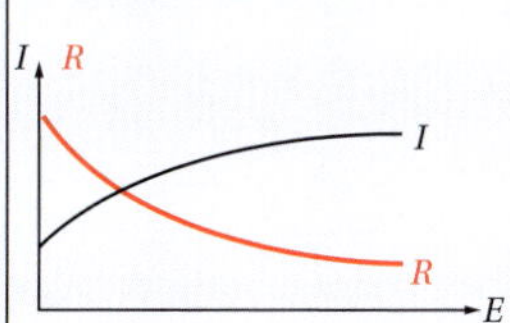

PTC
Positive Temperature Coefficient

NTC
Negative Temperature Coefficient

Die Halbleiterdiode

Der Begriff Diode geht auf diodos (griech.) zurück und bedeutet Übergang.

Eine **Diode** ist ein elektronisches Bauelement, das aus zwei unterschiedlich dotierten Schichten desselben Grundmaterials aufgebaut ist. Häufig wird dazu dotiertes Silicium verwendet. In dem Bereich, in dem sich die unterschiedlich dotierten Schichten, der **p-Halbleiter** und der **n-Halbleiter,** berühren, geschieht Folgendes:
Die freien Elektronen, die sich ungeordnet bewegen, gelangen in den p-Halbleiter und besetzen dort die Löcher. Dies führt dazu, dass in einem schmalen Bereich, dem **pn-Übergang,** keine frei beweglichen Ladungsträger vorhanden sind. Es entsteht eine **Grenzschicht,** die nicht leitend ist (Abb. 2, 3).

Im pn-Übergang rekombinieren Elektronen und Löcher.

Wird nun der n-Leiter einer Diode mit dem Minus-Pol und der p-Leiter mit dem Pluspol der elektrischen Quelle verbunden (Abb. 1a), so werden die freien Elektronen in die Grenzschicht gedrückt und können diese ab einer bestimmten Spannung überwinden. Diese Spannung beträgt bei Siliciumdioden ca. 0,7 V und bei Germaniumdioden ca. 0,35 V. Bei größeren Spannungen wird der Widerstand der Diode sehr klein. Die Diode lässt in dieser Richtung den Strom hindurch. Sie ist in **Durchlassrichtung** gepolt (Abb. 1b).

Die Breite der Grenzschicht beträgt nur Bruchteile eines Millimeters.

Bei umgekehrter Polung wandern die freien Elektronen in Richtung Pluspol (Abb. 4 a). Die Grenzschicht wird dadurch verbreitert und hat einen sehr großen elektrischen Widerstand. Die Diode lässt demzufolge in dieser Richtung keinen Strom hindurch. Sie ist in **Sperrrichtung** geschaltet. Damit wirkt die Diode in dieser Schaltung wie ein Isolator.

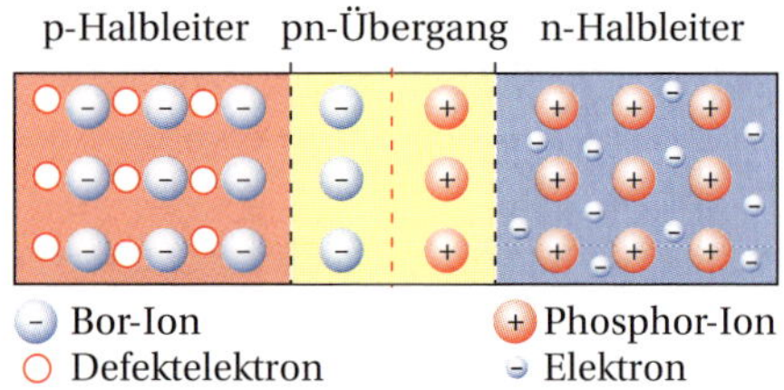

2 ▸ Aufbau einer Halbleiterdiode: Die großen Teilchen sind die ortsfesten Ionen der Dotierungsstoffe.

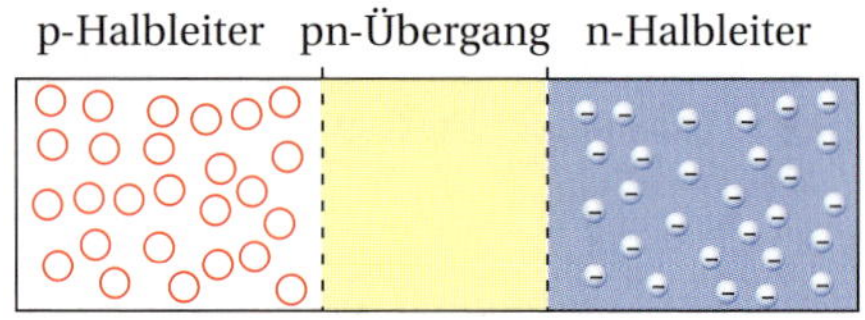

3 ▸ Vereinfachte Darstellung des Aufbaus einer Halbleiterdiode: In der Grenzschicht gibt es keine frei beweglichen Ladungsträger.

Schaltzeichen einer Halbleiterdiode

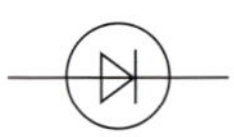

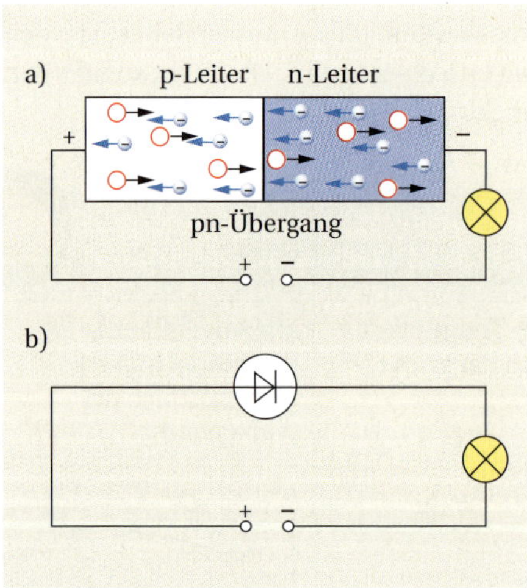

1 ▸ Diode in Durchlassrichtung: Der Pluspol der Spannungsquelle liegt am p-Leiter.

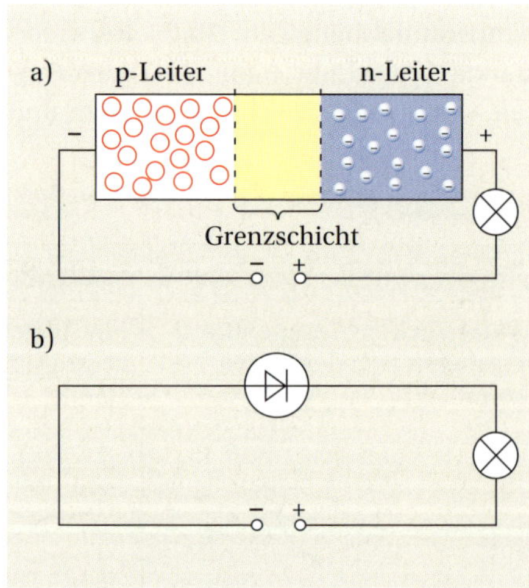

4 ▸ Diode in Sperrrichtung: Der Pluspol der Spannungsquelle liegt am n-Leiter.

1

Ein pn-Übergang lässt den elektrischen Strom nur in einer Richtung hindurch.

Diese Eigenschaft eines pn-Übergangs ist grundlegend für die gesamte Halbleiterelektronik und wird auch bei anderen Halbleiterbauelementen genutzt.

Die Eigenschaften der Diode werden mit der *I-U*-Kennlinie (Abb. 2) beschrieben. Aus dieser Kennlinie ist ablesbar: In Sperrrichtung fließt trotz anliegender Spannung kein Strom. Ursache dafür ist der große Widerstand der Grenzschicht.

Auch in Durchlassrichtung fließt bis zu einer Spannung von ca. 0,7 V kein Strom. Erst bei dieser Spannung können Elektronen die Grenzschicht überwinden. Bei Spannungen von mehr als 0,7 V steigt die Stromstärke stark an, da der Widerstand der Diode nun sehr klein ist.

Da eine Diode den Strom nur in einer Richtung hindurchlässt, wird sie zur Gleichrichtung von Wechselströmen genutzt. Halbleiterdioden sind **Gleichrichter.**
Abb. 1a zeigt eine einfache Gleichrichterschaltung. Bei einer solchen Gleichrichterschaltung wird eine Halbkurve des Wechselstroms „abgeschnitten" (Abb. 1b).

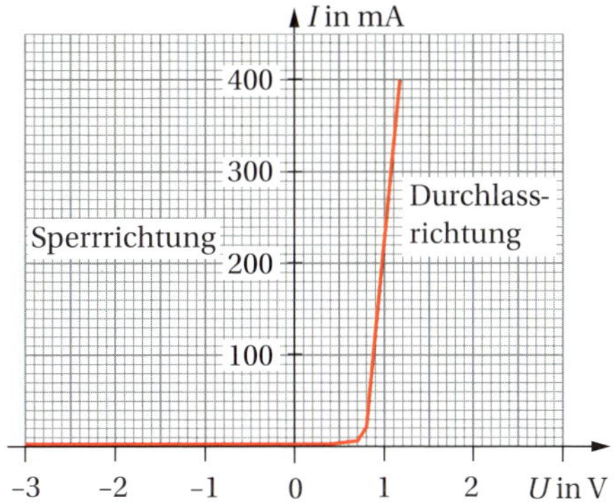

2 ▸ *I-U*-Kennlinie einer Siliciumdiode

Will man beide Halbkurven nutzen, so muss man eine Zweiweggleichrichterschaltung anwenden, so wie sie in Abb. 3 dargestellt ist.
Beim elektrischen Stromfluss durch Dioden in Durchlassrichtung bewegen sich Elektronen in Löcher und werden wieder zu Außenelektronen in einer Atombindung. Dabei geben sie Energie ab. Diese Energie kann als Wärme abgestrahlt oder als Licht ausgesendet werden.

Die Aussendung von Licht wird bei **Leuchtdioden** (Lichtemitterdioden, LED, S. 14) genutzt. Wegen ihrer geringen Abmessungen und des relativ geringen Energieverbrauchs eignen sich Leuchtdioden vor allem zur Anzeige.

LED
Light
Emitting
Diode

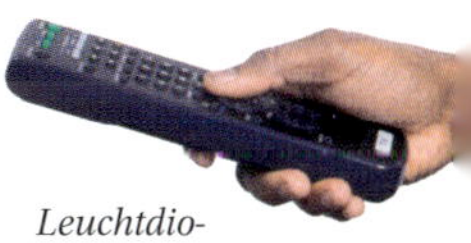

Leuchtdioden, die unsichtbares infrarotes Licht aussenden, nutzt man bei Fernbedienungen.

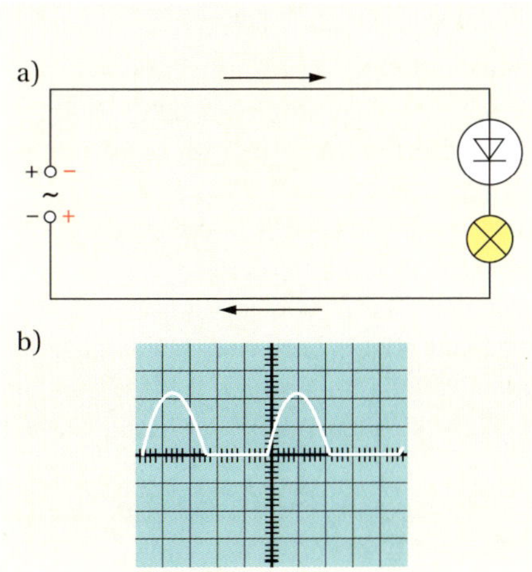

1 ▸ Schaltung eines Gleichrichters (a) mit Bild des pulsierenden Gleichstroms (b)

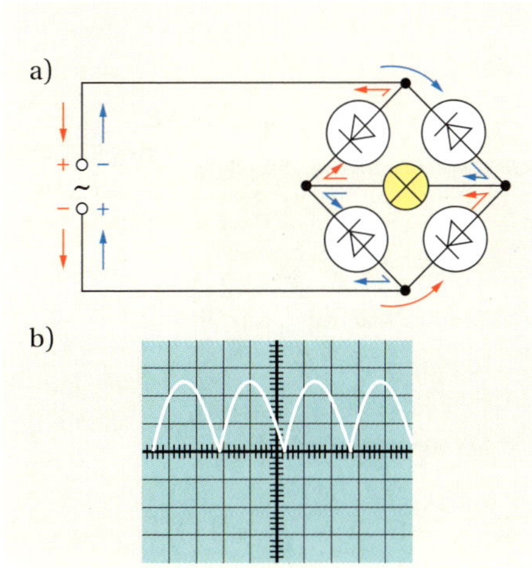

3 ▸ Schaltung von vier Gleichrichtern (a) mit Bild des pulsierenden Gleichstroms (b)

Physik-Klick

Internetrecherche, z. B. unter www.schuelerlexikon.de: Suchwort Leuchtdiode

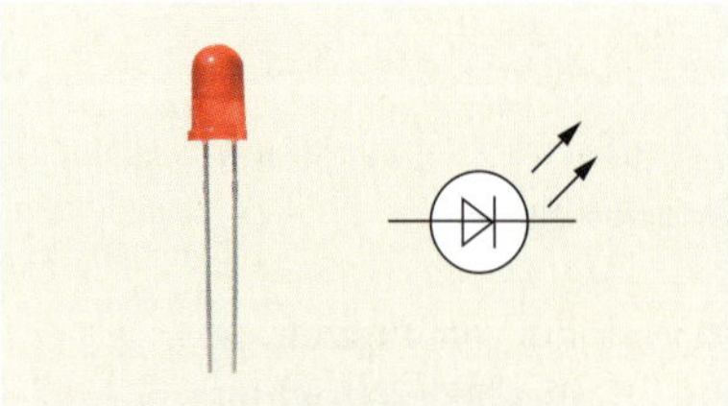

Leuchtdiode und Schaltzeichen

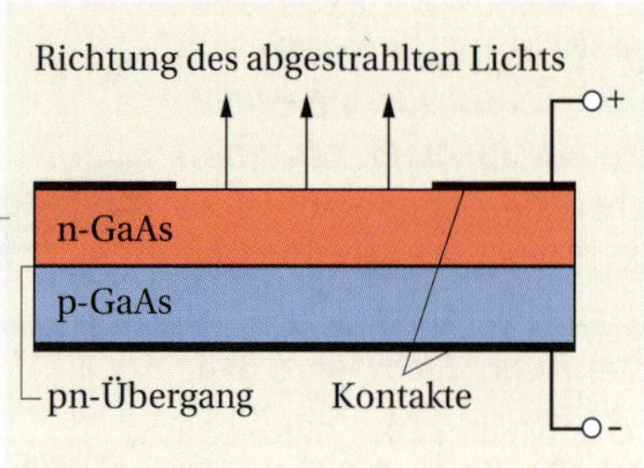

Leuchtdioden sind so gebaut, dass das im pn-Übergang entstehende Licht aus der Diode in einer bestimmten Richtung austreten kann. Die Abbildung zeigt eine verbreitete Bauform, einen Flächenstrahler.

Leuchtdioden werden u. a. als Anzeigelampen genutzt.

Leuchtdiode

Leuchtdioden, auch **Lumineszenzdioden, Lichtemitterdioden** oder **LED** (abgeleitet vom englischen **l**ight **e**mitting **d**iode) genannt, sind spezielle **Halbleiterdioden,** die beim Betrieb in Durchlassrichtung Licht in einem bestimmten Wellenlängenbereich aussenden. Die Umkehrung der Leuchtdiode ist die **Fotodiode.**

Aufbau und Wirkungsweise

Leuchtdioden bestehen wie andere Arten von Dioden aus einem **n-Halbleiter** und einem **p-Halbleiter** mit einem dazwischenliegenden, sehr dünnen **pn-Übergang.** Als Grundmaterial verwendet man vor allem **Galliumarsenid** (GaAs) und **Galliumphosphid** (GaP), wobei unterschiedliche Stoffe zur Dotierung genutzt werden. Diese Stoffe bestimmen die Farbe des Lichts, das ausgesandt wird.

Die Leuchtdiode wird in Durchlassrichtung geschaltet. Dann fließt durch den pn-Übergang ein Strom und es kommt zu einer **Rekombination** von Elektronen und Löchern (Defektelektronen). Bei dieser Rekombination wird Energie frei, die in Form von Licht abgegeben wird. Dabei gilt:

- Die Stoffe, aus denen die Leuchtdiode besteht, bestimmen die Farbe des Lichts.
- Durch die Form der Diode wird bestimmt, von welcher Fläche Licht abgegeben wird. Die wichtigsten Formen sind Flächenstrahler, halbkugelförmige Strahler und strichförmige Strahler.

Leuchtdioden nutzt man z. B. zur Anzeige, in Taschenlampen und Autoscheinwerfern.

Aus der Entwicklung der Halbleiter-Elektronik

Bereits im 19. Jahrhundert wurden Halbleiter für verschiedene Zwecke (z. B. Fotometer, Gleichrichter) von Wissenschaftlern genutzt. Erklären konnte man die Leitungsvorgänge in Halbleitern aber noch nicht. So war es auch nicht möglich, Halbleiter mit ganz bestimmten Eigenschaften in größeren Stückzahlen herzustellen.

Bis in die 30er Jahre des 20. Jahrhunderts nutzte man in der sich entwickelnden Nachrichtentechnik vor allem Elektronenröhren, aber kaum Halbleiter. Auch die ersten größeren Computer wurden entweder mit Relais oder mit Elektronenröhren gebaut. Der Großrechner **ENIAC** (Electronic Numerical Integrator And Computer), der 1945 an der Universität von Pennsylvania (USA) entwickelt wurde, hatte 18 000 Röhren, eine Masse von 30 t und eine elektrische Leistung von 150 kW.

Durch Forschungsarbeiten in den 40er Jahren, vor allem in den USA, lernte man die Leitungsvorgänge in Halbleitern zu verstehen und gezielt zu nutzen. Der entscheidende Durchbruch für die Halbleiter-Elektronik gelang 1947–1949 mit der Entdeckung des Transistoreffekts durch die amerikanischen Wissenschaftler W. H. BRATTAIN, J. BARDEEN und W. SHOCKLEY (Abb. 1), die dafür 1956 den Nobelpreis für Physik erhielten. 1948 meldeten sie ein verstärkendes Halbleiterbauelement zum Patent an. 1949 wurde der erste Transistor gebaut. **Transistoren** sind Halbleiterbauelemente, die aus drei unterschiedlich dotierten Schichten desselben Grundmaterials, meist Silicium, bestehen. Je nach Dotierung unterscheidet man zwischen **npn-** und **pnp-Transistoren.** Die drei Schichten heißen **Emitter** (E), **Basis** (B) und **Kollektor** (C). Durch das Anlegen einer Basis-Emitter-Spannung wird ein Transistor zwischen Emitter und Kollektor elektrisch leitend. Im Kollektorstromkreis fließt ein elektrischer Strom (Abb. 2). Weil dieses bei einer bestimmten Spannung geschieht, kann mit dem Basisstromkreis ein Kollektorstromkreis ein- bzw. ausgeschaltet werden. Der Transistor dient als **elektronischer Schalter.**

1 ▸ WILLIAM SHOCKLEY (1910–1989), WALTER HOUSER BRATTAIN (1902–1987) und JOHN BARDEEN (1908–1991)

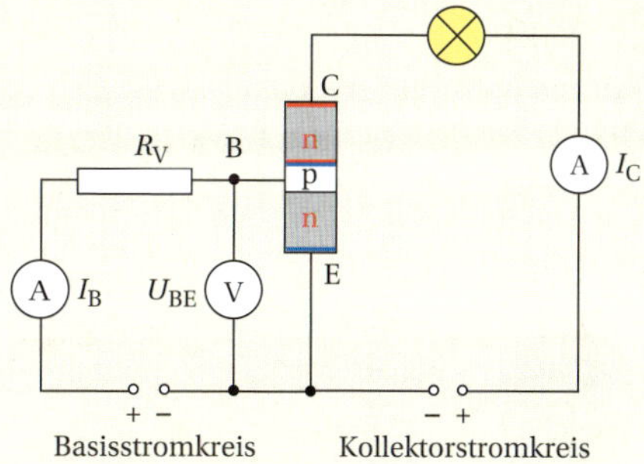

2 ▸ Schaltung eines npn-Transistors

Da eine kleine Änderung der Basisstromstärke eine große Änderung der Kollektorstromstärke bewirkt (Abb. 3), kann ein Transistor auch als **Verstärker** genutzt werden. Im Beispiel in Abb. 3 ist die Kollektorstromstärke ca. 100-mal so groß wie die Basisstromstärke.

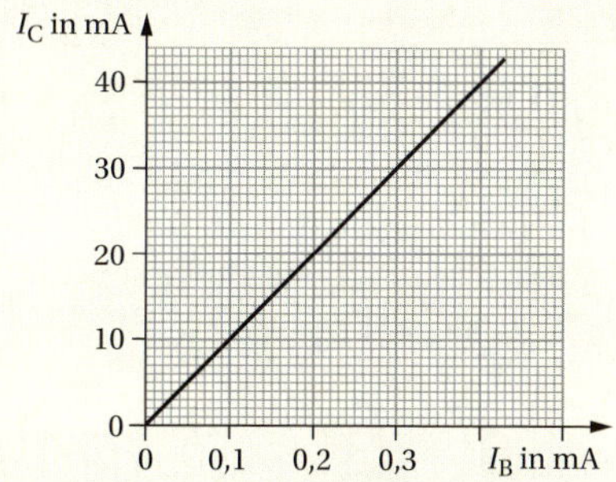

3 ▸ I_C-I_B-Kennlinie eines Siliciumtransistors: Mit einem kleinen Basisstrom wird ein großer Kollektorstrom gesteuert.

Elektronische Bauelemente im Überblick

Thermistor

Thermistoren sind stark temperaturabhängige Widerstände aus halbleitenden Metalloxiden. Ihr Widerstand vergrößert oder verkleinert sich mit steigender Temperatur.

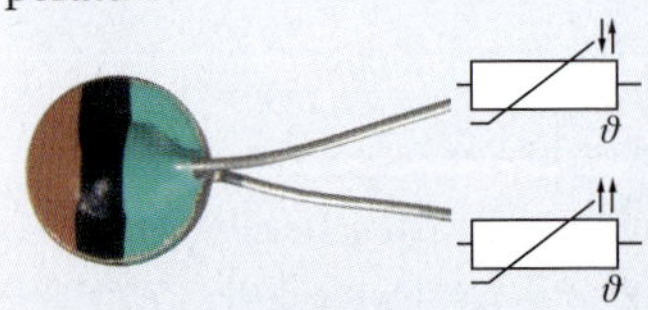

Fotowiderstand

Fotowiderstände sind beleuchtungsabhängige Widerstände, die auf ein Trägerplättchen aufgebracht sind. Ihr Widerstand verkleinert sich mit der Beleuchtungsstärke.

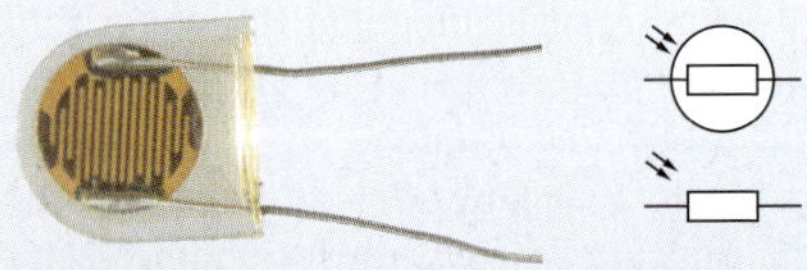

Gleichrichterdiode

Gleichrichterdioden sind Bauelemente mit einem pn-Übergang, die in Sperrrichtung einen großen und in Durchlassrichtung einen kleinen Widerstand haben.

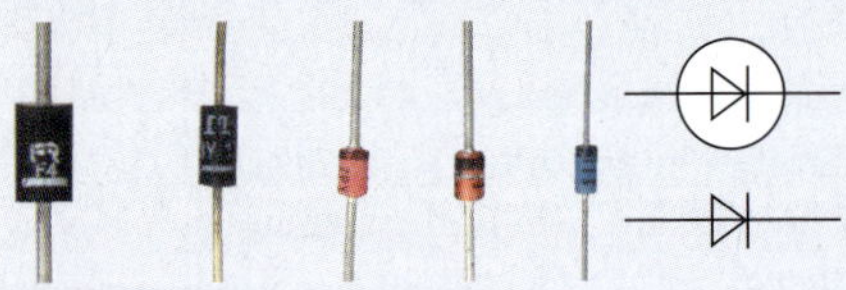

Leuchtdiode (LED)

Leuchtdioden, z. B. aus GaAs, werden in Durchlassrichtung betrieben. Bei der Rekombination im pn-Übergang wird Energie frei, die in Form von Strahlung (Licht) abgegeben wird.

Fotodiode

Fotodioden werden in Sperrrichtung betrieben. Bei Beleuchtung des pn-Übergangs mit Licht werden Ladungsträger freigesetzt. Die Stromstärke steigt an.

Fotoelement, Solarzelle

Solarzellen sind flächenhafte Anordnungen von Fotoelementen. Bei einem Fotoelement entsteht bei Lichteinstrahlung zwischen p- und n-Anschluss eine Spannung.

bipolarer Transistor

Bipolare Transistoren sind Bauelemente, bei denen ein Arbeitsstromkreis durch einen Steuerstromkreis beeinflusst wird. Sie werden als Schalter und Verstärker genutzt.

unipolarer Transistor

Unipolare Transistoren sind Bauelemente, bei denen durch ein elektrisches Feld ein Arbeitsstromkreis beeinflusst wird. Sie werden als Schalter und Verstärker genutzt.

1

Physik in Natur und Technik

Konstantspannungsquellen

Für den Betrieb vieler elektronischer Schaltungen benötigt man eine konstante Spannung. Man braucht also eine elektrische Quelle, die auch bei Netzschwankungen oder bei Entladung von Batterien ihre Spannung kaum ändert. Dazu schaltet man Dioden in Durchlassrichtung über einen Vorwiderstand an eine elektrische Quelle und kann über die Dioden eine relativ konstante Spannung abgreifen.

Zeichne einen Schaltplan für eine solche Schaltung!

Erkläre, wie man mit einer solchen Schaltung eine relativ konstante Spannung erhalten kann!

In Abb. 1 ist der Schaltplan dargestellt. Bei einer Konstantspannungsquelle werden die elektrischen Eigenschaften einer Halbleiterdiode genutzt. Diese sind in der I-U-Kennlinie der Diode (s. rechts oben) erkennbar. In Sperrrichtung fließt durch die Diode bei beliebiger Spannung kein Strom. In Durchlassrichtung fließt bis zum Erreichen der Spannung U_S, die bei Silicium ca. 0,7 V beträgt, ebenfalls kein Strom. Erst mit Erreichen der Spannung U_S überwinden die Elektronen die Grenzschicht und die Diode lässt den elektrischen Strom fast ungehindert durch (Durchlassrichtung).

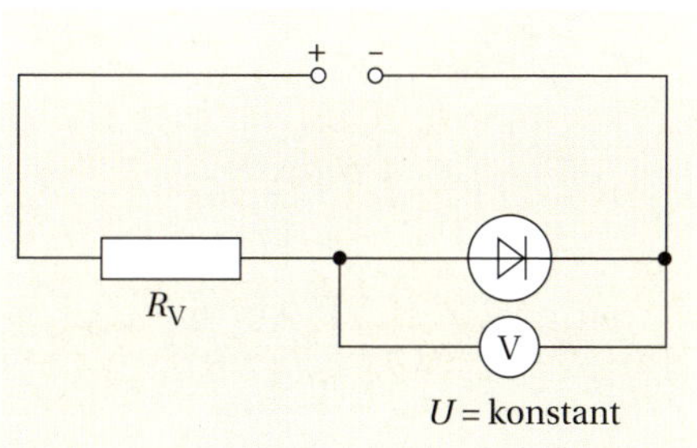

1 ▸ Schaltplan einer Konstantspannungsquelle

Die Stromstärke wird fast nur durch den Vorwiderstand R_V begrenzt.

Vergrößert sich die Spannung der elektrischen Quelle, so fließt im Stromkreis ein Strom mit einer größeren Stromstärke. Die Spannung an der Diode bleibt nach der Kennlinie aber nahezu konstant die Spannung U_S. Dafür fällt am Vorwiderstand eine größere Spannung ab. Bei einer Verringerung der Spannung verhält es sich umgekehrt.

Schaltet man zwei Siliciumdioden in Reihe, so erhält man eine konstante Gesamtspannung von 1,4 V. Mit drei Siliciumdioden würde man 2,1 V bekommen. Durch unterschiedliche Schaltungen von Dioden und durch Kombination von Dioden mit verschiedenen Spannungen U_S kann man unterschiedliche Konstantspannungsquellen erhalten.

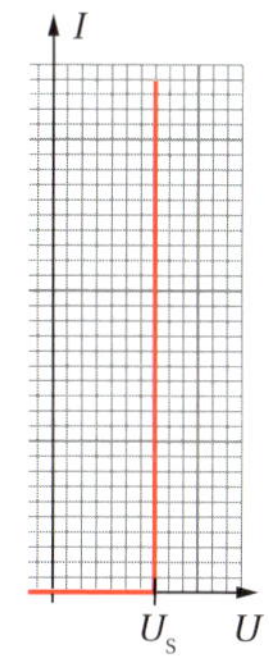

Kennlinie einer Diode (vereinfacht)

Für Reihenschaltung gilt:
$U = U_1 + U_2$
$U = 0{,}7\,V + 0{,}7\,V$
$U = 1{,}4\,V$

Methode

Erklären physikalischer Erscheinungen

Beim Erklären wird zusammenhängend und geordnet dargestellt, warum eine Erscheinung in Natur und Technik so und nicht anders auftritt. Dabei wird die einzelne Erscheinung auf das Wirken allgemeinerer Gesetze zurückgeführt. Auch Modelle können zum Erklären herangezogen werden.

Gehe in folgenden Schritten vor:

1. Beschreibe die für das Wirken von Gesetzen und Anwenden von Modellen wesentlichen Seiten in der Erscheinung! Lasse unwesentliche Seiten unberücksichtigt!
2. Nenne Gesetze und Modelle, mit denen die Erscheinung erklärt werden kann, weil deren Wirkungsbedingungen vorliegen!
3. Führe die Erscheinung auf das Wirken physikalischer Gesetze bzw. auf das Anwenden von Modellen zurück!

Eine Schranke mit Licht

Viele Rolltreppen und Fahrstuhltüren werden mit Lichtschranken betätigt. Geht eine Person durch die Lichtschranke, dann wird ein Lichtbündel unterbrochen. Dadurch setzt sich eine Rolltreppe in Bewegung oder bleibt eine Fahrstuhltür offen.
Erläutere die Wirkungsweise einer solchen Lichtschrankenanlage!

Den prinzipiellen Aufbau einer Lichtschrankenanlage zeigt die Abb. 1. Als Bauelement, dessen elektrischer Widerstand sich mit der Beleuchtungsstärke ändert, wird z. B. ein Fotowiderstand verwendet. Bei Beleuchtung mit einem Lichtbündel ist der Widerstand des Fotowiderstands gering und die Stromstärke groß.

Geht eine Person durch die Lichtschranke, dann wird der Fotowiderstand abgedunkelt. Dadurch verringert sich bei konstanter Spannung auch die Stromstärke. Dadurch wächst der Spannungsabfall an einem elektronischen Schalter (Transistor) und der Motor der Rolltreppe wird angeschaltet.

Transistoren werden als ***Schalter*** *und* ***Verstärker*** *in elektronischen Schaltungen eingesetzt.*

Eine Schaltuhr regelt, wie lange der Motor läuft. Wird der Fotowiderstand durch weitere Personen abgedunkelt, beginnt die Uhr von Neuem abzulaufen.
Mit einer solchen Schaltung kann z. B. auch eine Straßenbeleuchtung bei Dämmerung eingeschaltet werden.

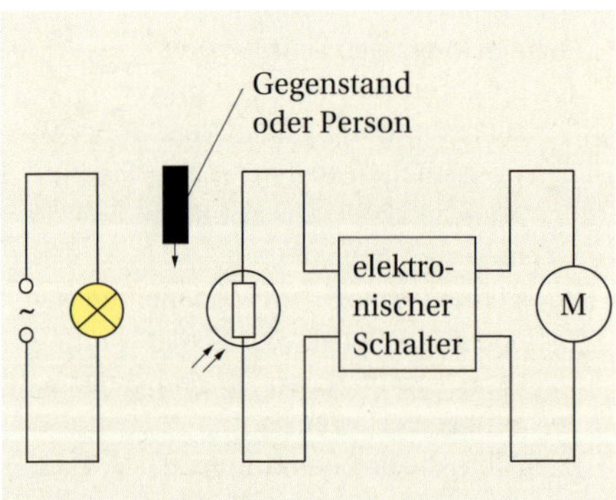

1 ▸ Prinzipieller Aufbau einer Lichtschrankenanlage mit Fotowiderstand

Umweltfreundliche Solarzellen

Solarzellen sind spezielle Halbleiterdioden. Bei Lichteinfall erzeugen sie eine Spannung. Sie wandeln also Lichtenergie unmittelbar in elektrische Energie um. Solarzellen finden immer breitere Einsatzgebiete (Abb. 3).
Erläutere die Funktionsweise einer Solarzelle!

Prinzipiell ist die Solarzelle eine großflächige Ausführung einer Fotodiode. Die Energiewandlung findet in der Grenzschicht zwischen der p-leitenden und der n-leitenden Siliciumschicht statt (Abb. 2). Die durch das Licht gebildeten Elektronen im pn-Übergang wandern zum positiv geladenen Bereich der Grenzschicht, die Löcher zum negativ geladenen Teil. Dadurch entsteht zwischen dem p- und dem n-Anschluss eine elektrische Spannung von bis zu 0,5 V. Insgesamt wirkt die Solarzelle wie eine Spannungsquelle.

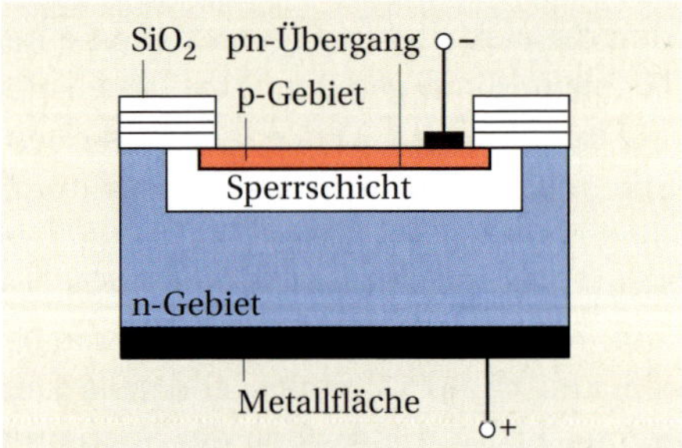

2 ▸ Aufbau einer Solarzelle

3 ▸ Das unbemannte solarbetriebene Propellerflugzeug Helios soll Satelliten ersetzen.

Experimente

Halbleiterbauelemente

Experiment 1

Untersuche die Abhängigkeit des Widerstands eines Heißleiters (NTC-Widerstand) von der Temperatur! Benutze dann den Heißleiter zur Bestimmung unbekannter Temperaturen!

Vorbereitung:

Geräte und Materialien: elektrische Quelle, NTC-Widerstand, Strommesser, Becherglas, Spannungsmesser, Bunsenbrenner, Thermometer, Lüsterklemme, Leitungswasser

Durchführung:

a) Baue den Versuch auf (s. Abb.)!

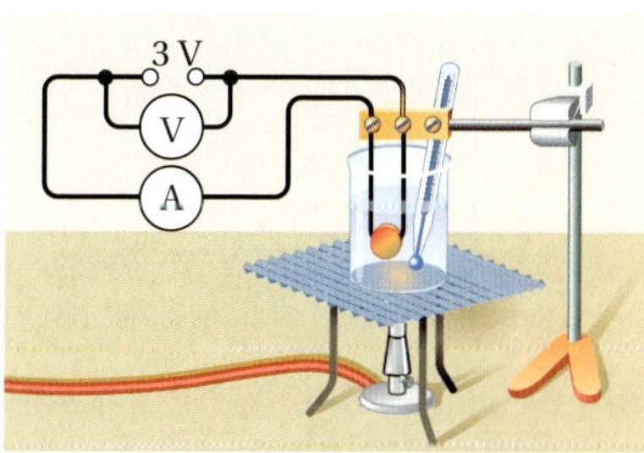

b) Miss die Stromstärke in Abhängigkeit von der Temperatur des Wasserbads!

Auswertung:

a) Stelle die Messwertepaare grafisch dar!

b) Beschreibe, wie du mithilfe dieses experimentell gefundenen Zusammenhangs eine unbekannte Temperatur ermittelt hast!

c) Begründe, warum man Heißleiter als Temperaturfühler, z. B. in Kühlschränken, nutzt!

Experiment 2

Untersuche, wie sich die Stromstärke durch einen Fotowiderstand in Abhängigkeit von der Beleuchtung ändert!

Vorbereitung:

Entwirf einen Schaltplan und eine Messwertetabelle!

Durchführung:

a) Baue den Versuch entsprechend dem Schaltplan auf!

b) Miss die Stromstärke, wenn der Widerstand vollständig abgedunkelt ist!

c) Beleuchte den Widerstand mit einer Taschenlampe aus verschiedenen Entfernungen!

Auswertung:

a) Formuliere ein Ergebnis!

b) In welchen technischen Anwendungen nutzt man Fotowiderstände?

Experiment 3

Nimm die *I*-*U*-Kennlinie einer Diode in Sperrrichtung und in Durchlassrichtung auf!

Vorbereitung:

Beschreibe die Leitungsvorgänge in einer Diode mithilfe des Modells des elektrischen Leitungsvorgangs!

Durchführung:

a) Baue die Schaltung auf (s. Abb.)!

b) Führe die Messungen durch und protokolliere sie!

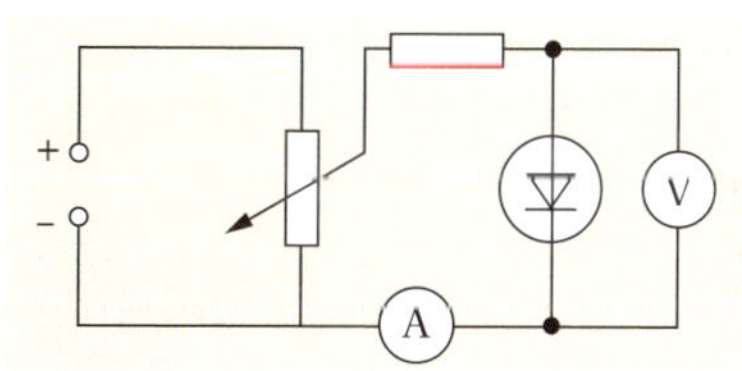

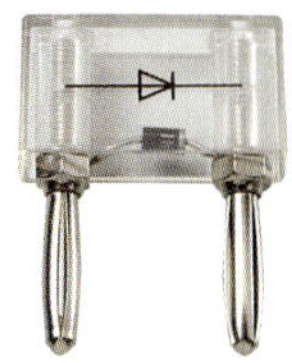

Polung beachten!

Ring in Diode ≙ Balken im Schaltzeichen

Auswertung:

a) Zeichne die *I*-*U*-Kennlinie der Diode und interpretiere sie!

b) Wie groß ist bei der verwendeten Diode die Spannung, bei der ein merklicher Stromfluss einsetzt?

Experiment 4

Untersuche, wie sich die Drehzahl eines Motors ändert, der an eine Solarzelle angeschlossen wird (s. Abb. rechts)!

Durchführung:

a) Verändere die Beleuchtungsstärke, indem du die Solarzelle aus unterschiedlichen Entfernungen beleuchtest!

b) Verändere bei einer konstanten Entfernung den Einfallswinkel des Lichts, indem du die Solarzelle kippst!

Auswertung:

Beschreibe jeweils die Effekte!

Aufgaben

1. Erläutere, wie der elektrische Leitungsvorgang in Halbleitern durch Wärme und Licht beeinflusst werden kann!

2. Welche Vorteile hat das Dotieren von Halbleitern und die darauf basierende Störstellenleitung gegenüber der Eigenleitung?

3. Das folgende Diagramm zeigt die Abhängigkeit der elektrischen Stromstärke von der Beleuchtungsstärke bei einem Fotowiderstand (U = konstant).

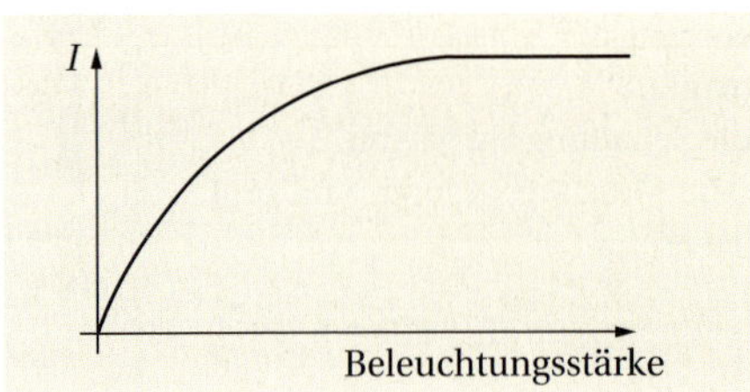

   a) Interpretiere dieses Diagramm!
   b) Erkläre, wodurch die im Diagramm dargestellte Abhängigkeit zustande kommt!

4. a) Wie verändert sich der Widerstand eines Heißleiters bei Temperaturerhöhung? Wie ist diese Veränderung zu erklären?
   b) Begründe, warum Heißleiter stets mit einem Vorwiderstand in Reihe geschaltet werden sollen!

5. Ein elektrisches Thermometer (s. Abb.) wird mit einer kleinen Knopfzelle betrieben, die für eine konstante Spannung sorgt. Bei diesem Thermometer dient ein Thermistor als Messfühler. Die Anzeige des Thermometers gehört eigentlich zu einem Strommesser, der auf die Temperatur geeicht wurde.

   a) Entwirf einen Schaltplan für ein solches Thermometer!
   b) Was für eine Art Thermistor (Kaltleiter, Heißleiter) kann für die Spitze des Thermometers verwendet werden? Begründe!
   c) Erkläre die Wirkungsweise dieses Thermometers!

6. Beschreibe den Aufbau einer Halbleiterdiode und erläutere ihre Wirkungsweise als Gleichrichter!

7. Welches Bild ist auf dem Bildschirm eines Oszillografen zu erwarten, wenn die Halbleiterdiode in der Schaltung
   a) umgepolt wird und
   b) überbrückt wird? Begründe!

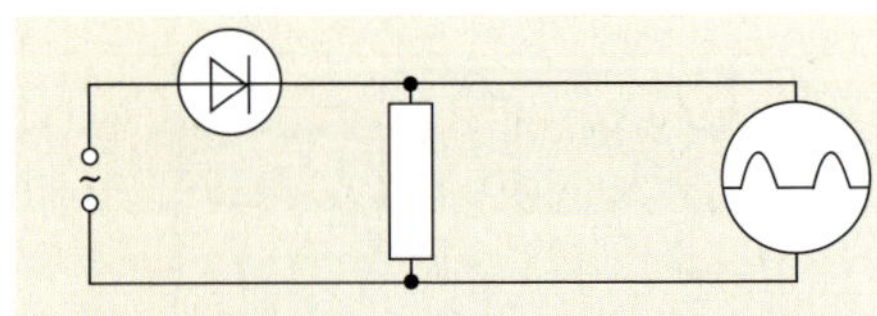

8. a) Sage voraus, welche Lampe leuchtet, wenn Schalter 1 oder Schalter 2 oder beide geschlossen werden! Fertige dazu eine Tabelle an!

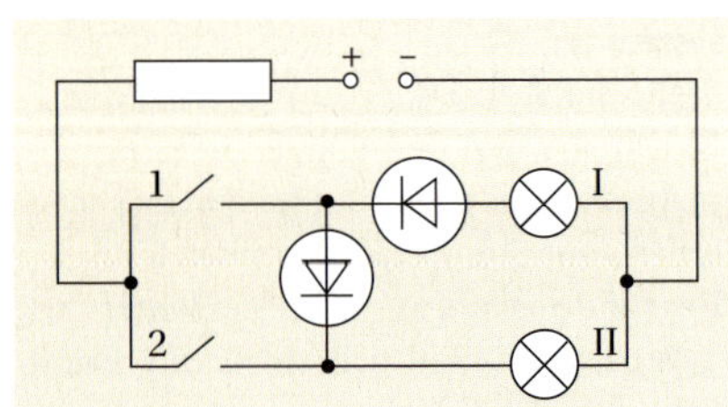

   b) Die elektrische Quelle wird umgepolt. Wiederhole die Voraussagen! Fertige auch hierzu eine Tabelle an!
   c) Baue die Schaltung auf und überprüfe deine Voraussagen!

9. Immer häufiger werden in Signalanlagen, aber auch in Kommunikationsgeräten wie Handys LED eingesetzt. Erkunde, welche Vorteile LED gegenüber herkömmlichen Lampen haben!

Das Wichtigste auf einen Blick

Leitungsvorgänge in Halbleitern

Halbleiter (Silicium, Germanium) sind Stoffe, deren elektrische Leitfähigkeit zwischen der von Leitern und Isolatoren liegt.
Durch **Dotieren** kann ihre Leitfähigkeit in weiten Grenzen verändert werden.

n-leitendes Silicium

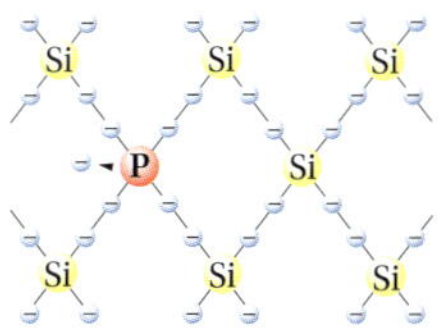

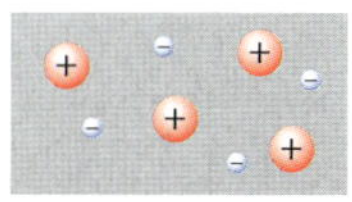

+ Phosphor-Ion
- freies Elektron

p-leitendes Silicium

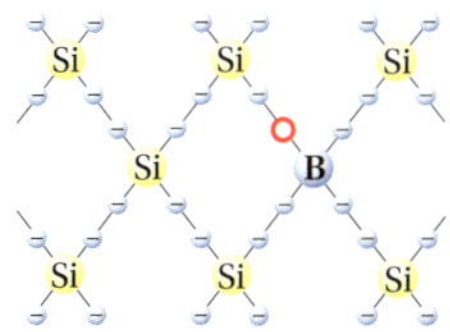

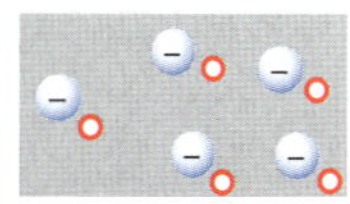

– Bor-Ion
o Defektelektron (Loch)

Der elektrische Leitungsvorgang in Halbleitern kann durch Wärme und Licht beeinflusst werden. Das wird bei Heißleitern und Fotowiderständen genutzt.

Heißleiter
Je höher die Temperatur, desto geringer der elektrische Widerstand.

Anwendung:
Halbleiterthermometer

Fotowiderstand
Je höher die Beleuchtungsstärke, desto geringer der elektrische Widerstand.

Anwendung:
Lichtschranke, Dämmerungsschalter

Ein wichtiges elektronisches Bauelement ist die **Halbleiterdiode.**

Aufbau

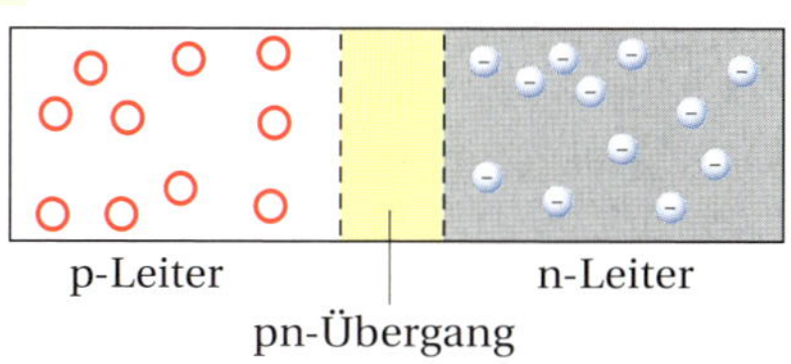

Schaltung

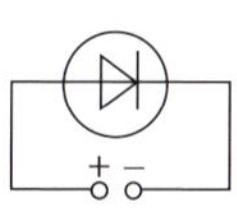

Durchlassrichtung

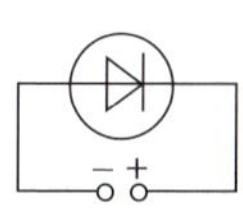

Sperrrichtung

Anwendung
Gleichrichtung von Wechselströmen

Heute verwendet man statt einzelner Bauelemente meist **Chips,** auf denen zahlreiche Bauelemente integriert sind.

2 Kernumwandlungen – Nutzen und Gefahren

2

Natürliche und künstliche Radioaktivität

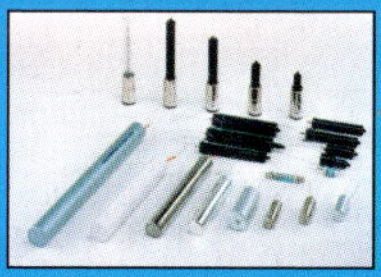

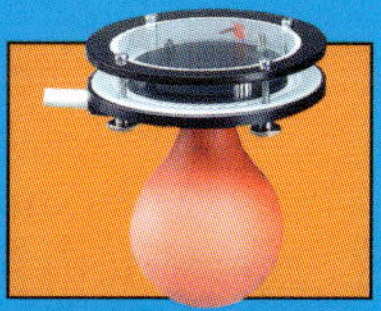

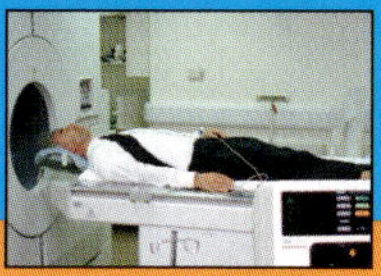

Radioaktive Strahlung – eine Gefahr? ▸▸ Viele Menschen haben Angst vor radioaktiver Strahlung. Sie tritt überall in unserer natürlichen Umwelt auf und ist im Hochgebirge besonders stark. In der Medizin wird radioaktive Strahlung sowohl zur Diagnose als auch zur Therapie eingesetzt. *Welche Eigenschaften hat radioaktive Strahlung? Welche Wirkungen hat radioaktive Strahlung auf den Menschen?*

Wohin mit dem Müll? ▸▸ In Kernkraftwerken muss in jedem Jahr ein Viertel bis ein Drittel der Brennstoffstäbe, in denen sich spaltbares Material befindet, ausgetauscht werden. *Was geschieht mit den hoch radioaktiven Brennstoffstäben nach der Entfernung aus dem Reaktor? Welche Gefahren gehen von radioaktivem Müll aus?*

Atome, Nuklide und Isotope

Atome (griech.: das „Unteilbare“) sind die kleinsten Bausteine der chemischen Elemente. Die winzigen Atome entziehen sich unserer unmittelbaren Beobachtung (Abb. 1).

Ein Atom besteht aus einem Atomkern und einer Atomhülle. In der **Atomhülle** bewegen sich in bestimmten Raumbereichen Elektronen um den Kern. Je nach Element existieren mehrere Bereiche, in denen sich die Elektronen aufhalten können. Im Atomkern ist fast die gesamte Masse des Atoms auf kleinstem Raum konzentriert. Der **Atomkern** besteht aus elektrisch neutralen **Neutronen** und positiv geladenen **Protonen.** Die Masse von Neutron und Proton ist etwa gleich groß und 1863-mal größer als die eines Elektrons.

Bei einem elektrisch neutralen Atom ist die Anzahl der Elektronen und Protonen gleich. Die Anzahl der Protonen wird auch **Kernladungszahl** *Z* genannt. Die Summe aus Kernladungszahl und **Neutronenzahl** *N* ist die **Massenzahl** *A*.

$A = Z + N$

Die Kernladungszahl ist gleich der Ordnungszahl im Periodensystem der Elemente. So hat z. B. Natrium die Ordnungszahl 11 und die Massenzahl 23. Ein Natriumatom hat in seinem Kern 11 Protonen und 23 - 11 = 12 Neutronen. Bei einem neutralen Natriumatom befinden sich 11 Elektronen in der Atomhülle.

Um ein Element in kurzer Form zu kennzeichnen, verwendet man die **Symbolschreibweise** (Abb. 2). Manchmal setzt man die Massenzahl hinter das Elementsymbol und schreibt z. B. Natrium-23.

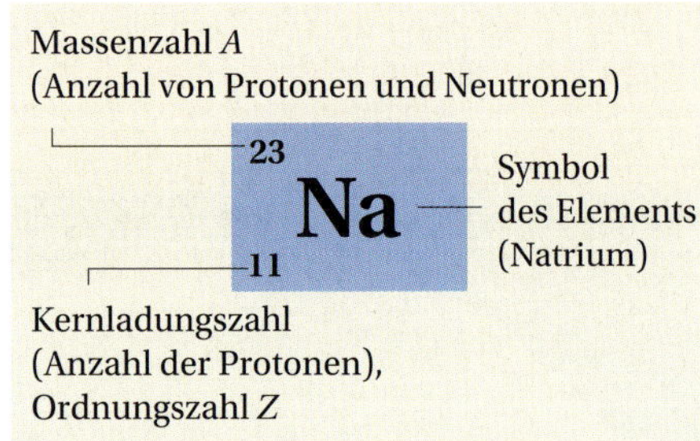

2 ▸ Symbolschreibweise für ein Element

Die durch Massenzahl und Kernladungszahl charakterisierten Atome werden als **Nuklide** bezeichnet. So sind z. B. Natrium-23, Kohlenstoff-12 oder Uran-235 Nuklide. Die Atomkerne eines Elements haben alle die gleiche Anzahl von Protonen, sie können aber eine unterschiedliche Anzahl von Neutronen und damit eine verschiedene Massenzahl besitzen.

Atome mit gleicher Protonenzahl, aber unterschiedlicher Anzahl von Neutronen werden als **Isotope** bezeichnet. So existieren beim Uran, das als Kernbrennstoff genutzt wird, verschiedene Isotope. In natürlichen Uranvorkommen beträgt der Anteil an Uran-238 etwa 99,28 % und an Uran-235 etwa 0,72 %. Außerdem ist ein geringer Anteil von etwa 0,006 % an Uran-234 vorhanden.

Fast alle uns bekannten Elemente bestehen aus Isotopengemischen. Das ist auch der Grund dafür, dass die Massenzahlen im Periodensystem meist keine ganzen Zahlen sind.

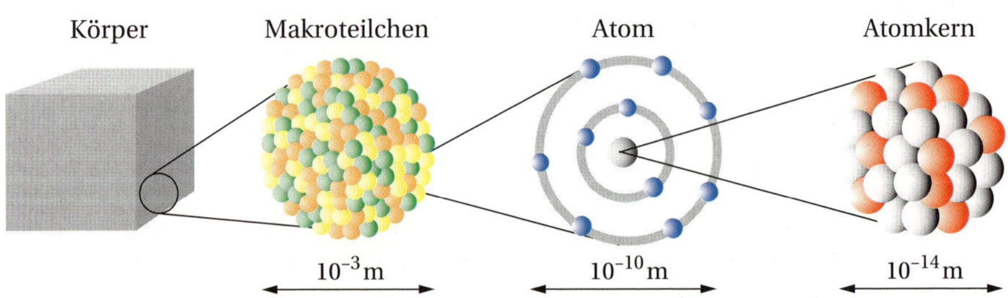

1 ▸ Größenvergleich zum Aufbau von Makroteilchen, Atomen und Atomkernen

Entwicklung der Vorstellungen vom Aufbau eines Atoms

Bereits in der Antike gab es Vorstellungen darüber, dass die Stoffe aus sehr kleinen Teilchen bestehen könnten. Ein Vertreter dieser Auffassung war der griechische Philosoph DEMOKRIT (5. Jh. v. Chr.).
Erst im 17. und 18. Jahrhundert wurden mit der Entwicklung der Wärmelehre und der Elektrizitätslehre diese Ideen wieder aufgegriffen, ohne dass die Existenz von Teilchen nachgewiesen werden konnte. Dies gelang erst zu Beginn des 20. Jahrhunderts.
1827 beobachtete der Biologe ROBERT BROWN (1773–1858) unter dem Mikroskop eine unruhige Bewegung von Blütenstaubkörnchen. Diese Bewegung konnte 1905 von ALBERT EINSTEIN (1879–1955) mit dem Teilchenaufbau erklärt werden.
In den Neunzigerjahren des 19. Jahrhunderts untersuchten viele Physiker verschiedene Strahlungen. Die Untersuchungen von **Katodenstrahlen** führten zur Entdeckung des Elektrons. Die Katodenstrahlen erwiesen sich als schnell bewegte Elektronen, als Elektronenstrahlen.
Zwei andere bedeutende Entdeckungen führten immer stärker zu der Frage nach den elementaren Bausteinen der Stoffe: 1895 fand WILHELM CONRAD RÖNTGEN (1845–1923) die nach ihm benannten **Röntgenstrahlen.** 1898 entdeckten MARIE und PIERRE CURIE die Eigenschaft verschiedener Stoffe, eine bestimmte Strahlung auszusenden, die wir heute als **radioaktive Strahlung** kennen. Beide Arten von Strahlungen kommen durch Vorgänge im atomaren Bereich zustande.
Um 1900 wurden die ersten **Atommodelle** entwickelt, z. B. das „Rosinenmodell“: Das kugelförmige Atom sollte aus einer positiven elektrischen „Flüssigkeit“ bestehen, in die ähnlich wie bei einem Rosinenkuchen die negativ geladenen Elektronen eingebettet sind.
Damit konnte man erklären, dass ein Atom elektrisch neutral ist, die Entstehung von Röntgenstrahlung oder radioaktiver Strahlung blieb aber ungeklärt.

1909/1910 führte ERNEST RUTHERFORD (1871–1937) mit seinen Mitarbeitern Versuche zum Durchgang von α-Strahlung durch dünne Metallfolien durch. Nur ein geringer Teil der Strahlung wurde reflektiert, der größte Teil ging durch die Folie hindurch.

Daraus zog RUTHERFORD den Schluss, dass der größte Teil des Atoms leer ist. Er entwickelte ein Modell, das dem Aufbau des Planetensystems ähnelt: Um einen positiv geladenen Kern, in dem die Masse des Atoms konzentriert ist, kreisen Elektronen auf elliptischen Bahnen (Abb. oben). Mit diesem Modell konnte man die Masse- und Ladungsverteilung im Atom richtig beschreiben. Die Stabilität der Atome konnte damit allerdings nicht erklärt werden.

Dies versuchte NIELS BOHR (1885–1962) mit einem anderen Modell: Die Elektronen bewegen sich auf bestimmten Bahnen um den Atomkern (Abb. unten). Wenn Energie zugeführt wird, können Elektronen auf eine kernfernere Bahn springen, beim Zurückspringen wird diese Energie wieder frei. Auch die Vorstellungen vom **Aufbau des Atomkerns** veränderten sich. Mit dem Nachweis des **Neutrons** im Jahre 1932 wurden Vermutungen über die Zusammensetzung des Atomkerns aus Protonen und Neutronen bestätigt. Das bohrsche Atommodell ermöglichte es, den Atomradius abzuschätzen und das Spektrum des Wasserstoffs zu erklären. Es versagte aber bei anderen Elementen.

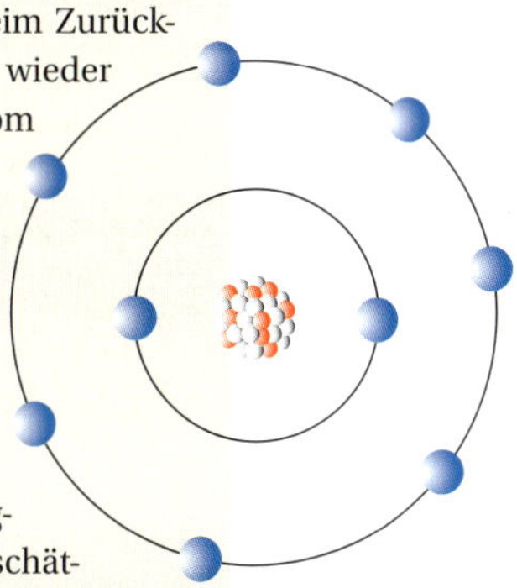

Neuere Atommodelle lassen sich nur noch mit mathematischen Mitteln beschreiben. Das gilt insbesondere für das quantenmechanische Atommodell.

Natürliche und künstliche Radioaktivität

1896 entdeckte der französische Physiker Henri Becquerel (1852–1908), dass Uransalz eine unsichtbare Strahlung aussendet, die Fotoplatten schwärzte. Wenig später fanden die aus Polen stammende Marie Curie (1867–1934) und ihr Mann Pierre Curie (1859–1906) die stark strahlenden Elemente Polonium und Radium.

Von den 91 in der Natur vorkommenden Elementen sind ca. 300 Nuklide bekannt, von denen wiederum 50 Nuklide nicht stabil sind, sondern sich zumeist spontan in andere Kerne umwandeln und dabei radioaktive Strahlung aussenden (s. Übersicht unten und Tabelle S. 27). Solche Nuklide bezeichnet man als radioaktive Nuklide oder kurz **Radionuklide.**

> **M** Radioaktive Nuklide wandeln sich völlig spontan unter Aussendung von α-, β- oder γ-Strahlung um.

Die Summe von A und Z ist links und rechts gleich groß.

A = 137
= 137 + 0
Z = 55
= 56 − 1

So sendet z. B. das Radionuklid Caesium-137 β-Strahlung aus. Dabei entsteht ein Bariumkern. Diesen Spontanzerfall kann man als Kernreaktion ähnlich einer chemischen Reaktion schreiben:

$${}^{137}_{55}\text{Ra} \longrightarrow {}^{137}_{56}\text{Ba} + {}^{0}_{-1}\text{e}$$

1 ▸ Spuren radioaktiver Strahlung

Die Summe der Massenzahlen und der Kernladungszahlen ist links und rechts stets gleich groß.

Da es radioaktive Nuklide sind, die in der Natur vorkommen, bezeichnet man die Erscheinung der spontanen Umwandlung der entsprechenden Atomkerne als **natürliche Radioaktivität.** Die entstehenden Folgekerne sind meist wieder radioaktiv, sodass in der Natur ganze **Zerfallsreihen** existieren.

Es ist auch möglich, radioaktive Nuklide künstlich herzustellen, z. B. durch Bestrahlung mit verschiedenen Teilchen (Neutronen, Elektronen, Protonen). Die Erscheinung, dass künstlich hergestellte Nuklide radioaktiv sein können, wird als **künstliche Radioaktivität** bezeichnet. Bis heute ist es gelungen, etwa 2 400 Nuklide künstlich zu erzeugen.

Arten radioaktiver Strahlung

α-Strahlung	β-Strahlung	γ-Strahlung
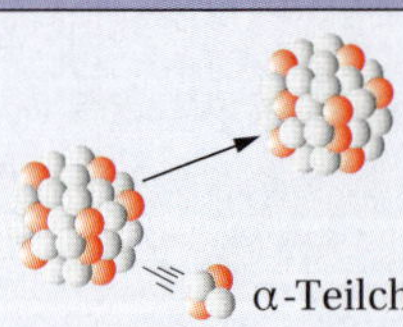	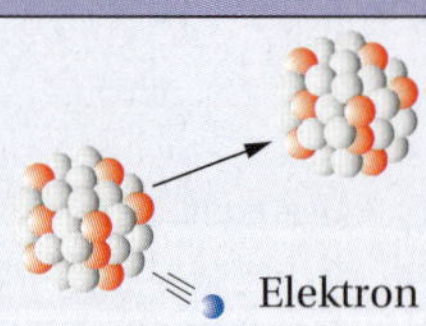	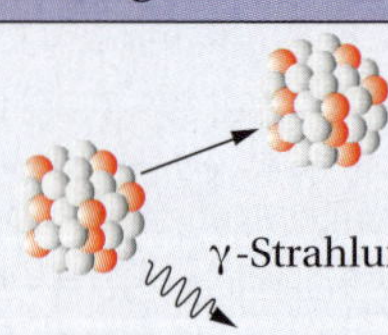
Die Strahlung besteht aus doppelt positiv geladenen Heliumkernen (α-Teilchen).	Die Strahlung besteht aus Elektronen (β^--Strahlung) oder Positronen (β^+-Strahlung).	Die Strahlung ist eine energiereiche elektromagnetische Strahlung kleiner Wellengänge.
${}^{226}_{88}\text{Ra} \longrightarrow {}^{222}_{86}\text{Rn} + {}^{4}_{2}\alpha$	${}^{137}_{55}\text{Cs} \longrightarrow {}^{137}_{56}\text{Ba} + {}^{0}_{-1}\text{e}$	${}^{137}_{56}\text{Ba} \longrightarrow {}^{137}_{56}\text{Ba} + \gamma$

2

Entdeckung der natürlichen Radioaktivität

Der französische Physiker HENRI BECQUEREL (1852–1908) experimentierte u. a. mit Uransalzen. Dabei zeigte sich, dass in der Nähe des Uransalzes liegende Fotoplatten geschwärzt waren.
Systematische Untersuchungen führten 1896 zu der Erkenntnis, dass von Uransalz eine neue, bisher unbekannte Strahlung ausging, die nach ihrem Entdecker zunächst als BECQUEREL-Strahlung bezeichnet wurde und später den Namen „radioaktive Strahlung" erhielt.
Intensiv beschäftigten sich MARIE CURIE (1867–1934) und ihr Mann PIERRE CURIE (1859–1906) mit der neuen Strahlung. Mit unglaublich primitiven Mitteln arbeiteten sie Tonnen Uranpechblende auf und entdeckten darin ein neues, stark strahlendes Element, das zu Ehren des Geburtslandes von M. CURIE als Polonium bezeichnet wurde.
Im gleichen Jahr entdeckten sie ein weiteres Element, das eine intensive Strahlung aussandte. Es erhielt den Namen Radium („das Strahlende").
1903 bekamen MARIE und PIERRE CURIE gemeinsam mit HENRI BECQUEREL für die Entdeckung der Radioaktivität den Nobelpreis für Physik. PIERRE CURIE verunglückte 1906 bei einem Verkehrsunfall tödlich. Seine Frau führte die Forschungen weiter. Sie starb 1934.

MARIE und PIERRE CURIE im Labor (um 1900)

Die Halbwertszeit

Ist zu einem gegebenen Zeitpunkt eine Anzahl N von Atomen eines radioaktiven Nuklids vorhanden, so wandelt sich in einer bestimmten Zeit, der **Halbwertszeit,** die Hälfte der Atomkerne um (Abb. 1). Welcher der einzelnen Kerne sich aber umwandelt, kann man nicht voraussagen.

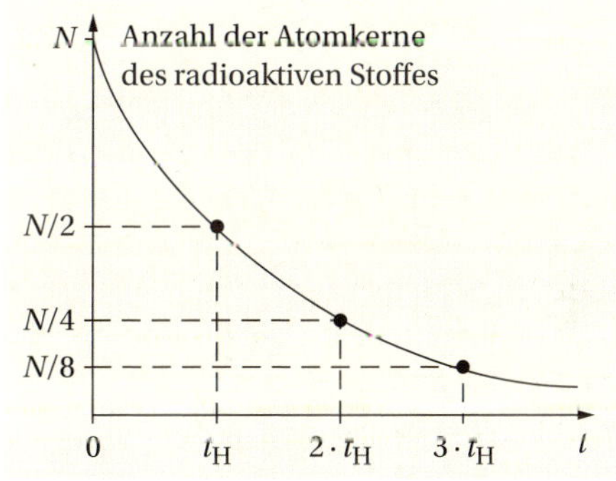

1 ▸ Kernzerfall in Abhängigkeit von der Zeit

M

Die Halbwertszeit gibt an, in welcher Zeit sich jeweils die Hälfte der vorhandenen instabilen Atomkerne umwandelt.

Formelzeichen: t_H
Einheit: 1 Sekunde (1 s)

So hat z. B. Caesium-137 eine Halbwertszeit von 30 Jahren. Das bedeutet: In 30 Jahren ist die Hälfte aller Caesium-Kerne umgewandelt, in weiteren 30 Jahren ist es wiederum die Hälfte der dann noch vorhandenen Caesium-Kerne. Damit sind nach 60 Jahren ¾ der ursprünglich vorhandenen Atomkerne umgewandelt. Die Halbwertszeiten von Radionukliden liegen zwischen Bruchteilen von Sekunden und Milliarden Jahren (s. Tabelle rechts).

Eigenschaften einiger Nuklide

Nuklid	Halbwertszeit	Strahlungsart
Caesium-137	30,17 Jahre	β^-, γ
Cobalt-60	5,3 Jahre	β^-, γ
Iod-131	8,04 Tage	β^-
Kohlenstoff-14	5 730 Jahre	β^-
Natrium-22	2,6 Jahre	β^-, γ
Polonium 216	0,15 Sekunden	α
Radium-226	1 600 Jahre	α
Uran-235	700 Mio. Jahre	α
Uran-238	4,5 Mrd. Jahre	α

Radioaktive Strahlung und ihre Eigenschaften

Radioaktive Strahlung besitzt Energie. Dadurch können Gase ionisiert, Filme geschwärzt und Zellen geschädigt werden.
Ohne Beeinflussung breitet sich radioaktive Strahlung geradlinig nach allen Seiten aus.

Die **Reichweite** der verschiedenen Strahlungsarten ist in Luft sehr unterschiedlich. Bei α-Strahlung beträgt sie 4 cm bis 6 cm, bei β-Strahlung einige Meter. γ-Strahlung breitet sich auch über größere Entfernungen aus.

Sehr unterschiedlich ist die **Durchdringungsfähigkeit** radioaktiver Strahlung (Abb. 1). Sie ist abhängig von

- der Art der Strahlung,
- der Intensität der Strahlung,
- der Art des durchstrahlten Stoffes sowie
- der Dicke des durchstrahlten Stoffes.

Bleiplatten zur Abschirmung von radioaktiver Strahlung

α-Strahlung wird schon durch Papier oder durch eine 4 cm bis 8 cm dicke Luftschicht zurückgehalten. γ-Strahlung durchdringt sogar noch Bleiplatten.
Unmittelbar damit hängt zusammen, wie radioaktive Strahlung von verschiedenen Stoffen absorbiert (aufgenommen) wird.

Das **Absorptionsvermögen** eines Stoffes hängt von dem Stoff selbst, von seiner Dicke sowie von der Art der Strahlung ab (Abb. 1). In elektrischen und magnetischen Feldern wird α- und β-Strahlung abgelenkt, γ-Strahlung dagegen nicht (Abb. 2, 3). Umgekehrt kann man aus der Richtung und der Stärke der Ablenkung auf die Art der Strahlung schließen.

Radioaktive Strahlung besitzt Energie. Sie wird von Stoffen unterschiedlich absorbiert. α- und β-Strahlung kann durch elektrische und magnetische Felder abgelenkt werden. γ-Strahlung wird nicht abgelenkt. M

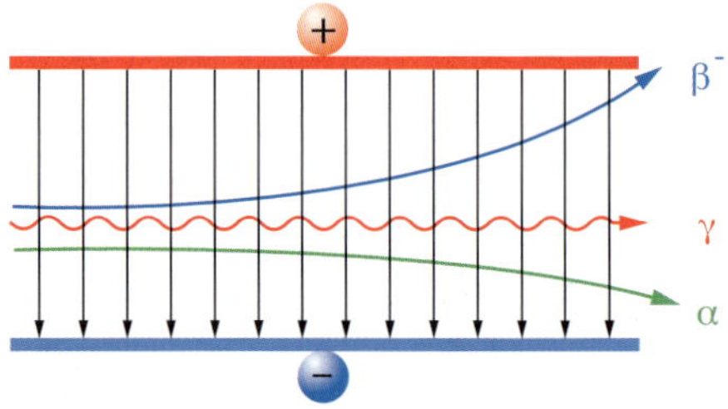

2 ▸ Radioaktive Strahlung im elektrischen Feld: γ-Strahlung wird nicht abgelenkt.

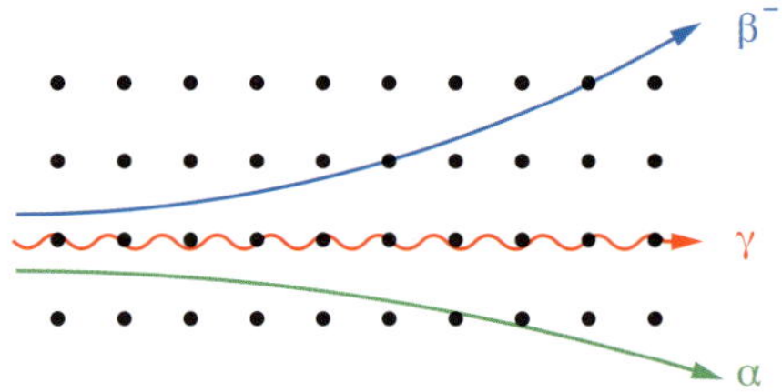

3 ▸ Radioaktive Strahlung im Magnetfeld: γ-Strahlung wird nicht abgelenkt.

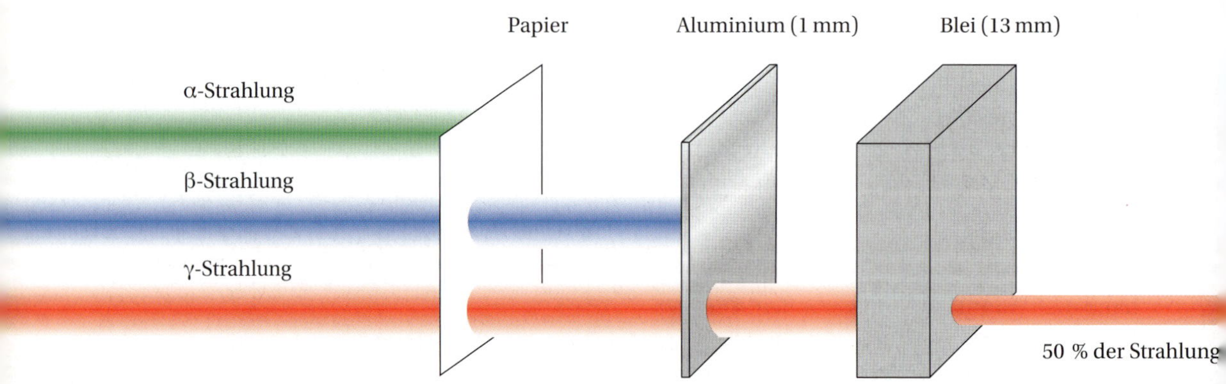

1 ▸ Durchdringungsfähigkeit radioaktiver Strahlung

Nachweis von radioaktiver Strahlung

Durch radioaktive Strahlung können Filme geschwärzt und Gase ionisiert werden. Diese Eigenschaften radioaktiver Strahlung werden zu ihrem Nachweis genutzt (s. Übersicht unten).

Beim **Filmdosimeter** ist die Schwärzung des Films umso stärker, je stärker die auftreffende Strahlung ist. Das wird bei Plaketten genutzt, die Personen tragen müssen, die beruflich mit Strahlung in Berührung kommen können (s. Übersicht unten). Weitere Möglichkeiten des Nachweises radioaktiver Strahlung sind **Zählrohre** und **Nebelkammern.**

Biologische Wirkungen der radioaktiven Strahlung und Strahlenschutz

Trifft radioaktive Strahlung auf organisches Gewebe, so kann sie auf das Gewebe einwirken und Veränderungen in Zellen hervorrufen (Abb. 1). Besonders gefährlich ist eine kurzzeitig hohe Strahlenbelastung. Sie kann zu unmittelbaren Schädigungen des betreffenden Lebewesens führen (somatische Schäden) oder sich auch erst bei den Nachkommen auswirken (genetische Schäden). Die biologischen Wirkungen auf einen Körper hängen u. a. davon ab,

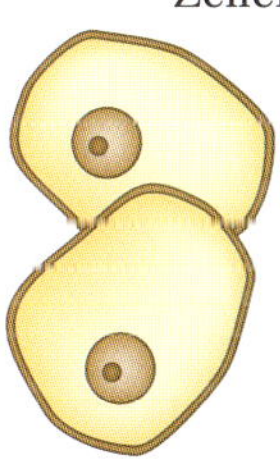

- wie viel Strahlung der Körper aufnimmt (absorbiert),
- welche Art der Strahlung wirksam wird,
- welche Körperteile bestrahlt werden.

Akut kann es bei Bestrahlung mit einer hohen Dosis zur **Strahlenkrankheit** kommen. Spätschäden durch Zellveränderungen treten häufig erst nach Jahren auf. Hierzu zählen z. B. Erkrankungen der blutbildenden Organe (Leukämie), der Haut und der Augen (s. auch S. 139).

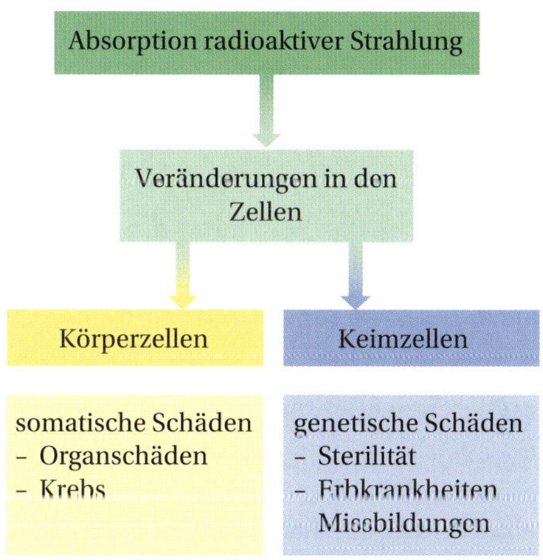

1 ▸ Biologische Wirkungen radioaktiver Strahlung

Nachweismöglichkeiten radioaktiver Strahlung		
fotografische Schicht	**Zählrohr**	**Nebelkammer**
	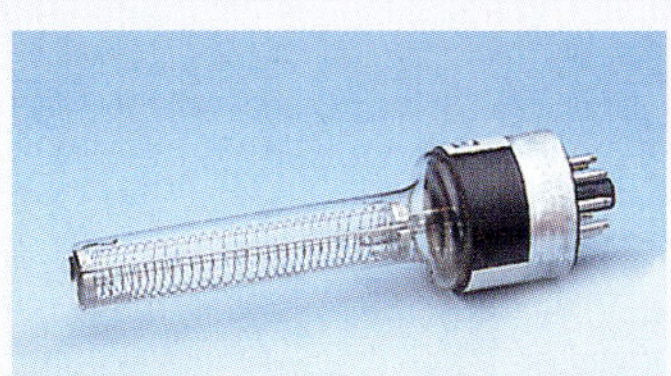	
Bei einer Dosimeterplakette wird ein Film an den Stellen, an denen radioaktive Strahlung auftrifft, geschwärzt. Das Maß der Strahlenbelastung ist der Grad der Schwärzung des Films.	Bei einem Zählrohr wird die ionisierende Wirkung radioaktiver Strahlung genutzt. Je größer die Intensität der Strahlung ist, desto mehr Impulse werden registriert.	Bei einer Nebelkammer wird die ionisierende Wirkung radioaktiver Strahlung genutzt. Die Länge der Nebelspur ist ein Maß für die Energie der jeweiligen Strahlung.

Der Schutz vor radioaktiver Strahlung

Die biologische Wirkung radioaktiver Strahlung wird durch die physikalische Größe **Äquivalentdosis** charakterisiert. Die Äquivalentdosis kennzeichnet die von einem Körper aufgenommene Energie der Strahlung unter Berücksichtigung biologischer Wirkungen. Sie wird in der Einheit ein Sievert (1 Sv) gemessen, wobei gilt: 1 Sv = 1 J/kg.

Radioaktive Strahlung ist eine ionisierende Strahlung. Das gilt auch für Röntgenstrahlung. Sie wird deshalb bei der Strahlenbelastung mit berücksichtigt.

Eine Gesamtbelastung von 4 mSv je Jahr bedeutet für einen Menschen, dass er durch radioaktive Strahlung eine Energie von 4 mJ je Kilogramm Körpergewicht aufnimmt. Nach einer kurzzeitigen Strahlenbelastung ab 250 mSv treten bereits Schäden auf, eine Belastung von 7 000 mSv ist tödlich.

Achtung!
Ionisierende Strahlung

Für Menschen, die beruflich radioaktiver Strahlung ausgesetzt sind, gilt z. Z. ein Grenzwert von 50 mSv je Jahr. Werte für die durchschnittliche Strahlenbelastung in Deutschland sind in der Tabelle unten angegeben. Wegen möglicher Schäden durch radioaktive Strahlung gilt als Grundregel:

Die Strahlung, der man sich aussetzt, sollte so gering wie möglich sein.

Dabei muss man beachten, dass schon allein die natürliche Strahlung aufgrund der geologischen Besonderheiten (z. B. Gebiete mit Uranvorkommen, Gebirge) sehr unterschiedlich ist. Diese **terrestrische** Strahlung beträgt z. B. in Mecklenburg-Vorpommern ca. 0,15 mSv/a, im Harz etwa 1 mSv/a und im Bayrischen Wald ca. 1,5 mSv/a. In einzelnen Gebieten des Iran werden 450 mSv/a erreicht. Erheblichen Anteil an der Strahlenbelastung hat das Gas Radon, das wir mit der Luft einatmen. Das Eintreten von Strahlenschäden ist vor allem abhängig von der Art der Strahlung, der Energie (Intensität) der Strahlung, der Dauer der Einwirkung und der Empfindlichkeit der bestrahlten Organe. Besonders empfindlich sind das Knochenmark, die Lymphknoten und die Keimzellen. Die wichtigsten **Maßnahmen zum Schutz** vor radioaktiver Strahlung sind:

- Von Quellen radioaktiver Strahlung ist ein möglichst großer Abstand zu halten.
- Strahlungsquellen sind möglichst vollständig abzuschirmen, z. B. mit Blei.
- Mit radioaktiven Quellen sollte nur kurzzeitig experimentiert werden.
- Radioaktive Substanzen dürfen nicht in den Körper gelangen. Beim Umgang mit solchen Substanzen sind Essen und Trinken verboten.

Personen, die beruflich mit radioaktiver Strahlung in Berührung kommen, müssen eine Dosimeterplakette (s. S. 29) tragen, durch die radioaktive Strahlung registriert wird. Diese Plaketten werden regelmäßig kontrolliert. Die Einhaltung aller Schutzmaßnahmen ist erforderlich, weil wir kein Sinnesorgan für radioaktive Strahlung haben, also nicht bemerken, ob wir radioaktiver Strahlung ausgesetzt sind. Deshalb werden auch regelmäßig Messungen durchgeführt.

Mittlere Strahlenbelastung in der Bundesrepublik Deutschland im Jahr

Art der Strahlung	Äquivalentdosis
von der Umgebung (Erde) ausgehende terrestrische Strahlung	0,4 mSv/Jahr
kosmische Strahlung	0,3 mSv/Jahr
Strahlung durch die aufgenommene Nahrung/Luft	1,7 mSv/Jahr
medizinische Anwendungen einschließlich Röntgenuntersuchungen	1,5 mSv/Jahr
Strahlung durch Kernkraftwerke, Kernwaffenversuche	0,01 mSv/Jahr
Strahlung durch Bildschirm von Fernsehapparat und Computer	0,02 mSv/Jahr
Gesamtbelastung	≈ 4 mSv/Jahr

Kernspaltung

Unter **Kernspaltung** versteht man die Erscheinung, dass schwere Atomkerne, z. B. die Atomkerne von Uran oder Plutonium, in mittelschwere Kerne aufgespalten werden. Dabei werden Neutronen frei und es wird Energie abgegeben, die als **Kernenergie** oder auch als Atomenergie bezeichnet wird.
Ein Beispiel für eine solche Kernspaltung ist in Abb. 1 dargestellt. Treffen Neutronen mit bestimmter Geschwindigkeit auf das Nuklid Uran-235, so erfolgt eine Umwandlung in das Nuklid Uran-236, das in Bruchteilen von Sekunden in die zwei mittelschweren Kerne Krypton (Kr) und Barium (Ba) zerfällt.

> **Durch Beschuss mit langsamen Neutronen können schwere Atomkerne in mittelschwere Atomkerne aufgespalten werden. Dabei werden Neutronen freigesetzt und es wird Energie abgegeben.**

Bei jeder Kernspaltung wird eine Energie von etwa $3 \cdot 10^{-11}$ J freigesetzt. Um 1 J zu erhalten, müssen ca. 30 Billionen Urankerne gespalten werden.
Die Ursache für die Energiefreisetzung besteht in Folgendem: Die Masse des Ausgangskerns plus des aufgenommenen Neutrons ist größer als die Masse der Endprodukte.
Die Änderung der Masse ist nach der von ALBERT EINSTEIN (1879–1955) entdeckten Masse-Energie-Beziehung ($E = \Delta m \cdot c^2$) der freigesetzten Energie äquivalent. Das ist zugleich die physikalische Grundlage für die Funktionsweise von Kernkraftwerken und von Kernspaltungsbomben.

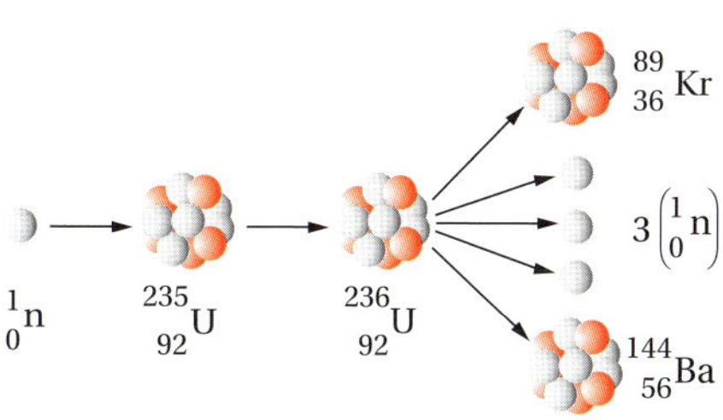

1 ▸ Spaltung von U-235 durch Neutronen: Es werden Neutronen und Energie freigesetzt.

Bei der Aufspaltung von Uran-235 ist nicht nur die in Abb. 1 dargestellte Reaktion möglich. Es können auch andere mittelschwere Kerne, z. B. Lanthan oder Caesium, entstehen. Man kennt heute etwa 200 verschiedene Spaltprodukte von Uran-235.
Treffen die Neutronen auf spaltbares Material und haben sie die „richtige" Geschwindigkeit, so können sie weitere Kernspaltungen hervorrufen. Es kommt zu einer **Kettenreaktion** (s. rechts), die **ungesteuert** verlaufen kann. Durch Begrenzung der Anzahl der Neutronen kann die Kettenreaktion **gesteuert** werden.

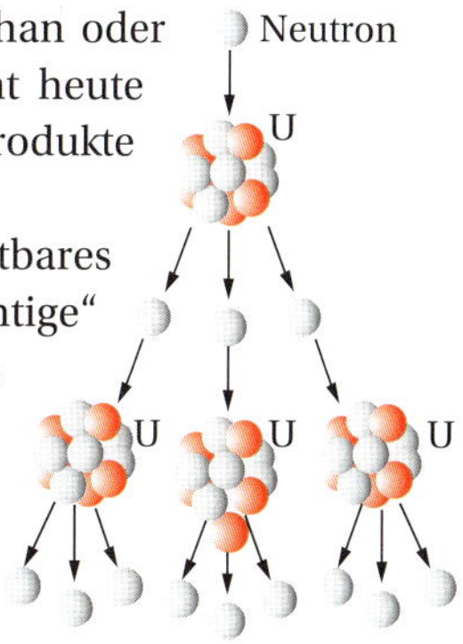

Kettenreaktion (ungesteuert)

Die erste ungesteuerte Kettenreaktion

Schon kurz nach der Entdeckung der Kernspaltung im Jahr 1938 war vielen Physikern bewusst, dass bei der Kernspaltung viel Energie frei wird und damit die Kernspaltung vielleicht auch technisch genutzt werden kann. Entsprechende Arbeiten wurden in Deutschland, England, den USA und der Sowjetunion vorangetrieben. 1942 begannen in den USA intensive Arbeiten zum Bau einer Kernspaltungsbombe (Atombombe). Innerhalb von drei Jahren wurde eine solche Bombe entwickelt und 1945 über den japanischen Städten Hiroshima und Nagasaki abgeworfen.

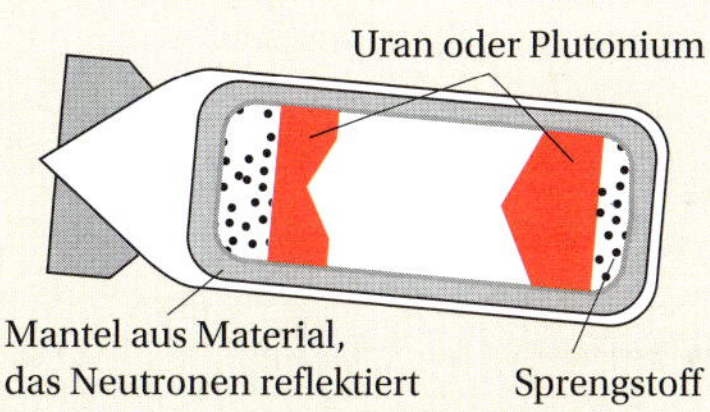

Genauere Informationen findest du z. B. unter **www.schuelerlexikon.de.**

Die Entdeckung der Kernspaltung

In den Dreißigerjahren des 20. Jahrhunderts beschäftigten sich viele Physiker und Chemiker mit radioaktiver Strahlung.
ENRICO FERMI (1901–1954) beschoss zahlreiche Elemente mit Neutronen und stellte fest, dass sich dadurch fast alle Stoffe umwandeln lassen. Er nannte die neu entstehenden Stoffe Transurane, weil er zunächst annahm, dass alle diese Stoffe im Periodensystem jenseits des Urans liegen, also eine Ordnungszahl von über 92 hätten. 1934 erhielt FERMI durch Beschuss von Platin mit Neutronen Gold.
IRENE JOLIOT-CURIE (1897–1956), die Tochter von MARIE CURIE, und ihr Mann FREDERIC JOLIOT-CURIE (1900–1958) entdeckten 1934 die künstliche Radioaktivität.

OTTO HAHN (1879–1968)

LISE MEITNER (1878–1968)

In Deutschland beschäftigten sich in Berlin OTTO HAHN, FRITZ STRASSMANN und LISE MEITNER, die im Jahr 1938 emigrierte, mit der Untersuchung von Transuranen.
HAHN und STRASSMANN bestrahlten Uran mit Neutronen und untersuchten die dann entstandenen Nuklide. Dabei machten sie Ende 1938 eine Entdeckung, die ihnen selbst unwahrscheinlich vorkam.

In der Zeitschrift „Naturwissenschaften" erschien am 6. Januar 1939 ein Artikel von ihnen, in dem es heißt: „... Nun müssen wir aber noch auf einige neuere Untersuchungen zu sprechen kommen, die wir der seltsamen Ergebnisse wegen nur zögernd veröffentlichen. ... Wir kommen zu dem Schluss: Unsere ‚Radiumisotope' haben die Eigenschaften des Bariums; als Chemiker müssten wir eigentlich sagen, bei den neuen Körpern handelt es sich nicht um Radium, sondern um Barium, denn andere Elemente als Barium und Radium kommen nicht in Frage. ... Als der Physik in gewisser Weise nahestehende ‚Kernchemiker' können wir uns zu diesem, allen bisherigen Erfahrungen der Kernphysik widersprechenden Sprung noch nicht entschließen ... Es könnte doch eine Reihe seltsamer Zufälle unsere Ergebnisse vorgetäuscht haben."

Wenig später gelang es, die Spaltprodukte eindeutig zu identifizieren. Durch Beschuss von Uran mit Neutronen waren Krypton und Barium entstanden. Zugleich wurden bei jeder Kernspaltung drei Neutronen und Energie freigesetzt.
Kurze Zeit später gelang der Nachweis weiterer Spaltprodukte von Uran, z. B. Strontium und Yttrium. Damit war die Kernspaltung entdeckt, für die OTTO HAHN im Jahre 1945, nach Ende des Zweiten Weltkriegs, den Nobelpreis für Chemie für das Jahr 1944 erhielt.

Die Möglichkeit der Energiegewinnung aus Kernspaltung war bereits 1939 diskutiert worden. Mit Beginn des Zweiten Weltkriegs trat immer mehr die Frage in den Vordergrund, ob die Kernenergie auch militärisch nutzbar sei.

1942 begann in den USA die intensive Arbeit an Atomwaffen, die innerhalb von drei Jahren zum Bau von Kernspaltungsbomben (Atombomben) führte. Am 6. August und am 9. August 1945 wurden durch US-Amerikaner Atomwaffen über den japanischen Städten Hiroshima und Nagasaki gezündet. Bei den Explosionen wurden gewaltige Mengen an radioaktiver Strahlung und Wärme frei. Es gab Hunderttausende von Toten. Noch heute sterben Menschen an den Folgen.

1 ▸ Arbeitstisch von OTTO HAHN (Deutsches Museum München)

Physik in Natur und Technik

Altersbestimmung mit Kohlenstoff und Blei

Bei archäologischen Funden, z. B. den Resten von Bauwerken, Mumien oder Gebrauchsgegenständen, möchte man wissen, wie alt die Funde tatsächlich sind.

Wie kann man das Alter archäologischer Funde ermitteln?

Die bekannteste Methode radioaktiver Zeitmessung ist die **C-14-Methode,** auch als Radiokohlenstoffmethode oder Radiokarbonmethode bezeichnet. Mit dieser Methode kann man das Alter organischer Überreste messen (Abb. 1).

Die Methode geht davon aus, dass ein kleiner Teil des Kohlenstoffs in der Lufthülle der Erde radioaktiv ist. Es handelt sich um das Kohlenstoffisotop C-14. Es entsteht in der Luft durch Kernumwandlung von Stickstoff infolge des ständigen „Beschusses" der Atmosphäre mit Neutronen der Höhenstrahlung. Dieser Prozess geht seit Jahrtausenden vor sich. Damit war und ist der Anteil an C-14-Isotopen in der Atmosphäre weitgehend konstant. Nun nehmen alle Pflanzen bei der Assimilation das radioaktive C-14 und das nicht radioaktive C-12 auf. In allen Lebewesen gibt es dadurch ein festes Verhältnis von C-14 und C-12. Mit dem Tod eines Lebewesens oder einer Pflanze hört die Aufnahme von Kohlenstoff auf. Der Anteil an C-14 nimmt durch radioaktiven Zerfall mit einer Halbwertszeit von 5 730 Jahren ab. Die Menge des nicht radioaktiven C-12 bleibt dagegen gleich.

Aus dem Mengenverhältnis von C-14 und C-12 im organischen Überrest kann auf das Alter des Fundes geschlossen werden.

Beträgt z. B. der C-14-Anteil nur noch 50 % des heutigen Anteils, so kann man folgern: Seit Beendigung der Kohlenstoffaufnahme ist eine Halbwertszeit vergangen, also 5 730 Jahre.

Die C-14-Methode bringt nur für Funde mit einem Alter bis ca. 20 000 Jahren eine relativ gute Genauigkeit mit einem Fehler von ± 200 Jahren.

Mithilfe von radioaktiven Isotopen kann man auch das Alter von Steinen abschätzen (Abb. 2). Die **Uran-Blei-Methode** geht davon aus, dass viele Steine Uran enthalten, dessen Isotope alle radioaktiv sind. Das natürliche Uranisotop 238 zerfällt über Zwischenstationen in das stabile Blei-206. Aus dem Verhältnis Pb-206 zu U-238 lässt sich das Alter des Gesteins errechnen, wenn man davon ausgeht, dass ursprünglich nur Uran vorhanden war. Für Meteoriten ergibt sich nach dieser Methode ein Alter von 4,5 Milliarden Jahren.

Je älter das Gestein ist, desto größer ist inzwischen der Bestandteil an Blei.

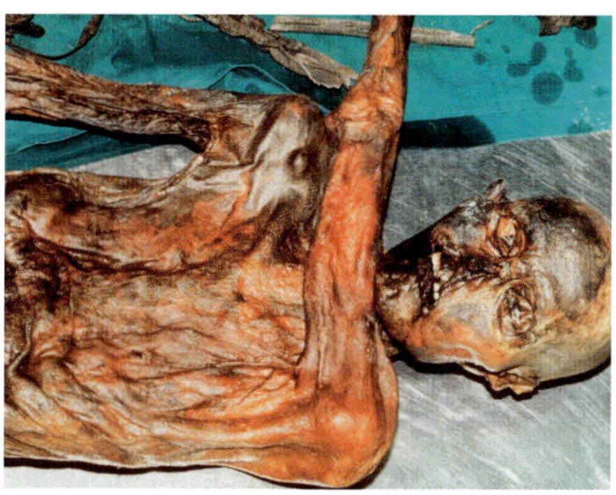

1 ▸ Mithilfe der C-14-Methode wurde versucht, das Alter von „Ötzi" zu ermitteln.

2 ▸ Die Bestimmungen des Alters archäologischer Funde kann mit der Uran-Blei-Methode erfolgen.

Radioaktive Nuklide in Medizin, Technik und Biologie

Die von radioaktiven Nukliden ausgehende Strahlung kann aufgrund ihrer Eigenschaften in verschiedenen Bereichen von Medizin und Technik genutzt werden. *Wie kann man radioaktive Nuklide herstellen? Welche grundsätzlichen Anwendungsmöglichkeiten gibt es für radioaktive Nuklide?*

Radioaktive Nuklide kann man heute im Labor künstlich herstellen. Dazu „beschießt" man stabile Atomkerne mit Teilchen (Protonen, Neutronen, α-Teilchen) oder anderen Atomkernen, die aus einem Teilchenbeschleuniger stammen. Gelingt ein Treffer, so tritt in dem beschossenen Kern eine Kernumwandlung auf.

Viele der so entstehenden Kerne sind instabil und senden bei ihrer Umwandlung radioaktive Strahlung aus (Abb. 2). Darüber hinaus werden manchmal noch Neutronen freigesetzt.

1934 entdeckten Irene Joliot-Curie (1897–1956) und ihr Mann Frederic Joliot-Curie (1900–1958) die künstliche Radioaktivität. Sie beschossen Aluminiumkerne mit α-Teilchen. So entstand Phosphor-30, das erste künstliche Nuklid. Es zerfiel in das Nachbarelement Silicium und ein Positron (Abb. 2a).

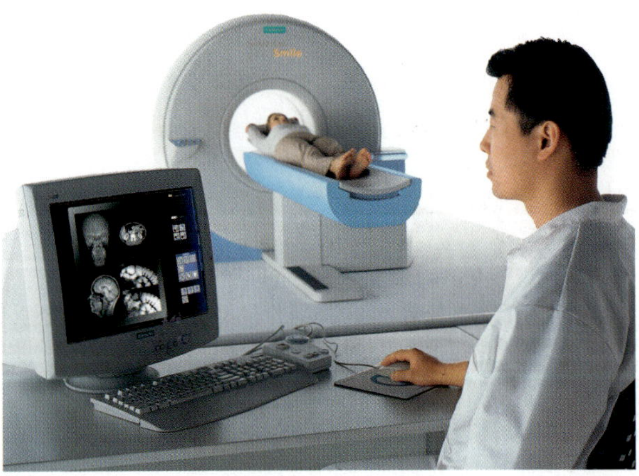

1 ▸ Anlage zur Computertomographie in der Medizin

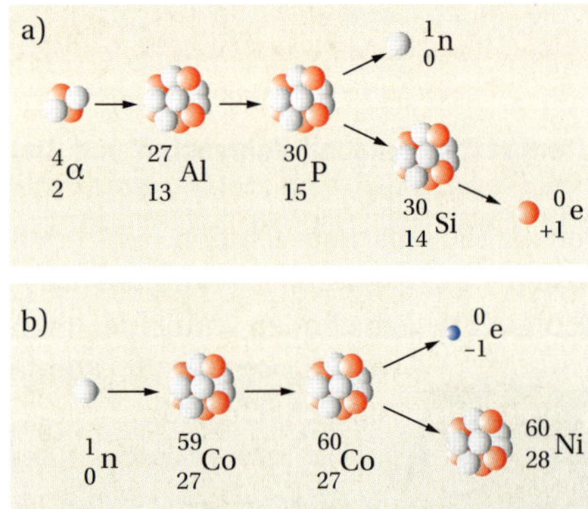

2 ▸ Kernumwandlungen beim Beschuss von Aluminium mit α-Teilchen (a) und Cobalt mit Neutronen (b)

Die künstlich hergestellten radioaktiven Nuklide werden ebenso wie die in der Natur vorkommenden auch als Radionuklide bezeichnet. Einige wichtige Radionuklide für Medizin und Technik sind in der Tabelle auf S. 27 angegeben.

Bei den Anwendungen radioaktiver Nuklide nutzt man die verschiedenen Eigenschaften radioaktiver Strahlung aus.

Wichtige Verfahren sind das Bestrahlungsverfahren, das Durchstrahlungsverfahren und das Markierungsverfahren.

Beim **Bestrahlungsverfahren** wird die Eigenschaft radioaktiver Strahlung genutzt, in Stoffen chemische, biologische oder physikalische Veränderungen hervorzurufen. In der Medizin wird das Verfahren z. B. bei der Tumorbehandlung angewendet, um Krebszellen abzutöten (Abb. 1). Da man früher meist Cobalt-60 als Strahler nutzte, wurden die betreffenden Geräte als Cobaltkanonen bezeichnet. Cobalt-60 gibt energiereiche γ-Strahlung ab. Um das benachbarte gesunde Gewebe möglichst wenig zu schädigen, darf die Strahlung nur in einer bestimmten Richtung austreten. Wegen der erforderlichen Abschirmung haben die Kanonen beachtliche Ausmaße.

Das Bestrahlungsverfahren wird auch zur Sterilisation angewendet, indem Keime (Bakterien, Viren usw.) abgetötet werden. Auf diese Weise werden medizinische Ge-

1 ▸ Das Bestrahlungsverfahren: Durch radioaktive Bestrahlung wird die Keimbildung verhindert.

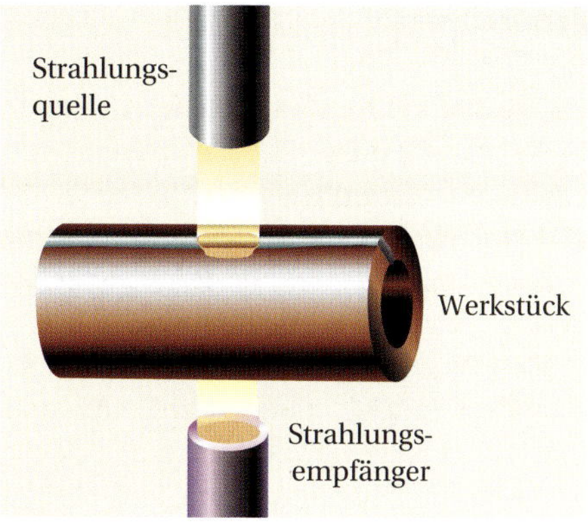

2 ▸ Das Durchstrahlungsverfahren: Von Stoffen wird radioaktive Strahlung absorbiert.

räte keimfrei gemacht. Der Schlamm aus Kläranlagen kann nach der Bestrahlung mit radioaktiven Strahlen als Dünger verwendet werden. Bei Lebensmitteln, wie Zwiebeln und Kartoffeln, kann die Keimbildung verhindert und damit die Lagerfähigkeit verbessert werden (Abb. 1).

In der Technik lässt sich durch radioaktive Bestrahlung die Reißfestigkeit dünner Folien wesentlich erhöhen.

Beim **Durchstrahlungsverfahren** wird die Eigenschaft der Durchdringungsfähigkeit von Stoffen und der Absorption in Stoffen genutzt (Abb. 2). Der zu untersuchende Gegenstand befindet sich zwischen der Strahlungsquelle und einem Strahlungsempfänger, z. B. einem Zählrohr oder einem Film.
Wird z. B. ein Werkstück durchstrahlt und sind Einschlüsse (Luft, andere Stoffe) vorhanden, so verändert sich die vom Werkstoff absorbierte Strahlung und damit die beim Strahlungsempfänger ankommende Strahlung. Deutlich wird dieses durch unterschiedliche Zählraten oder Schwärzungsgrade auf einem Film.

Das Durchstrahlungsverfahren kann z. B. genutzt werden, um die Qualität von Schweißnähten zu prüfen oder um die Schichtdicke bei der Papier- und Folienherstellung ständig zu überwachen. Da es sich um ein zerstörungsfreies Verfahren handelt, ist es besonders gut geeignet, Bauteile zu überprüfen, die hochbelastet und sicherheitsrelevant sind. Das gilt für Drahtseile bei Seilbahnen oder für Radreifen bei der Eisenbahn.

Beim **Markierungsverfahren** (Abb. 3) werden Radionuklide dazu genutzt, um den Weg von Stoffen im menschlichen Körper, bei Pflanzen und Tieren, in Rohrleitungen oder im Erdboden zu verfolgen. Um z. B. die Schilddrüse zu untersuchen, wird radioaktives Iod injiziert. Iod reichert sich in der Schilddrüse an. Mit einem speziellen Zähler wird die von der Schilddrüse ausgehende Strahlung Punkt für Punkt registriert und mithilfe von Computern ausgewertet. Damit können mögliche krankhafte Veränderungen festgestellt werden.

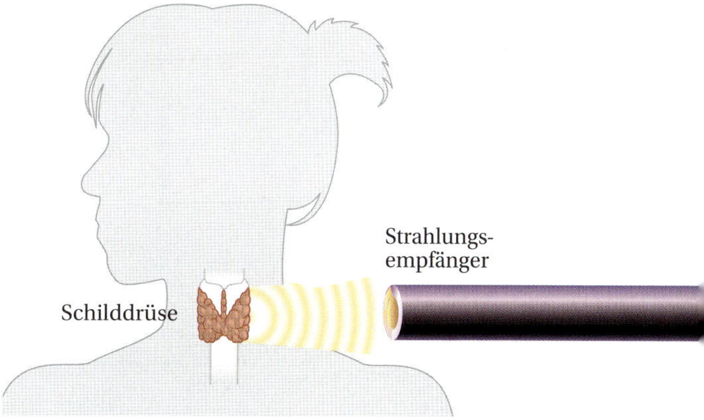

3 ▸ Das Markierungsverfahren: Der Weg bzw. die Anreicherung radioaktiver Nuklide wird verfolgt.

Kernkraftwerke

Die gesteuerte Kettenreaktion wird heute in Kernkraftwerken zur Gewinnung von elektrischer Energie genutzt.
Wie arbeitet ein Kernkraftwerk? Welcher Nutzen und welche Gefahren bestehen beim Einsatz von Kernreaktoren?

Für den Betrieb eines Kernkraftwerks (Abb. 1) muss gewährleistet sein, dass die Kernspaltung kontinuierlich und steuerbar abläuft.
Dazu ist es erforderlich, dass

- genügend spaltbares Material vorhanden ist,
- Neutronen mit der für die Spaltung notwendigen Geschwindigkeit existieren,
- die Neutronenzahl reguliert werden kann.

Die notwendige Mindestmasse wird als **kritische Masse** bezeichnet.

Als **spaltbares Material** wird meist angereichertes Uran mit 3,5 % U-235 und 96,5 % U-238 verwendet. Im natürlichen Uran sind nur ungefähr 0,7 % spaltbares U-235 vorhanden. Natürliches Uran muss also angereichert werden. Das spaltbare Material wird meist in Tablettenform in **Brennstoffstäben** in das Reaktorgefäß

2 ▸ Blick in das Reaktorgefäß eines Kernreaktors

gebracht (Abb. 2). Die für die Spaltung der Urankerne erforderlichen Neutronen entstehen bei der Kernreaktion selbst. Da bei jeder Kernspaltung 2 bis 3 Neutronen frei werden, wächst ihre Zahl lawinenartig an. Es kommt zu einer **Kettenreaktion.** Voraussetzung dafür ist allerdings, dass die Neutronen die „richtige" Geschwindigkeit haben. Um das zu erreichen, werden **Moderatoren** genutzt. Zumeist verwendet man dazu Wasser oder Grafit.

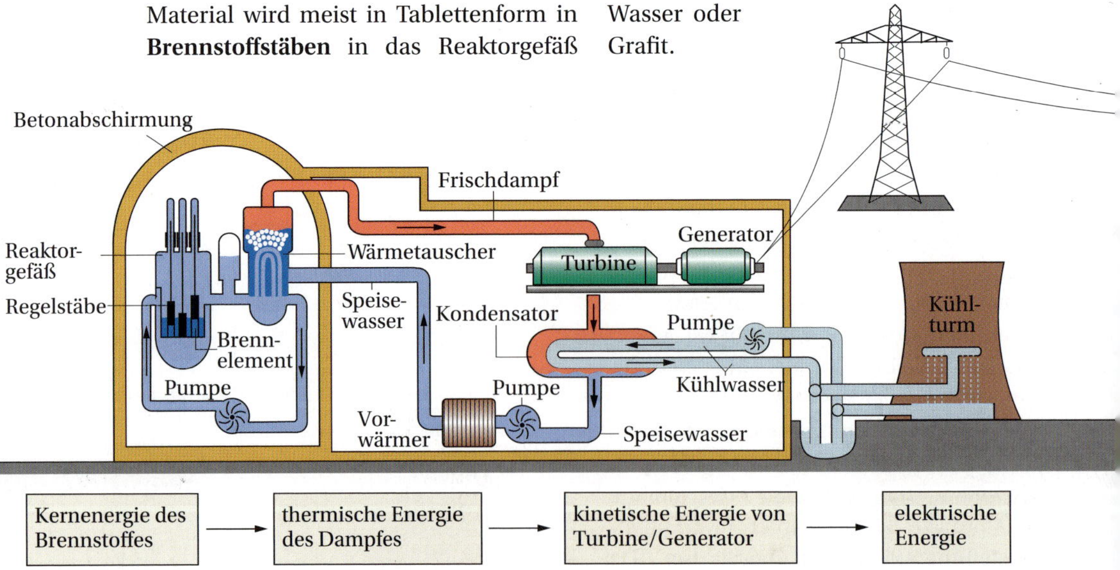

1 ▸ Aufbau eines Kernkraftwerks mit Druckwasserreaktor: In einem ersten Kreislauf wird Wasserdampf erzeugt. In einem zweiten Kreislauf gelangt der Dampf zur Turbine.

Moderatoren bremsen die bei der Kernspaltung frei werdenden schnellen Neutronen so weit ab, dass sie weitere Kerne des Urans spalten können.

Die Kettenreaktion wird mit **Regelstäben** aus Bor oder Cadmium gesteuert. Beide Elemente absorbieren Neutronen. Durch mehr oder weniger tiefes Einfahren dieser Regelstäbe wird die Zahl der Neutronen beeinflusst und damit die ablaufende Reaktion gesteuert.

Eine ungeregelte Kettenreaktion würde zu einer starken Erhitzung und möglicherweise zur Zerstörung des Reaktors führen. Die freigesetzte Kernenergie wird auf Wasser übertragen. Ähnlich wie bei einem Wärmekraftwerk wird der entstehende Dampf genutzt, um Turbinen zu betreiben und mit Generatoren elektrische Energie zu gewinnen.

Der **Nutzen von Kernkraftwerken** besteht vor allem darin, dass

- keine fossilen Brennstoffe wie Kohle oder Erdöl verbrannt werden müssen,
- der Schadstoffausstoß eines solchen Kraftwerkes gering ist und
- mit relativ kleinen Mengen Kernbrennstoff viel elektrische Energie gewonnen werden kann.

Weltweit existieren heute etwa 440 Kernkraftwerke großer Leistung, die ca. 17 % des Elektroenergiebedarfs decken.

Die **Gefahren von Kernkraftwerken** liegen u.a. darin, dass durch menschliches Versagen oder durch technische Pannen radioaktive Stoffe freigesetzt werden können.

Trotz aller Sicherheitsmaßnahmen sind solche Unfälle nicht völlig auszuschließen. Sie würden in dicht besiedelten Gebieten katastrophale Folgen haben. Außerdem ist bis heute das Problem der dauerhaft sicheren Endlagerung von radioaktiven Abfällen, die in Kernkraftwerken entstehen, nicht gelöst. Solche beim Betrieb eines Kernkraftwerkes entstehenden radioaktiven Abfälle müssen wegen ihrer Radioaktivität und den großen Halbwertszeiten über viele Jahrzehnte hinweg sicher gelagert werden.

Eine Möglichkeit ist die unterirdische Lagerung in ehemaligen Salzbergwerken. Eine andere Möglichkeit besteht darin, abgebrannte Brennstoffstäbe wieder aufzubereiten (Abb. 2). Dabei entstehen allerdings radioaktive Abfälle, die ebenfalls sicher gelagert werden müssen. Allein in Deutschland beträgt die Gesamtmenge des radioaktiven Abfalls etwa 30 000 m^3 pro Jahr.

In Gorleben (Niedersachsen) und in Morsleben (Sachsen-Anhalt) werden radioaktive Abfälle in ehemaligen Salzbergwerken zwischengelagert.

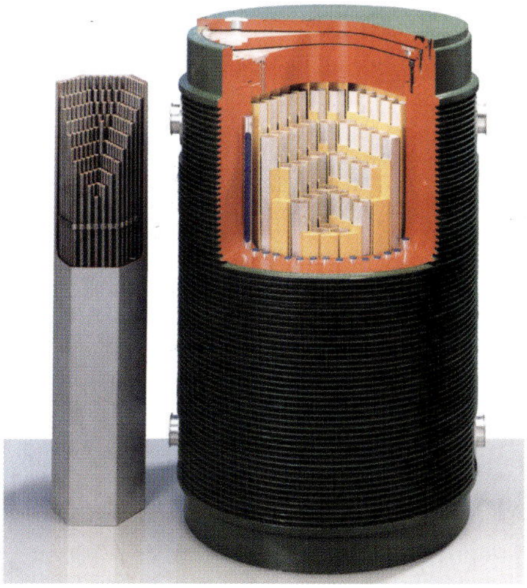

1 ▸ Brennstäbe und anderes hochradioaktives Material werden in speziellen Behältern transportiert.

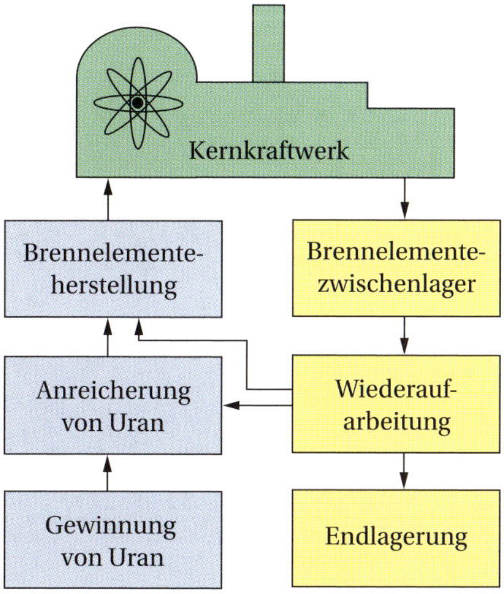

2 ▸ Vereinfachte Darstellung des Brennstoffkreislaufs bei Kernreaktoren

Kraftwerksvergleiche, weitere Informationen zu Energie und Umwelt sowie Anregungen zu Projekten findest du im fächerverbindenden Thema, S. 137 ff.

Aufgaben

1. Erläutere mithilfe von Vorstellungen zum Aufbau eines Atoms, warum man sich die Atome nicht als massive Kugeln vorstellen kann!

2. Beschreibe den Aufbau eines Heliumatoms, eines Kohlenstoffatoms und eines Eisenatoms!

3. Was versteht man unter einem Isotop? Nenne Beispiele!

4. Stelle in einer Tabelle die Anzahl der Protonen, der Neutronen und der Elektronen unter der Annahme neutraler Atome zusammen:

$^{1}_{1}H$, $^{12}_{6}C$, $^{14}_{6}C$, $^{60}_{27}Co$, $^{137}_{55}Cs$, $^{235}_{92}U$, $^{238}_{92}U$

5. Dem Engländer James Chadwick gelang 1932 der Nachweis von Neutronen. Er beschoss Beryllium-9 mit α-Teilchen (s. Abb.).

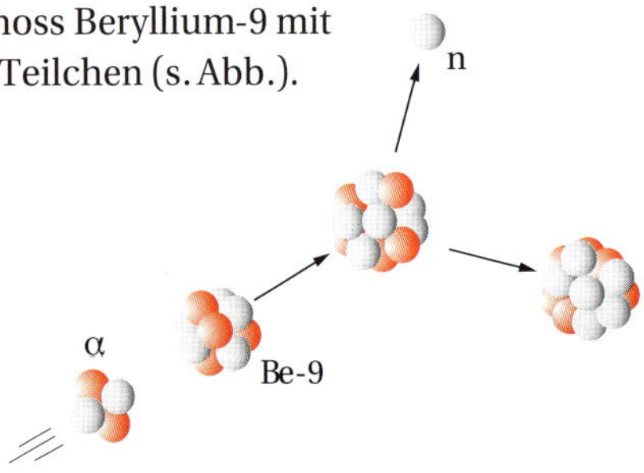

Stelle für diesen Prozess die Reaktionsgleichung auf!

6. Caesium-137 hat eine Halbwertszeit von etwa 30 Jahren. Was bedeutet diese Angabe?

7. Bei einer Mumie wurde festgestellt, dass der C-14-Anteil nur noch 25 % des heutigen Anteils beträgt.
Auf welches Alter der Mumie kann man daraus schließen?

8. Untersuche, wie die Schaumkrone von alkoholfreiem Bier mit der Zeit zerfällt!
Begründe, warum das Experiment als ein Modellexperiment für den radioaktiven Zerfall angesehen werden kann!
Vorbereitung:
Gieße alkoholfreies Bier so in ein Glas, dass sich möglichst viel Schaum entwickelt!

Durchführung:
a) Miss jeweils nach 10 s die Schaumhöhe *s*!
b) Wiederhole den Versuch mindestens dreimal!

Auswertung:
a) Stelle die Schaumhöhe *s* in Abhängigkeit von der Zeit *t* dar!
b) Bestimme die Halbwertszeit, in der die Schaumkrone zerfallen ist!

9. Für ein Radionuklid gilt die im Diagramm dargestellte Zerfallskurve.
Wie groß ist die Halbwertszeit?

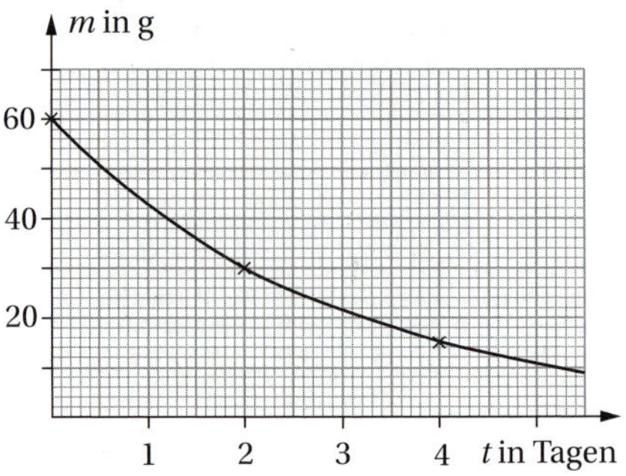

10. Bei einem Barium-137-Präparat wurde mit einem Zählrohr in 30 s eine Zählrate von 2 070 Impulsen gemessen. Nach jeweils zwei Minuten wurden die Messungen wiederholt. Dabei erhielt man folgende Ergebnisse:

Zeit in min	2	4	6	8	10
Zählrate in Impulsen	1 100	650	416	241	179

a) Stelle die Messwerte grafisch dar!
b) Ermittle aus dem Diagramm die Halbwertszeit von Barium-137!

11. Es wurde experimentell untersucht, wie γ-Strahlung durch Blei unterschiedlicher Dicke abgeschirmt wird. Dazu wurden zwischen einen γ-Strahler und ein Zählrohr verschieden dicke Bleischichten gebracht. Im Diagramm sind die Ergebnisse der Untersuchungen dargestellt.

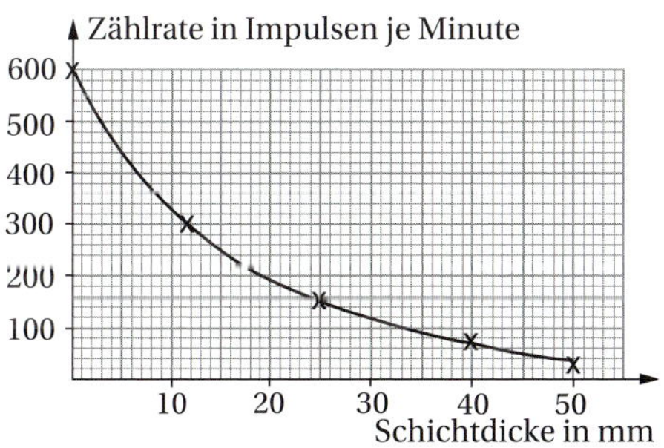

a) Interpretiere dieses Diagramm!
b) Bei welcher Schichtdicke wird die Hälfte der Strahlung absorbiert?
c) Wie dick muss die Schicht sein, damit 90 % der Strahlung absorbiert werden?

12. Wie hängen Reichweite und Durchdringungsfähigkeit radioaktiver Strahlung zusammen?

13. Radioaktive Strahlung wird zwischen zwei elektrisch geladenen Platten hindurchgelenkt (s. Abb. rechts oben). Mit einem Zählrohr stellt man fest, dass sie abgelenkt wird. Um welche Art von Strahlung könnte es sich handeln? Begründe!

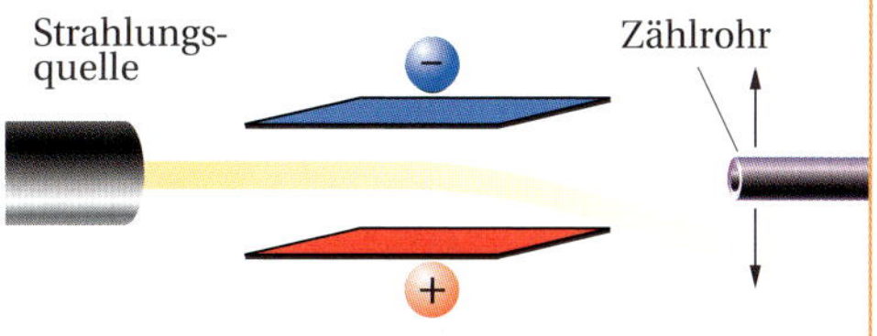

14. Erläutere, wovon die schädigende Wirkung radioaktiver Strahlung abhängt!

15. Begründe, warum Bergsteiger einer relativ hohen natürlichen Strahlungsbelastung ausgesetzt sind!

16. Stelle in einer Übersicht die wichtigsten Eigenschaften von α-, β- und γ-Strahlung zusammen!

17. Welchen Belastungen durch radioaktive Strahlung ist der Mensch ständig ausgesetzt?

18. Nenne einige wichtige Strahlenschutzmaßnahmen! Begründe sie!

19. Erkunde, in welchen Bereichen von Medizin, Technik und Biologie radioaktive Nuklide angewendet werden!
Nutze dazu das Internet, z. B. die Adresse **www.schuelerlexikon.de!**

20. Erläutere das Bestrahlungsverfahren, das Durchstrahlungsverfahren und das Markierungsverfahren!
Nenne je ein Beispiel und stelle dar, welche Eigenschaften und Wirkungen radioaktiver Strahlung dabei jeweils genutzt werden!

21. Bei Messungen an Uranerzen hat man festgestellt, dass etwa 30 % der U-238-Kerne zerfallen sind.
Welches Mindestalter hat dieses Erz?

22. Beschreibe die Energieumwandlungen in einem Kernkraftwerk!

23. Was ist der Unterschied zwischen natürlichem und angereichertem Uran?

24. Beschreibe die Kettenreaktion bei einer Kernspaltung!

a) Wie lässt sich eine Kernspaltung steuern?

b) Welche Unterschiede bestehen zwischen einer gesteuerten und einer ungesteuerten Kernspaltung?

c) Nenne Anwendungen für beide Arten der Kernspaltung!

25. Bei dem schweren Reaktorunfall im Kernkraftwerk Tschernobyl (Ukraine) im Jahr 1986 wurden große Mengen an radioaktivem Iod-131 ausgestoßen. Dies wirkte sich auch in Deutschland aus.
Kurze Zeit nach dem Unfall wurde in Milch eine relativ hohe Iod-Aktivität und eine geringe Caesium-Aktivität gemessen. Nach einigen Wochen waren aber die Caesium-Werte höher als die des Iods.
Wie ist das zu erklären?

26. Beschreibe die Abläufe in einem Kernkraftwerk! Nutze außer dem Lehrbuch die Internetadresse **www.schuelerlexikon.de,** vor allem das Video 1 zum Stichwort Kernkraftwerk!

27. Wie kann ein Kernkraftwerk „abgeschaltet" werden?

28. Um das Austreten von radioaktiver Strahlung zu verhindern, werden in Kernkraftwerken Sicherheitsbarrieren errichtet. Nenne einige dieser Barrieren! Welche Funktion haben sie?

29. Welche Vorteile und welche Nachteile haben Kernkraftwerke gegenüber anderen Arten von Kraftwerken?

30. Ein Kernkraftwerk mit Druckwasserreaktor hat verschiedene Wasserkreisläufe. Welche Aufgaben haben diese? Benutze zur Beantwortung die Abbildung 1, Seite 36!

31. Was ist radioaktiver Müll? Warum ist seine Entsorgung so problematisch?

32. In der öffentlichen Diskussion steht CASTOR oft für Transportbehälter. Was bedeutet diese Abkürzung? Welche Funktion hat ein CASTOR-Behälter (s. Abb.)?

33. Der Anteil der Kernenergie an der Elektroenergiegewinnung lag 2003 in den verschiedenen Ländern zwischen 0 % und 77 %.

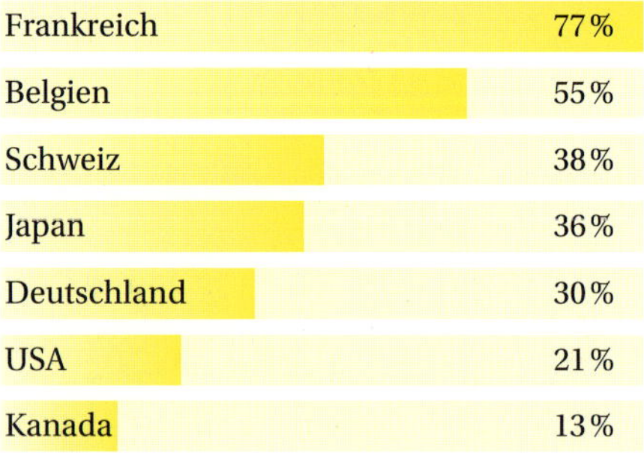

Diskutiere die Meinung: „Kernenergie kann durch andere Energien ersetzt werden!" Welche Argumente sprechen dafür, welche dagegen?

34. Eine mögliche neue Energiequelle ist die gesteuerte Kernfusion.
Informiere dich im Internet über den aktuellen Stand der Kernfusionsforschung!

Das Wichtigste auf einen Blick

Atome, radioaktive Strahlung, Kernenergie

Atome bestehen aus einer negativ geladenen Atomhülle mit Elektronen und einem positiv geladenen Atomkern mit Protonen und Neutronen.

Massenzahl A — $^{238}_{92}\mathrm{U}$ — Kernladungszahl Z (Anzahl der Protonen)

$A = Z + N$

Neutronenzahl N
$N = A - Z$

Nuklide sind Atome, die durch Massenzahl und Kernladungszahl charakterisiert sind. Viele Nuklide sind radioaktiv. Sie senden bei Kernumwandlungen **radioaktive Strahlung** aus.

α-Strahlung

besteht aus doppelt positiv geladenen Heliumkernen

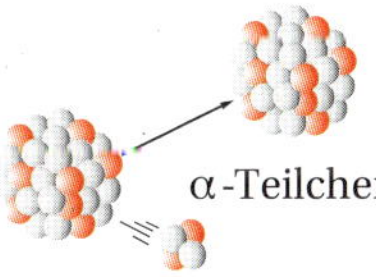

β-Strahlung

besteht aus negativ geladenen Elektronen (β^-) oder Positronen (β^+)

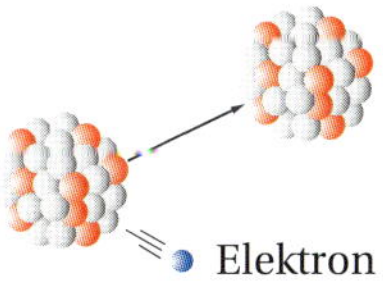

γ-Strahlung

ist eine energiereiche elektromagnetische Strahlung

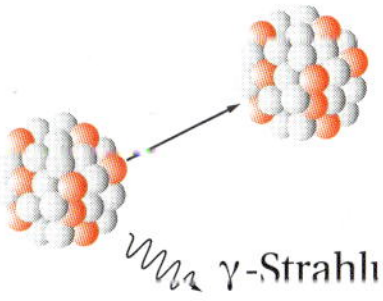

Radioaktive Strahlung

- besitzt Energie.
- kann Gase ionisieren, Filme schwärzen, Zellen schädigen.
- kann Stoffe in unterschiedlicher Weise durchdringen.
- wird teilweise (α-, β-Strahlung) in elektrischen und magnetischen Feldern abgelenkt.

Achtung: Die Strahlung, der man sich aussetzt, sollte so gering wie möglich sein!

Bei Kernumwandlungen werden große Mengen an Energie freigesetzt. Das wird bei **Kernspaltung** und bei **Kernfusion** genutzt. Bei der Kernspaltung wird ein schwerer Kern in zwei mittelschwere Kerne gespalten. Dabei wird Energie frei.

Anwendungen: Kernkraftwerk, Atombombe

3

Kosmos, Erde und Mensch

3.1 Orientierung am Sternenhimmel

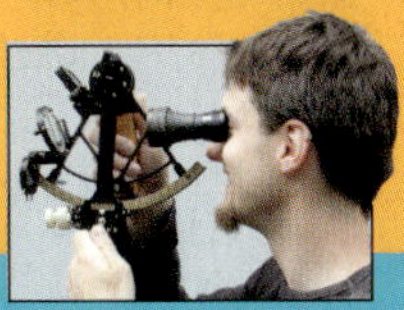

Ort und Zeit ▸▸ Ein Seemann beobachtet den Sternenhimmel und legt die Position seines Schiffes fest. Schon in der Steinzeit haben Menschen den Lauf der Himmelskörper verfolgt und so die Tageszeit oder den Beginn der Jahreszeiten ermittelt.
Wieso muss man zu den Sternen blicken, um zu wissen, wo man sich auf der Erde befindet?
Weshalb lässt sich durch Himmelsbeobachtungen die Zeit messen?

Sternengewirr am Himmel ▸▸ In einer klaren Nacht sieht man das beeindruckende Leuchten vieler Sterne.
Wie orientiert man sich am Sternenhimmel?
Kann ich am Himmelszelt mein Sternbild finden?

Astronomie – die älteste Wissenschaft

Die bislang älteste Darstellung des Sternenhimmels stammt aus der Bronzezeit und wurde bei Nebra (Sachsen-Anhalt) gefunden.

Die Scheibe zeigt vermutlich den Mond, die Sonne und die Sterne.

Für die Menschen der Vorzeit waren Naturvorgänge das Werk von Göttern oder Dämonen. Viele Völker hielten Sonne und Erdmond für Gottheiten. Die Beobachtung des Himmels sollte helfen, den Willen der Götter zu ergründen. Dabei fanden die Menschen heraus, dass es viele Himmelserscheinungen gibt, **die sich in bestimmten Zeiten in genau gleicher Weise wiederholen.** Man hatte die ersten astronomischen Gesetze entdeckt und gleichzeitig eine Anwendung für diese Gesetze gefunden: Die sich periodisch wiederholenden Himmelsereignisse ermöglichen die Festlegung von Zeitmaßen (Abb. 2).

Durch die Beobachtungen der ersten Kulturvölker wurde der Grundstein für zwei Betätigungen gelegt: Aus dem Glauben, man könne den Willen der Götter und das Schicksal der Menschen aus den Sternen ablesen, entstand die **Astrologie.** Mit der Entdeckung von Gesetzmäßigkeiten in der Bewegung der Himmelskörper entwickelte sich schon vor Jahrtausenden die **Astronomie.**

Die Astronomie ist die älteste Wissenschaft der Menschheit.

1 ▸ Astronomische Beobachtungen waren in vielen alten Kulturen in erster Linie eine Aufgabe der Priester.

2 ▸ Teil des Grabdeckels des TEFABI in Assiut (um 2 100 v. Chr.): In jeder Kolonne sind 12 Dekane – Sterne und Sternbilder – verzeichnet, die während der Nacht aufgehen.

Wie man heute sehr genau weiß, sind die Sterne sonnenähnliche Himmelskörper. Auf dem Erdmond waren schon mehrfach Menschen. Viele Planeten wurden durch Raumsonden untersucht. Man hat dabei herausgefunden, dass einige Planeten erdähnliche Eigenschaften besitzen. Dem Glauben an ein göttliches oder schicksalhaftes Wirken der Himmelskörper wurde durch solche Forschungen die Grundlage entzogen.

Die Astrologie lässt sich wissenschaftlich nicht begründen. Sie ist keine Naturwissenschaft.

Die Tagundnachtgleiche in Europa

Im Winter sind die Nächte lang, nur relativ kurze Zeit scheint das Tageslicht. Im Sommer währt die Dunkelheit nur kurze Zeit und wir genießen die frühen Sonnenauf- und die späten Sonnenuntergänge. Zwischen dem Sommer- und dem Winterhalbjahr geschieht es zweimal, dass Tag und Nacht mit je 12 Stunden gleich lang sind. Das ist zu **Frühlingsanfang** und zu **Herbstanfang** der Fall. Nur zu diesen beiden Zeiten geht die Sonne genau im Osten auf und genau im Westen unter. Deshalb lassen sich die Orte am Horizont, an dem die Sonne auf- und untergeht, auch nur zu Frühlingsanfang und zu Herbstanfang durch eine gerade Linie miteinander verbinden. Markiert man diese Linie, zum Beispiel durch Öffnungen in Felsblöcken (Abb. 1), dann kann man jedes Jahr erneut den Zeitpunkt von Frühlings- und Herbstanfang festlegen. Europäische Steinzeitvölker haben dies in vielen Kultstätten tatsächlich getan und damit den Grundstein für eine einfache Zeitrechnung gelegt (Abb. 2).

2 ▸ Stonehenge in Mittelengland diente zur Beobachtung des Sonnenlaufs.

Astronomie – eine praktische Wissenschaft

Viele Menschen halten die Astronomie für eine weltfremde Wissenschaft, die zwar viel Geld kostet, aber keinen Nutzen für die moderne Gesellschaft besitzt. Dabei unterliegen sie einem Irrtum. Schon vor Jahrtausenden gelang es den Himmelsbeobachtern, die Zeitdauer zwischen zwei Frühlingsanfängen zu ermitteln. Sie hatten damit die Länge eines Jahres bestimmt. Dabei zeigte sich, dass ein Jahr keine gerade Anzahl von Tagen währt, sondern etwa 365,25 Tage lang ist. Aus praktischen Gründen muss ein Kalenderjahr natürlich aus einer ganzen Anzahl von Tagen bestehen. Durch die Einführung von **Schalttagen** konnte man diese Forderung erfüllen.

Astronomen wurden zu unentbehrlichen Helfern bei der ***Erstellung von Kalendern.***

Heute leben wir in einer mobilen Kommunikationsgesellschaft, die auf Satellitenfernsehen und satellitengestützte Navigationssysteme angewiesen ist (Abb. 3). Wer bedenkt dabei, dass es die astronomischen Gesetze der Himmelmechanik sind, mit deren Hilfe man die Satellitenbahnen berechnet?

GPS, engl. ***Global Positioning*** *System*

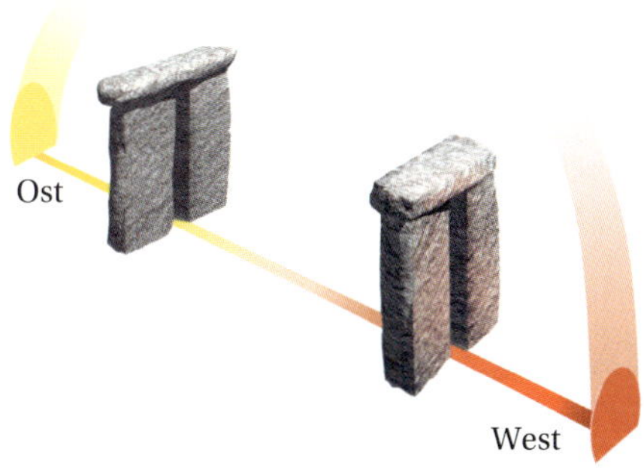

1 ▸ Beobachtung von Aufgang und Untergang der Sonne zu Frühlingsanfang und zu Herbstanfang

3 ▸ Die Bildmontage zeigt einen der 24 Satelliten des globalen Navigationssystems GPS.

Das geozentrische und das heliozentrische Weltbild

KOPERNIKUS hatte keine Belege dafür, dass sich die Planeten um die Erde bewegen könnten. Im heliozentrischen Weltbild ließ sich die Bewegung der Planeten aber einfacher beschreiben.

Im antiken Griechenland hatte sich vor etwa 2500 Jahren neben der Astronomie eine neue Form der Naturerkundung entwickelt, die **Philosophie.** Griechische Philosophen bemühten sich, alle Naturvorgänge durch möglichst einheitliche Annahmen zu deuten. Auch die Vielfalt der astronomischen Beobachtungsresultate sollte mit wenigen Annahmen erklärt werden.

Besonders einfach erschien die Vorstellung, alle Himmelskörper würden sich auf **Kreisbahnen** um die Erdkugel bewegen. Damit war das **geozentrische Weltbild** entstanden (Abb. 1). In diesem Weltbild befindet sich die Erde im Mittelpunkt des Alls. Der Mond, die Sonne und die Planeten bewegen sich um die Erde. Um das Jahr 100 fasste der antike Gelehrte CLAUDIUS PTOLEMÄUS (s. Abb.) das geozentrische Weltbild in einem Buch mit dem Titel „Almagest" zusammen.

CLAUDIUS PTOLEMÄUS (ca. 100 –170)

Fast 1500 Jahre lang hielten die meisten Gelehrten das geozentrische Weltbild für die richtige Beschreibung des Alls. Erst Anfang des 16. Jahrhunderts zog NIKOLAUS KOPERNIKUS (1473 –1543) in Betracht, dass sich die Erde um die Sonne bewegen könnte (Abb. 2). KOPERNIKUS arbeitete das **heliozentrische Weltbild** aus, in dem sich Erde und Planeten um die Sonne bewegen (Abb. 3). Die Sonne und die Sterne bleiben an ihrem Ort. Die Erde hatte damit ihre kosmische Sonderrolle verloren.

2 ▸ NIKOLAUS KOPERNIKUS gilt als einer der bedeutendsten Astronomen.

Im heliozentrischen Weltbild kreist nur noch der Mond um die Erde, Erde und Mond bewegen sich aber gemeinsam um die Sonne. Das heliozentrische Weltbild entspricht den tatsächlichen Bewegungsverhältnissen im Sonnensystem.

KOPERNIKUS hielt noch an der alten Vorstellung der Kreisbahnen fest. Deshalb waren die von ihm berechneten Positionen der Planeten nicht genauer als diejenigen, welche man im geozentrischen Weltbild ermittelt hatte. Erst JOHANNES KEPLER (1571 –1630) konnte dieses Problem durch eine genaue Untersuchung der Bewegung des Planeten Mars lösen. Wie KEPLER zeigen konnte, sind die Planetenbahnen in Wahrheit keine Kreise, sondern kreisähnliche Gebilde, die man **Ellipsen** (s. S. 73) nennt.

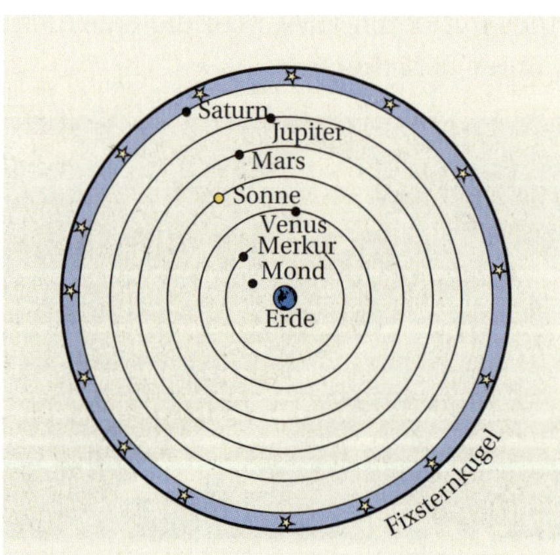

1 ▸ Geozentrisches Weltbild

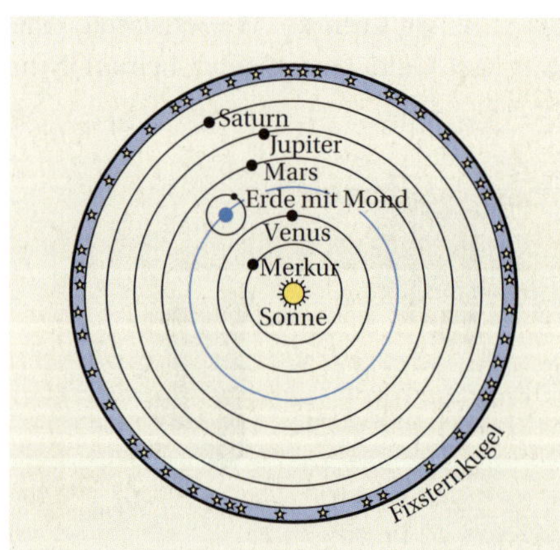

3 ▸ Heliozentrisches Weltbild

3

Das Fernrohr verändert das Weltbild

Durch die Erfindung des Linsenfernrohrs eröffneten sich im 17. Jahrhundert völlig neue Beobachtungsmöglichkeiten.
GALILEO GALILEI (s. Abb.) sah im Jahre 1609 erstmals Berge und Krater auf dem Mond (Abb. 2). Er bemerkte, dass der Planet Venus, ähnlich wie der Erdmond, zu verschiedenen Zeiten auch unterschiedlich von der Sonne beleuchtet wird. GALILEI entdeckte vier Jupitermonde, die sich anscheinend so um den Planeten Jupiter bewegten wie der Mond um die Erde. Solche Beobachtungen führten zu bedeutsamen Fragen:
Haben die fernen Himmelskörper vielleicht Eigenschaften, die denen der Erde vergleichbar sind? Wirken im All ähnliche Naturgesetze wie auf der Erde?

1 ▸ GALILEI nutzte Linsenfernrohre zu Beobachtungen.

GALILEO GALILEI (1564–1642) war ein überzeugter Anhänger der Lehre des KOPERNIKUS.

GALILEIS Beobachtungen legten eine Vermutung nahe, die heute zur Gewissheit geworden ist und zur wichtigsten Grundlage aller astronomischen Forschung:

M

Im Weltall gelten die gleichen physikalischen Gesetze wie auf der Erde. Die Erde ist kein besonderer Himmelskörper. Sie besitzt keine Sonderstellung im All.

Die Menschheit benötigte über 100 Jahre, um sich vom geozentrischen Weltbild zu lösen. Die vermeintliche Mittelpunktstellung der Erde war mit vielen religiösen und philosophischen Vorstellungen verknüpft, von denen man sich nicht trennen wollte. GALILEI wurde im Jahre 1633 sogar vor das päpstliche Inquisitionsgericht gestellt und gezwungen, seinen astronomischen Ideen abzuschwören. Letztlich setzte sich aber das heliozentrische Weltbild durch.

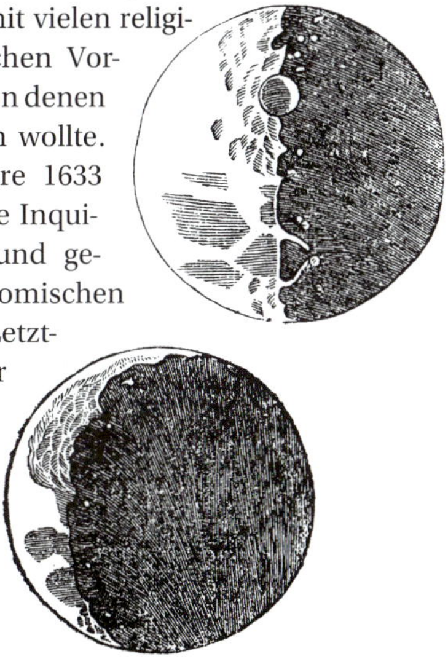

2 ▸ GALILEIS Originalzeichnungen des Mondes lassen z. B. die Mondgebirge erkennen.

Die scheinbare Himmelskugel

Blickt man nachts zum Himmel, dann gewinnt man den Eindruck, alle Sterne würden sich auf einer weit entfernten Kugelfläche befinden (Abb. 1). Im All ist diese Kugel natürlich nicht vorhanden. Sie wird deshalb als **scheinbare Himmelskugel** bezeichnet.

Diese Kugel wird umgangssprachlich oft Himmelskuppel oder Himmelsgewölbe genannt.

Will man einem anderen Beobachter die Position eines Sterns mitteilen, nutzt man verschiedene gedankliche **Hilfspunkte** und **Hilfslinien** auf der scheinbaren Himmelskugel.

Wichtige Orientierungspunkte sind die vier **Haupthimmelsrichtungen** (Nord, Ost, Süd, West) und der senkrecht über dem Beobachter befindliche **Zenit.**

Bedeutsame Hilfslinien sind der **Horizont** und der **Meridian.** Der Horizont begrenzt die Himmelskugel und besitzt die Form einer weit vom Beobachter entfernten Kreislinie. Auf dem Festland verdecken zumeist Berge, Häuser oder Bäume die Horizontlinie. Die Landschaft bildet den **natürlichen Horizont.** Der **Meridian** verläuft vom Nordpunkt über den Zenit zum Südpunkt.

Auf dem windstillen offenen Meer kann man diese Kreislinie unmittelbar erkennen.

M **Zur Orientierung an der scheinbaren Himmelskugel nutzt man Hilfslinien (Horizont, Meridian) und Hilfspunkte (Himmelsrichtungen, Zenit).**

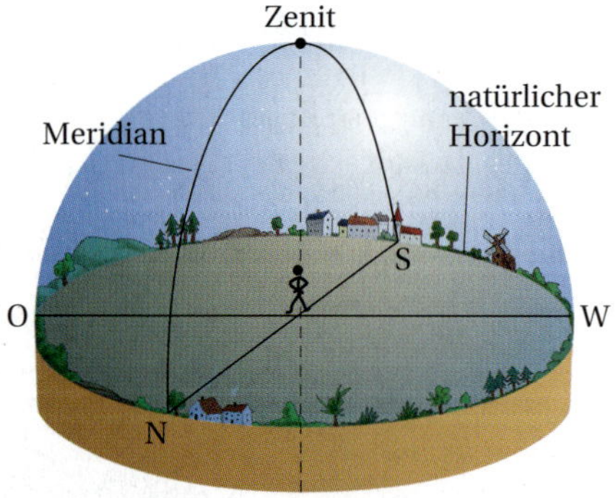

1 ▸ Die scheinbare Himmelskugel mit Hilfslinien und Punkten aus der Sicht eines Beobachters

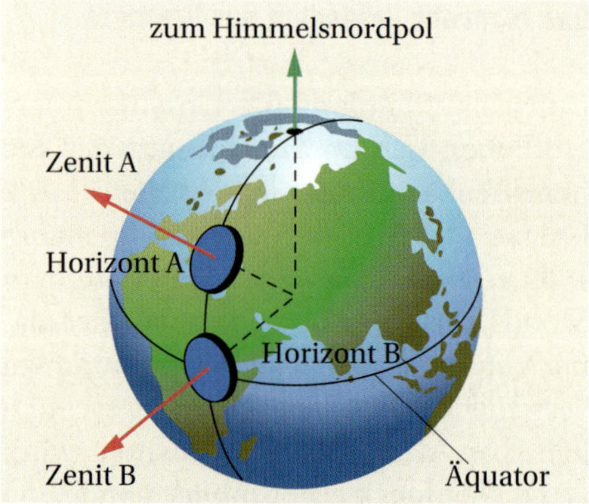

2 ▸ Die Lage von Horizont und Zenit ist vom Standort auf der Erde abhängig.

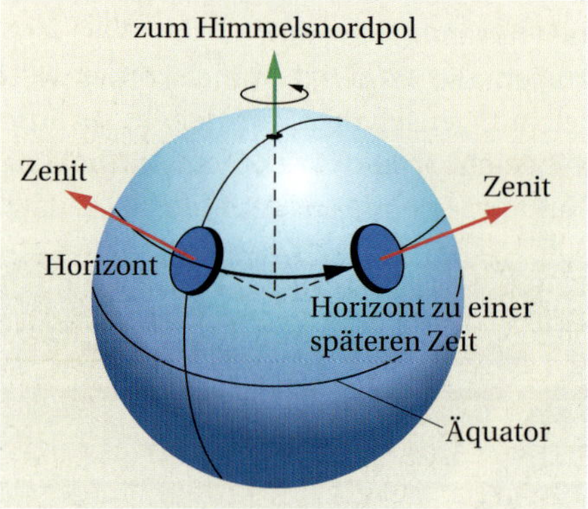

3 ▸ Die Lage von Horizont und Zenit ändert sich ständig infolge der Erddrehung.

Himmelsäquator und Himmelspole

Horizont, Meridian und Zenit haben einen großen Nachteil. Ihre Lage an der scheinbaren Himmelskugel hängt davon ab, wo sich der Beobachter auf der Erde aufhält. Dies erkennt man sofort anhand der Abbildung 2.

Unsere Erde dreht sich um ihre Achse. Dadurch ändern sich im Laufe eines Tages die Lagen von Horizont, Meridian und Zenit (Abb. 3). Es ist deshalb wünschenswert, weitere Punkte und Linien an der Himmelskugel anzugeben, die für jeden Beobachter auf der Erde gleich sind und die man möglichst einfach am Himmel auffinden kann.

3

Belichtet man Fotografien des Sternenhimmels längere Zeit, so werden die Sterne nicht als Punkte sondern als Sternspuren abgebildet (Abb. 2). Solche Sternspuren entstehen, weil während der Filmbelichtung die Sterne infolge der Erddrehung ihre Position an der scheinbaren Himmelskugel ändern.

Wie man auf Sternspuraufnahmen unmittelbar erkennt, beteiligt sich ein Punkt nicht an dieser scheinbaren Bewegung, der **Himmelsnordpol.** Man darf sich vorstellen, dass die verlängerte Erdachse die scheinbare Himmelskugel im Himmelsnordpol und seinem Gegenstück, dem in Mitteleuropa nicht sichtbaren **Himmelssüdpol,** durchstößt. Die Verbindungslinie zwischen beiden Polen nennt man **Himmelsachse** (Abb. 1). Senkrecht auf dieser Achse steht die Ebene des **Himmelsäquators.** Der Himmelsäquator teilt die scheinbare Himmelskugel in zwei gleich große Hälften. Der Himmelsnordpol erhebt sich um den Winkel φ über dem Nordhorizont des Beobachters (Abb. 1).

2 ▸ Der scheinbar unbewegliche Punkt ist der Himmelspol.

M **Trotz der Erdrotation ändern sich die Lage der Himmelspole und des Himmelsäquators im Laufe der Zeit nicht.**

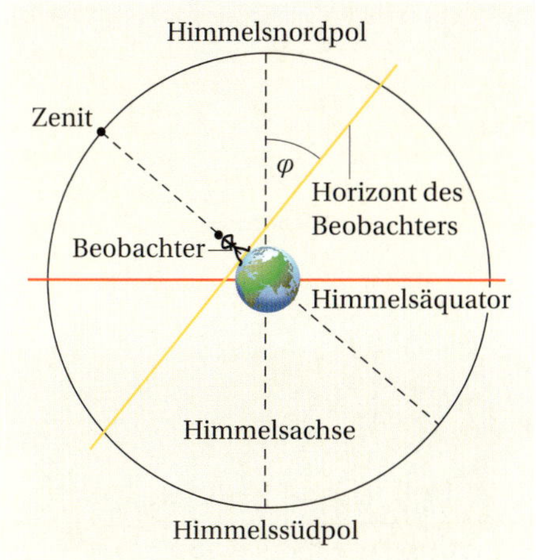

1 ▸ Die Lage der Himmelspole und des Himmelsäquators im Vergleich zum Horizont eines Beobachters auf der Erde

Methode

Einfache Winkelmessungen an der Himmelskugel

Die Positionen, die Abstände und die scheinbare Größe von Gestirnen, aber auch die Lage des Himmelsnordpols werden an der Himmelskugel als Winkel in Grad angegeben. Beispielsweise steht der Himmelsnordpol in Sachsen etwa 51° über dem Nordhorizont.

Der Mond hat einen scheinbaren Durchmesser von 0,5°.

Um Winkel an der Himmelskugel zu schätzen, bedient man sich folgender Technik (s. Abb. rechts):

- Die ausgestreckte gespreizte Hand überspannt etwa einen Winkel von 20°.
- Die gestreckte Faust überdeckt einen Winkel von rund 10°.
- Der Daumen der ausgestreckten Hand umfasst einen Winkel von rund 2°.

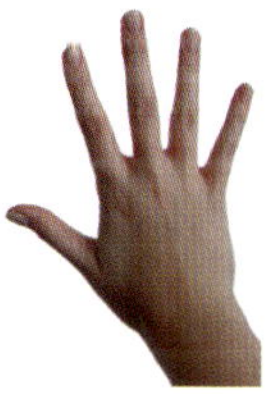

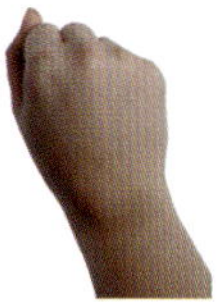

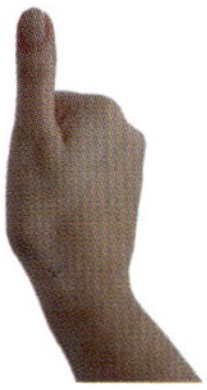

Die scheinbare tägliche Bewegung der Gestirne

Infolge der täglichen Rotation der Erde scheinen sich die Gestirne auf Kreisen um den Himmelspol zu bewegen. Diese Kreise verlaufen parallel zum Himmelsäquator. Auf dem Nordpol könnte man die scheinbare Bewegung besonders leicht verfolgen (Abb. 1). Der Himmelspol befindet sich dort senkrecht über dem Beobachter und ist mit dem Zenit identisch. Die scheinbaren Sternbahnen sind Kreise, die parallel zum Horizont verlaufen. Sterne gehen am Nordpol nicht auf oder unter, sondern sind, sofern es dunkel ist, immer zu sehen.

Prinzipiell erfolgt die scheinbare Bewegung in Mitteleuropa natürlich auf gleiche Weise wie am Erdpol. Wir nehmen sie jedoch anders wahr, denn der Himmelsnordpol befindet sich in Europa nicht senkrecht über dem Beobachter (Abb. 2). Deshalb bewegen sich die Gestirne auf Kreisen, die gegenüber dem Horizont geneigt sind (Abb. 3, Stern A). Die scheinbaren Kreisbahnen mancher Sterne schneiden den Horizont nicht. Diese Sterne nennt man **zirkumpolar.**

Zirkupolare Sterne sind das gesamte Jahr über sichtbar.

Andere Sterne wiederum bewegen sich auf scheinbaren Bahnen, die den Horizont schneiden (Abb. 3, Stern B). Diese Schnittpunkte sind die **Auf- und Untergangspunkte** der Sterne. Stets gehen die Sterne am östlichen Horizont auf und am westlichen Horizont unter. Im Süden erreicht jeder Stern den höchsten Punkt seiner scheinbaren Bahn über dem Horizont. Diesen höchsten Ort der Bahn nennt man **Kulminationspunkt.** Der Stern steht dann auf dem Meridian.

M **Sterne, die nicht zirkumpolar sind, gehen scheinbar in östlicher Richtung über dem Horizont auf und gehen in westlicher Richtung unter. Alle Sterne kulminieren über der Südrichtung.**

Im Norden gelangt jedes Gestirn an den tiefsten Punkt seiner scheinbaren Bahn. Bei zirkumpolaren Sternen befindet sich dieser Punkt oberhalb des Horizonts.

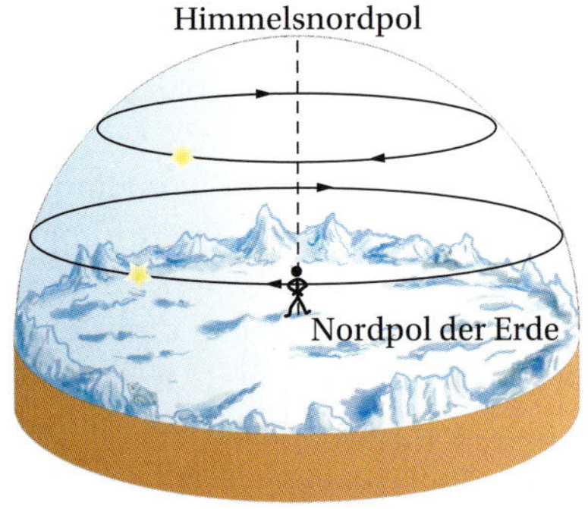

1 ▸ Am Nordpol würde man die scheinbare Bewegung der Sterne als Parallelkreise zur Horizontebene wahrnehmen.

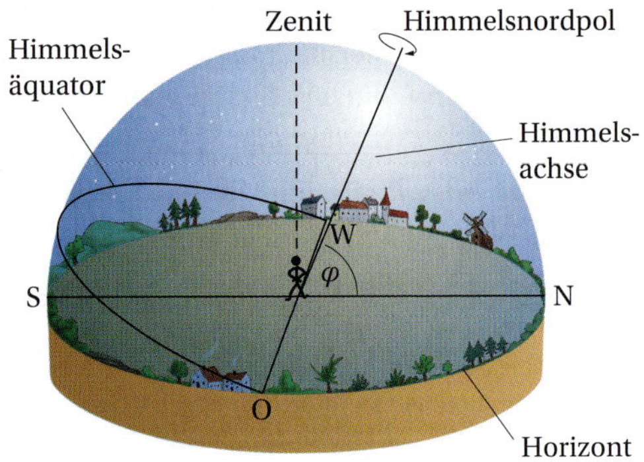

2 ▸ Die Lage von Himmelsäquator und Himmelspol für einen Beobachter in Mitteleuropa: Den Winkel φ nennt man Polhöhe. φ ist gleich der geografischen Breite.

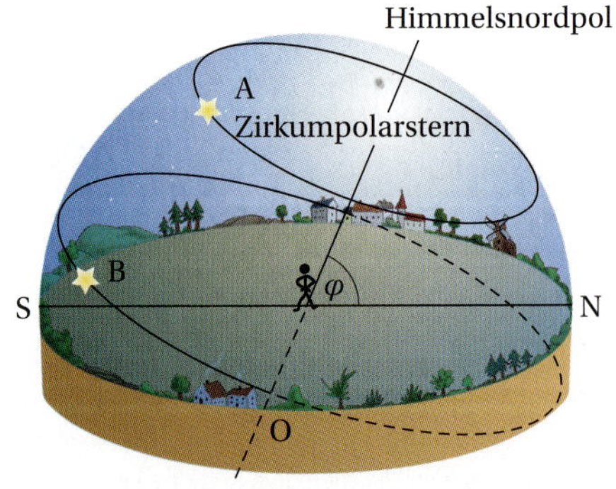

3 ▸ Die scheinbaren täglichen Bahnen der Sterne für einen Beobachter in Mitteleuropa

Sternbilder und Zirkumpolarsternbilder in Mitteleuropa

Für eine grobe Orientierung am Himmel kann man sich markante Sterngruppierungen einprägen, die möglichst leicht im Gewirr der Sterne auffindbar sind. Solche Gruppierungen auffälliger Sterne bezeichnet man als **Sternbilder.**

> **M** **Sternbilder nennt man Gruppierungen von Sternen an der scheinbaren Himmelskugel.**

2 ▸ Die Große Bärin mit dem Großen Wagen

Die Große Bärin und Kassiopeia sind Zirkumpolarsterne.

Von ihrer Fantasie beflügelt, haben die Menschen seit alters her versucht, sich besonders anschauliche Sternbilder auszudenken. Dabei spielten Figuren aus ihren Sagen und Mythen eine große Rolle. Verschiedene Völker kannten deshalb auch ganz unterschiedliche Sternbilder.

Um den wissenschaftlichen Erfahrungsaustausch durch diese Mehrdeutigkeit nicht zu behindern, hat man die Himmelskugel im Jahre 1925 lückenlos in insgesamt 88 Sternbildregionen unterteilt, deren Namen und Grenzen international festgelegt wurden.

Die Sterne eines Sternbilds sind weit im Weltall verstreut. Wir sehen sie nur zufällig in gewissen Anordnungen an der scheinbaren Himmelskugel.

Viele Menschen kennen die Sterngruppe des **Großen Wagens** (Abb. 1a).

Eigentlich ist der Große Wagen nur ein Teil des astronomischen Sternbilds der **Großen Bärin** (Abb. 2). Mithilfe des Großen Wagens findet man leicht den Polarstern (Abb. 1b). Der **Polarstern** ist kein besonders hell leuchtender Stern. Er befindet sich aber in unmittelbarer Nähe des Himmelsnordpols und steht somit über der Nordrichtung.

Ebenso auffällig wie der Große Wagen ist das Sternbild **Kassiopeia.** Seine Hauptsterne bilden ein auffälliges „W", weshalb man Kassiopeia umgangssprachlich häufig auch als **Himmels-W** bezeichnet (s. Abb.). Dieser Name ist allerdings nicht immer zutreffend. Da sich das Himmels-W mit allen anderen Sternen um den Himmelspol dreht, steht es zu gewissen Zeiten auf dem „Kopf" und sieht dann eher wie ein „M" aus.

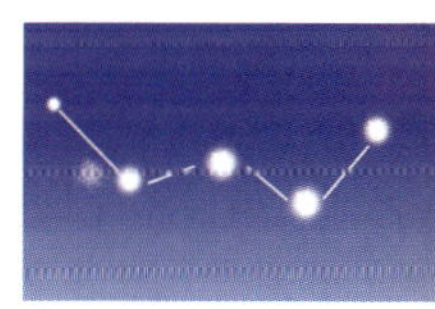

Das Sternbild Kassiopeia wird auch Himmels-W genannt.

1 ▸ Der Große Wagen ist ein Teil des Sternbilds Große Bärin. Mit seiner Hilfe kann man den Polarstern finden. Er steht immer über der Nordrichtung.

Denkt man sich die Entfernung zwischen den beiden hinteren Sternen des Wagens 5-mal abgetragen, so gelangt man zum Polarstern.

1 ▸ Die Bahn der Erde um die Sonne mit ihrer Position im Sommer und Winter: Im Winter- und im Sommerhalbjahr sieht man unterschiedliche Sterne.

Die Sommer- und Wintersternbilder

Im Sommer blickt man nachts in eine völlig andere Richtung des Weltalls als im Winter. Abgesehen von den zirkumpolaren Sternbildern, die man in jeder Jahreszeit beobachten kann, sieht man deshalb im Sommer ganz andere Sternbilder als im Winter (Abb. 1).

Der sommerliche Abendhimmel wird von den drei Sternbildern **Schwan, Leier** und **Adler** beherrscht, die man Mitte Juli in großer Höhe über dem südlichen Horizont beobachten kann. Der hellste Stern im Sternbild Schwan ist **Deneb.** Zur Leier gehört der Hauptstern **Wega.** Im Sternbild Adler erkennt man den Stern **Atair.** Die Sterne Deneb, Wega und Atair bilden am Himmel ein auffälliges Dreieck, das so genannte **Sommerdreieck** (Abb. 3).

Der Atair zählt zu den hellsten sichtbaren Sternen.

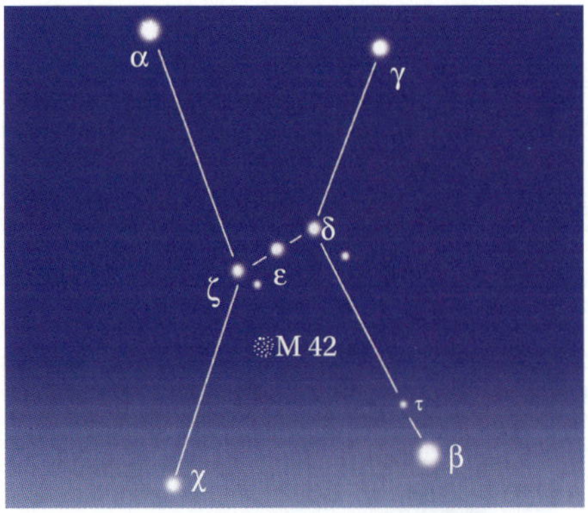

2 ▸ Das Sternbild Orion: Durch die Gürtelsterne verläuft der Himmelsäquator.

Der abendliche Winterhimmel wird von sechs Sternbildern dominiert, dem **Großen Hund,** dem **Kleinen Hund,** den **Zwillingen,** dem **Fuhrmannn,** dem **Stier** und dem besonders markanten Sternbild **Orion** (Abb. 2). Man glaubt, im Sternbild Orion eine aufrecht stehende Person wahrzunehmen. Mitte Januar befindet sich Orion gegen 22.00 Uhr genau über dem Südhorizont.

3 ▸ Das Sommerdreieck mit den Sternbildern Schwan, Leier und Adler

Die Sternbilder des Tierkreises

Könnte man auch tagsüber die Sterne sehen, dann würde man bemerken, dass die Sonne während eines Jahres durch bestimmte Sternbilder zu laufen scheint (Abb. 2). Diese Sternbilder, es sind insgesamt zwölf, nennt man **Tierkreissternbilder** (Abb. 1). Viele Menschen kennen die Tierkreissternbilder und können insbesondere „ihr“ Sternbild angeben. Die vermeintlich große Bedeutung dieser Sternbilder hängt ursprünglich mit der Astrologie zusammen. Die Astrologie bezieht sich auf die **Sternzeichen,** nicht auf die Sternbilder des Tierkreises.

M **Die zwölf Tierkreissternbilder sind: Widder, Stier, Zwillinge, Krebs, Löwe, Jungfrau, Waage, Skorpion, Schütze, Steinbock, Wassermann, Fische.**

Ein sehr einprägsames Tierkreissternbild ist der im Frühling in der ersten Nachthälfte zu sehende **Löwe** (s. Abb. rechts). Der hellste Stern im Löwen ist **Regulus.** Das Sternbild Stier mit dem Hauptstern **Aldebaran** und die **Zwillinge** mit den hellen Sternen **Kastor** und **Pollux** sind uns als Wintersternbilder bekannt.

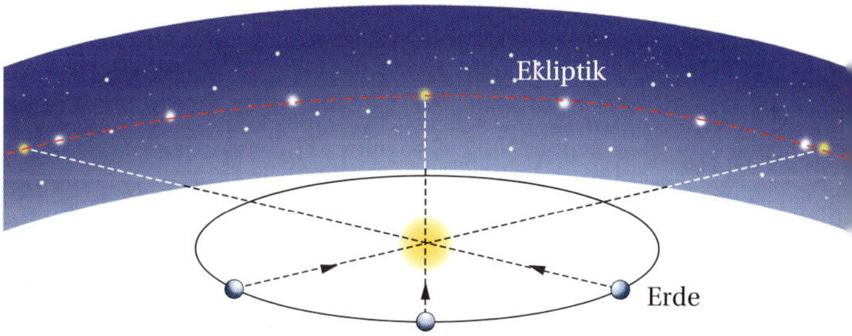

2 ▸ Von der Erde aus gesehen scheint sich die Sonne vor den Tierkreissternbildern entlang zu bewegen.

Das Horizontsystem

Für viele Himmelsbeobachtungen oder die Vorhersage von Himmelsereignissen sind präzise Angaben von Sternpositionen notwendig.
Von der Geografie lernt man, wie exakte Ortsangaben auf der Oberfläche der Erde erfolgen können. Die Erde wird mit einem Gradnetz aus Breiten- und Längenkreisen überzogen, sodass jeder Punkt durch zwei Koordinaten bestimmt werden kann.
Diese Idee lässt sich auf die scheinbare Himmelskugel übertragen. Eine Möglichkeit, die Himmelskugel mit einem Koordinatennetz zu versehen, stellt das **Horizontsystem** dar

Das Tierkreissternbild Löwe

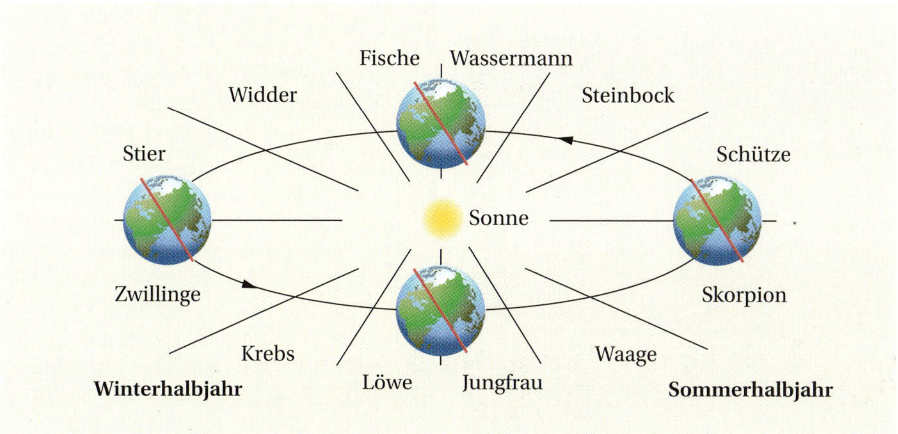

1 ▸ Die Lage der Tierkreissternbilder und die Bahn der Erde um die Sonne: Im Verlaufe eines Jahres überstrahlt die Sonne immer neue Sternbilder.

In der Geografie erfolgt eine genaue Ortsangabe durch die geografische Länge und Breite.

Im **Horizontsystem** nutzt man parallel und senkrecht zum Horizont verlaufende Kreise, die ein Koordinatennetz bilden. Die Position eines Sterns wird durch zwei Winkelangaben festgelegt (Abb. 1).

Das **Azimut** a ist der Winkel zwischen dem Südpunkt und dem Fußpunkt des Gestirns auf dem Horizont. Für die Größe des Azimuts gilt: $0° \leq a \leq 360°$.
Das Azimut wird, beginnend vom Südpunkt ($a = 0°$) über West ($a = 90°$), Nord ($a = 180°$) und Ost ($a = 270°$) gezählt.

Die **Höhe** h ist der Winkel zwischen der Sichtlinie Beobachter - Gestirn und der Horizontebene. Die größtmögliche Höhe besitzt der Zenit mit $h = 90°$. Auf dem Horizont liegt die kleinstmögliche Höhe eines gerade noch sichtbaren Objekts mit $h = 0°$. Für die Höhe eines beliebigen sichtbaren Gestirns gilt somit: $0° \leq h \leq 90°$.

M **Im Horizontsystem wird die Position eines Sterns durch die Angabe der zwei Winkel Azimut *a* und Höhe *h* festgelegt.**

Da sich die Sterne infolge der Erddrehung scheinbar bewegen, ändern sie im Laufe der Zeit auch ihr Azimut und ihre Höhe. Man muss sich zu den beobachteten Höhen und Azimuten deshalb immer die Beobachtungszeit notieren.

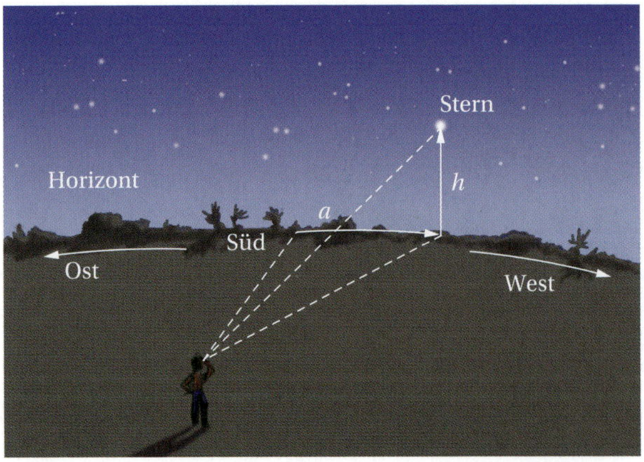

1 ▸ Azimut und Höhe eines Sterns im Horizontsystem

Methoden

Ermitteln von Positionen im Horizontsystem

Bevor man sich an erste astronomische Beobachtungen und Messungen am nächtlichen Sternenhimmel wagt, ist es zweckmäßig, das Ermitteln von Positionen im Horizontsystem zu üben.

1. Schreibt die Haupthimmelsrichtungen und die dazugehörigen Azimute auf große Papierblätter!
2. Legt diese im Schulgebäude oder Klassenraum kreisförmig um einen zuvor festgelegten Beobachter (s. Abb.)!

3. Ruft dem Beobachter Gegenstände aus der Umgebung zu!
4. Notiert die Azimute und Höhen von Gegenständen aus der Umgebung, die der Beobachter nennt!
   Der gestreckte Arm des Beobachters zielt auf den jeweiligen Gegenstand und erleichtert die Höhenschätzung.

Das Horizontsystem lässt sich nur dann vorteilhaft verwenden, wenn man seine Positionsmessungen innerhalb einer Beobachtungsgruppe austauschen möchte, die gleichzeitig etwa am selben Ort tätig war.

Die drehbare Sternkarte

Für eine langfristige Beobachtungsplanung möchte man schon im Voraus die Positionen wissen, an denen ausgewählte Sterne zu bestimmten Zeiten an der Himmelskugel zu sehen sind. Mit einer drehbaren Sternkarte kann man den Anblick des Sternenhimmels für beliebige Beobachtungszeiten ermitteln.

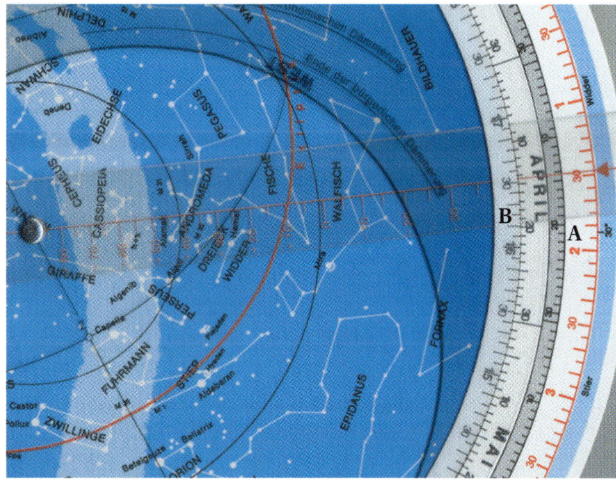

1 ▸ Drehbare Sternkarte aus Grundscheibe mit Kalendereinteilung (A) und Deckscheibe mit Stundeneinteilung (B)

Jede drehbare Sternkarte besteht aus zwei Teilen, der **Grundscheibe** und der **Deckscheibe,** die miteinander verbunden sind (Abb. 1).

Auf der Grundscheibe ist für einen bestimmten Beobachtungsort der gesamte im Laufe eines Jahres sichtbare Sternenhimmel abgedruckt. Diesen kreisförmigen Himmelsausschnitt umgibt ein Ring mit verschiedenen Skalenaufdrucken. Eine dieser Skalen ist die **Kalendereinteilung.**

Die Deckscheibe ist meist aus Folie hergestellt und besitzt einen **durchsich tigen Ausschnitt.** Bei vielen drehbaren Sternkarten sind in diesem Ausschnitt die Haupthimmelsrichtungen und einige **Azimut- und Höhenlinien** eingezeichnet. Am Rand der Deckscheibe erkennt man eine **Stundeneinteilung.**

Die Deckscheibe ist drehbar über dem Himmelsnordpol der Grundscheibe befestigt. Stellt man die gewünschte Beobachtungszeit (auf der Deckscheibe) über das gewünschte Beobachtungsdatum (auf der Grundscheibe), dann zeigt der durchsichtige Ausschnitt der Deckscheibe den zum Beobachtungstermin sichtbaren Sternenhimmel. Stets ist zu beachten: Alle Zeitangaben erfolgen in **mitteleuropäischer Zeit** (MEZ). Dieser Umstand ist zu berücksichtigen, wenn am Beobachtungstag die mitteleuropäische Sommerzeit (MESZ) gilt. Ein charakteristisches Beispiel für die Nutzung der drehbaren Sternkarte zeigt die Übersicht unten.

Beispiel: Welche Sternbilder kann man am 1. Februar um 21.00 Uhr MEZ sehen?	
Man stellt die auf der Deckscheibe aufzufindende Beobachtungszeit 21.00 Uhr über das auf dem äußeren Kreisring der Grundscheibe verzeichnete Beobachtungsdatum 1. Februar.	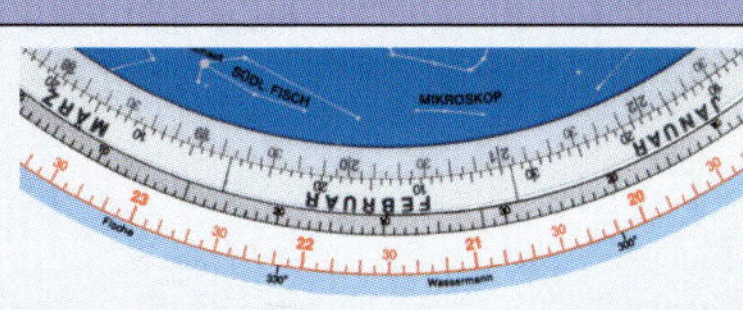
Ergebnis: Unter dem durchsichtigen Teil der Deckscheibe sind alle zum Beobachtungstermin sichtbaren Sternbilder zu erkennen, z. B. über dem Südhorizont der Orion, in östlicher Richtung der Löwe und der Krebs und im Westen der Widder.	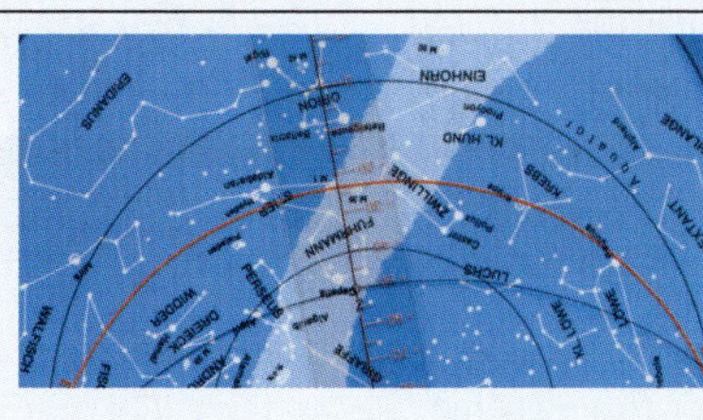

Methode

Beobachten ist mehr als Hinschauen!

Nur bei wenigen spektakulären Raumfahrtexperimenten kann man mit Himmelskörpern Versuche durchführen. Die wichtigsten Informationsquellen über das Weltall sind **astronomische Beobachtungen.**

Ähnlich wie beim Experimentieren müssen astronomische Beobachtungen wissenschaftlichen Anforderungen genügen. Es ist zweckmäßig, in bestimmten Schritten vorzugehen, die nachfolgend an einem Beispiel erläutert werden.

Beobachte am 1. Februar um 21.00 Uhr das *gesamte* Sternbild Orion und löse folgende Aufgaben:

- Skizziere die Lage dieses Sternbilds bezüglich des natürlichen Horizonts am Beobachtungsplatz!
- Schätze Azimut und Höhe der Sterne Beteigeuze und Rigel!
- Beschreibe den Farbeindruck, den das Licht jedes dieser Sterne hervorruft!

Schritt ①

Aufstellen eines Beobachtungsplans

Beobachtungen sollen zielgerichtet erfolgen. Mit einem Beobachtungsplan legt man vor der Beobachtung fest,

- welche **Objekte,**
- zu welchen **Zeiten,**
- von welchem **Ort** aus

beobachtet werden sollen.

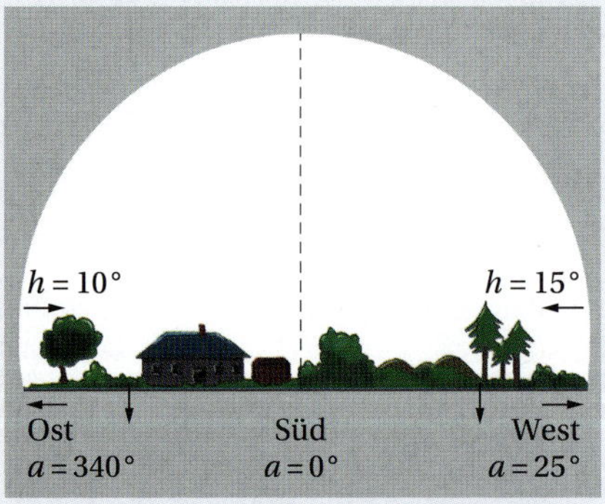

1 ▸ Beobachtungsprotokoll bei Tageslicht

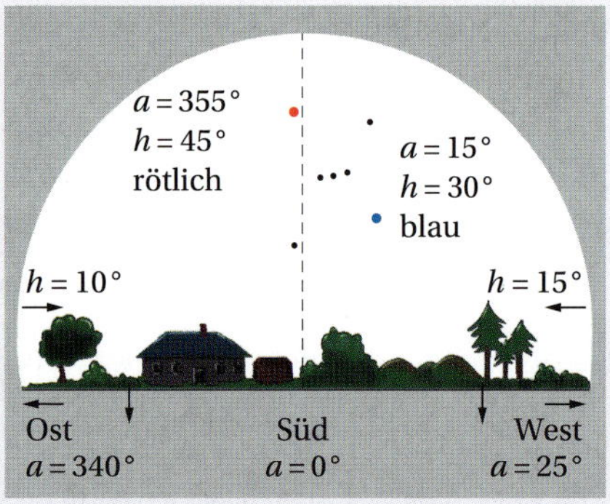

2 ▸ Beobachtungsprotokoll

Wie man der drehbaren Sternkarte entnimmt, steht Orion zur Beobachtungszeit etwa über der Südrichtung und überdeckt den Höhenbereich von $h \approx 25°$ bis $h \approx 45°$. Ein unbeleuchteter Beobachtungsort ist so zu wählen, dass er einen *freien Blick nach Süden* gewährt. Bei Tageslicht kann man den natürlichen Horizont für die Südrichtung auf ein Blatt Papier zeichnen (Abb. 1). Man schätzt Azimute und Höhen einiger Horizontobjekte und trägt diese Werte ein.

Schritt ②

Lösen der Beobachtungsaufgabe

Beobachtungen müssen **nachvollziehbar** sein. Deshalb werden während der Beobachtung geometrische oder physikalische **Messwerte** ermittelt und notiert.

Am Beginn und am Ende der Beobachtung protokolliert man die Uhrzeit. Die Sternorte werden geschätzt (s. S. 49, 54). Zahlenwerte und wahrgenommene Farbeindrücke sind in das Protokoll einzutragen (Abb. 2).

Schritt ③

Auswerten der Beobachtungen

Eine **systematische** Auswertung kann auf verschiedene Arten erfolgen. Beispielsweise könnte man die Protokolle aller Beobachter miteinander vergleichen.

Beobachtungen

Beobachtungen am Sternenhimmel

Beobachtungsaufgabe 1

a) Präge dir das Sternbild des Großen Wagens ein und suche es am abendlichen Herbsthimmel auf!
b) Finde mithilfe des Großen Wagens den Polarstern und lege für deinen Beobachtungsort die Nordrichtung fest!
c) Fertige nach dem Muster auf Seite 56 eine Skizze des natürlichen Nordhorizonts deines Beobachtungsplatzes an!
d) Trage die Lage des Polarsterns und des Großen Wagens in die Skizze ein!
e) Wiederhole diese Beobachtung zur gleichen Beobachtungszeit in etwa drei Monaten!
f) Beschreibe, wie sich die Lage des Großen Wagens bezüglich des Polarsterns geändert hat!
g) Nenne die Ursache für die beobachtete Lageänderung!

Beobachtungsaufgabe 2

a) Ermittle mit der drehbaren Sternkarte, in welchen Monaten man das Sternbild Löwe etwa zwischen 19.00 und 21.00 Uhr am südlichen Abendhimmel beobachten kann!
b) Fertige nach dem Muster auf Seite 56 eine Skizze des natürlichen Südhorizonts deines Beobachtungsplatzes an!
c) Trage am gewählten Beobachtungsabend die Lage des Sternbilds Löwe in die Skizze ein!
d) Benenne den Stern Regulus in der Skizze und schätze Azimut und Höhe dieses Sterns für die Beobachtungszeit!

Beobachtungsaufgabe 3

Die Abbildung zeigt einen einfachen Höhenmesser, den man sich aus einem DIN-A4-Blatt fester Pappe, einem Bindfaden und einer Stahlmutter leicht bauen kann (s. Abb. rechts).
Die Winkeleinteilung wird mit einem Winkelmesser gezeichnet. Die Höhe kann man messen, wenn man das Gestirn über die obere Kante des Kartons anvisiert.
Der Faden pendelt dabei frei nach unten und ein anderer Beobachter liest den Zahlenwert an der Winkeleinteilung ab.

a) Baue den Höhenmesser nach!
b) Ermittle am abendlichen Winterhimmel im Januar um 19.00 Uhr die Höhe des Sterns Beteigeuze im Sternbild Orion!
c) Wiederhole die Messung um 21.00 Uhr! Wie hat sich die Höhe von Beteigeuze zwischen beiden Beobachtungszeiten verändert?

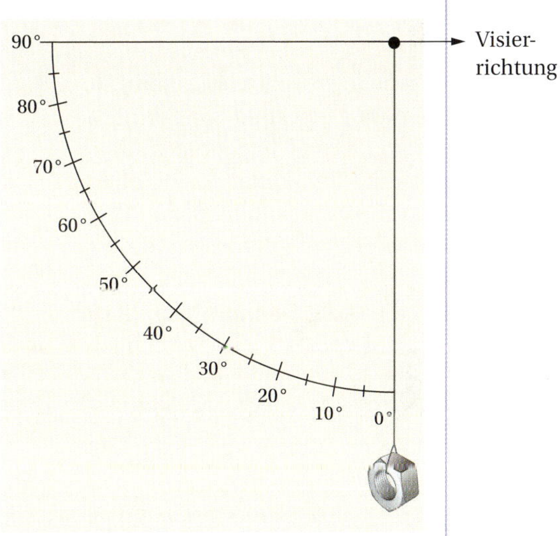

Beobachtungsaufgabe 4

Die Sterne haben verschiedene Helligkeiten. Für Beobachtungen mit bloßem Auge kann man sie grob in fünf Helligkeitsklassen einteilen:

1: sehr hell
2: hell
3: gut erkennbar
4: noch sichtbar
5: kaum noch sichtbar.

a) Skizziere das Sternbild Orion mit seinen Schulter- und Gürtelsternen!
b) Skizziere das Sternbild Kassiopeia!
c) Beobachte die Sterne der beiden Sternbilder!
d) Ordne jedem Stern der beiden Sternbilder eine Helligkeitszahl zu!

Aufgaben

1. Erläutere die Stellung der Himmelskörper im geozentrischen und im heliozentrischen Weltbild!

2. Es gibt zwei geografische Orte auf der Erde, an denen die Lage von Zenit und Himmelspol zusammenfällt. Um welche Punkte handelt es sich? Begründe!

3. Nenne den Stern, dessen Azimut und Höhe im Laufe einer Nacht nahezu konstant bleiben! Begründe deine Aussage!

4. Wähle ein beliebiges Tierkreissternbild aus und suche dieses Sternbild auf der drehbaren Sternkarte auf! Bestimme mithilfe der drehbaren Sternkarte, in welchem Monat man dieses Sternbild gegen 22.00 Uhr (MEZ) im Süden beobachten kann!

5. Löse folgende Aufgaben mit der drehbaren Sternkarte!
   a) Wann geht der Stern Antares im Sternbild Skorpion am 11. Oktober auf?
   b) Kann man den Aufgang von Antares am 11. Oktober beobachten?
   c) Wann kann man das Sternbild Orion um 21.00 Uhr in Südrichtung beobachten?

6. Welche der nachfolgend genannten Sterne befinden sich am 1. Juni um 23.00 Uhr (MEZ) unter dem Horizont: Beteigeuze, Kapella, Aldebaran, Regulus?

7. Erläutere, wie sich die Höhe des Polarsterns über dem Horizont ändern müsste, wenn man von Sachsen aus nach Norden bzw. nach Süden reisen würde!

8. Ermittle mithilfe der drehbaren Sternkarte, ob die Sterne Deneb, Sirius und Rigel in Sachsen zirkumpolar sind! Begründe deine Entscheidung für jeden Stern!

9. Die Abbildung unten zeigt eine Sternspuraufnahme in der Umgebung des Himmelsnordpols. Beantworte anhand dieser Aufnahme die folgenden Fragen:
   a) Die Erde dreht sich in ca. 24 Stunden einmal um ihre Achse. Wie sähen die Sternspuren aus, wenn man die Aufnahme über 12 Nachtstunden hinweg belichtet hätte? Begründe!
   b) Ermittle mithilfe eines Winkelmessers, um wie viel Grad sich die Sterne während der Filmbelichtung scheinbar um den Himmelsnordpol gedreht haben!
   c) Berechne die Belichtungsdauer der Abbildung!

Das Wichtigste auf einen Blick

Orientierung am Sternenhimmel

Die Orientierung am Himmel wird durch Linien und Punkte möglich, die man an der scheinbaren **Himmelskugel** festgelegt hat:
- die **Himmelsrichtungen** Süd, West, Nord und Ost,
- der senkrecht über dem Beobachter befindliche **Zenit,**
- der **Horizont** und der **Meridian,**
- der **Himmelsäquator** und die **Himmelspole.**

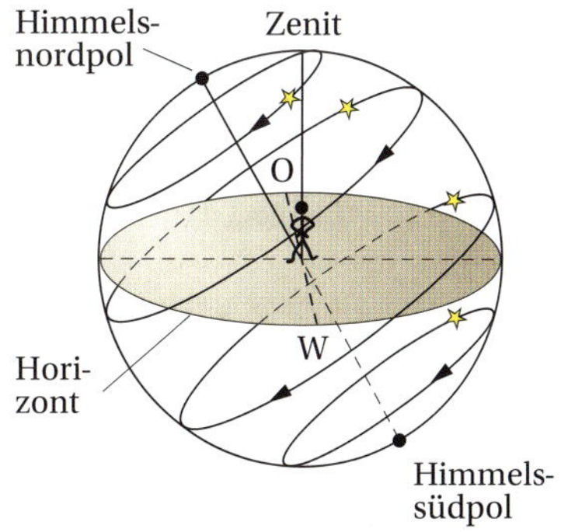

Sternbilder eignen sich zur groben Orientierung an der scheinbaren Himmelskugel.

Markante Sommersternbilder:
Schwan, Leier, Adler

Markante Wintersternbilder:
Orion, Großer Hund, Kleiner Hund, Stier, Zwillinge, Fuhrmann

Markante Zirkumpolarsternbilder:
Große Bärin, Kassiopeia

Mit der drehbaren **Sternkarte** kann man für einen bestimmten Beobachtungstermin
- die Sichtbarkeit der Sterne,
- ihre Aufgangs- , Untergangs- und Kulminationszeiten,
- ihr Azimut und ihre Höhe bestimmen.

Zur Angabe von Sternpositionen nutzt man im **Horizontsystem** die beiden Koordinaten **Azimut** und **Höhe.**

Für die Größe des Azimuts gilt:
$0° \leq a \leq 360°$

Für die Höhe eines sichtbaren Sterns gilt:
$0° \leq h \leq 90°$

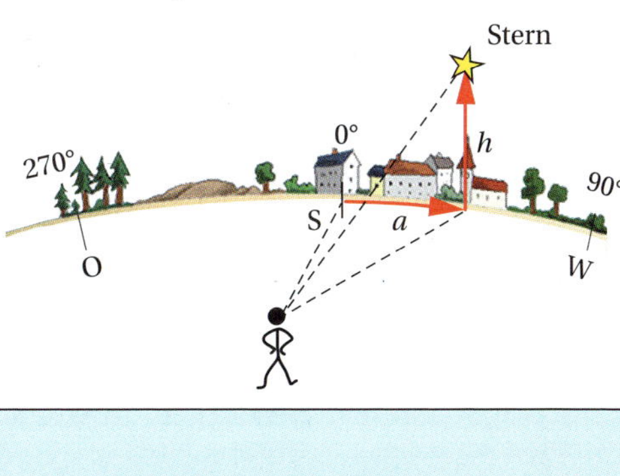

3.2 Unser Sonnensystem

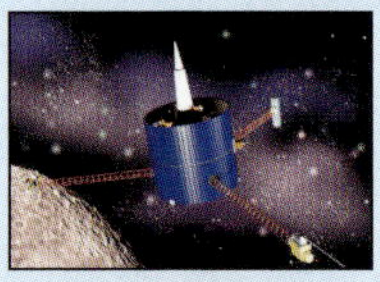

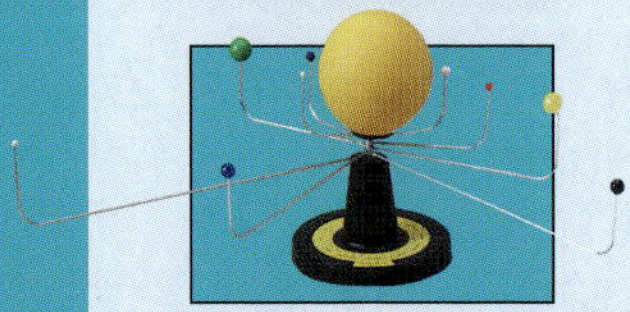

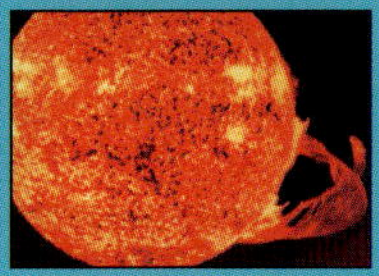

Reisen im Sonnensystem? Der Weltraumtourismus erobert gerade das erdnahe All. In utopischen Spielfilmen durcheilen schnelle Raumschiffe das Sonnensystem und die Menschheit betreibt auf verschiedenen Himmelskörpern Forschungsstationen.
Wie weit erstreckt sich unser Sonnensystem in den Weltraum hinaus? Welche Planeten besitzen eine feste Oberfläche, sodass man auf ihnen landen könnte?

Junge und alte Sterne Unsere Sonne ist der beherrschende Himmelskörper in unserer kosmischen Heimat. Aber die Sonne wird irgendwann aufhören zu leuchten, weil ihre Energievorräte erschöpft sind.
Weshalb leuchtet die Sonne? Wie wird es der Erde ergehen, wenn unser Stern verlöscht? Wann wird dies sein und wie wird unsere Sonne dann aussehen?

Die Himmelskörper im Sonnensystem

Im Zentrum des **Sonnensystems** befindet sich die **Sonne.** Die Sonne spendet den anderen Himmelskörpern Licht und Wärme, sorgt also zum Beispiel dafür, dass auf der Erde Leben möglich ist.

Um die Sonne bewegen sich **Planeten** (Abb. 1). Die Planeten werden von der Sonne beleuchtet und reflektieren das Sonnenlicht. Erst dadurch werden sie für uns sichtbar. Planeten sind näherungsweise kugelförmig.

Die meisten - aber nicht alle - Planeten besitzen **Monde.** Ein Himmelskörper wird als Mond bezeichnet, wenn er sich um einen Planeten bewegt. Gemeinsam mit ihren jeweiligen Planeten drehen sich die Monde um die Sonne. Wie die Planeten, sind auch die Monde nur zu sehen, weil sie das Sonnenlicht reflektieren. So wie der Erdmond besitzen auch alle anderen größeren Monde eine kugelförmige Gestalt. Kleinere Monde haben unregelmäßige Formen. Mit Raumsonden und modernen Teleskopen werden ständig neue Monde entdeckt, sodass sich niemand auf eine genaue Zahl festlegen kann. Die Gesamtzahl aller entdeckten Monde war im Jahre 2005 größer als 150.

Das Sonnensystem wird neben der Sonne, den Planeten und Monden von weiteren Himmelsobjekten bevölkert, die man zur Klasse der **Kleinkörper** (s. S. 72) zusammenfasst. Zu diesen Kleinkörpern zählen **Planetoiden, Kometen, Meteoroide** und die **Materie der Planetenringe.** Darüber hinaus gibt es im Sonnensystem noch **Staub- und Gaspartikel** sowie verschiedene Felder, beispielsweise Gravitationsfelder, magnetische und elektrische Felder.

M **Das Sonnensystem besteht neben der Sonne aus Himmelskörpern, die durch die Sonnenschwerkraft beeinflusst werden und die gemeinsam mit der Sonne entstanden sind.**

1 ▸ Blick über die Erde auf die Planeten des Sonnensystems in künstlerischer Darstellung

Aufbau und Größe des Sonnensystems

Es ist schwer, sich den Aufbau und die großen kosmischen Entfernungen innerhalb des Sonnensystems vorzustellen. Hilfreich bei der Veranschaulichung der Größenverhältnisse ist ein zweckmäßiger Vergleichsmaßstab. Deshalb nutzt man für Entfernungsangaben im Sonnensystem den mittleren Abstand der Erde von der Sonne. Diese Strecke wird als **Astronomische Einheit** bezeichnet.

M **Der mittlere Abstand Erde - Sonne ist eine Astronomische Einheit (1 AE). Es gilt: 1 AE = 149,6 Millionen Kilometer.**

In der Randspalte dieser Seite und der beiden folgenden Seiten wird die Größe des Sonnensystems veranschaulicht. Aber wegen der gewaltigen kosmischen Entfernungen kann kein maßstabgetreues Bild gezeichnet werden.

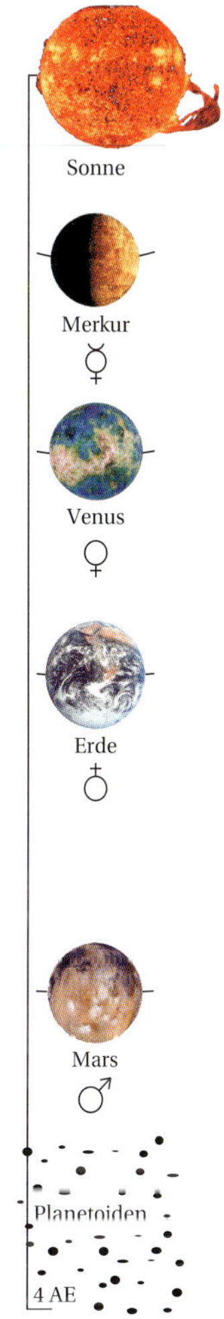

Der innere Bereich des Sonnensystems mit Planetoidengürtel: 4 AE (Bereich 1 des Sonnensystems)

Es ist üblich, Himmelskörper mit einem Symbol zu kennzeichnen, z. B. Merkur ☿

Planetoidengürtel und Riesenplaneten: 30 AE (Bereich 2 des Sonnensystems)

1 ▸ Der Planet Saturn ist eine riesige Gaskugel und besitzt ein großes Ringsystem.

2 ▸ Dieser Jupitermond erhielt den Namen Europa.

3 ▸ Im Jahre 1997 war der Komet Hale-Bopp zu beobachten.

Das Sonnensystem besitzt im Wesentlichen eine flache scheibenförmige Struktur. Man kann es in drei große Bereiche untergliedern:

Der **innere Bereich des Sonnensystems** umfasst die **Planeten Merkur, Venus, Erde, Mars** und in einem Abstand zur Sonne von rund 2,5 AE bis 4 AE den **Planetoidengürtel** (s. S. 61). Der flache, ringförmige Planetoidengürtel ist eine Ansammlung von etwa 500 000 felsartigen Kleinkörpern, deren Größe zwischen einigen hundert Metern und einigen hundert Kilometern liegt.

Zu den **äußeren Regionen des Sonnensystems** gehören mit **Jupiter, Saturn, Uranus** und **Neptun** die größten Planeten des Sonnensystems. Jeder dieser Planeten besitzt ein Ringsystem und viele Monde. Einige dieser Monde sind sogar größer als Merkur. Jenseits der Neptunbahn befindet sich der scheibenförmige **Kuiper-Gürtel** (s. S. 63). Der Kuiper-Gürtel erstreckt sich vermutlich mehr als 100 AE in den Weltraum hinaus. Er ist ein ähnliches Gebilde wie der Planetoidengürtel. Die etwa 50 000 Himmelskörper in diesem Gürtel bestehen aber nicht ausschließlich aus felsartigem Gestein, sondern setzen sich zu sehr großen Teilen aus gefrorenen Gasen und Wassereis zusammen. Die größten Objekte im Kuiper-Gürtel sind **Pluto,** dessen Mond Charon sowie mehrere Objekte mit Durchmessern über 1 000 km.

Die kugelförmige **oortsche Wolke** soll nach Ansicht vieler Astronomen die äußere Grenze des Sonnensystems bilden. Die oortsche Wolke umschließt das Sonnensystem. Sie reicht wahrscheinlich mehr als 100 000 AE in den Weltraum hinein und besteht aus unzähligen Kometenkernen.

4 ▸ Der Asteroid Ida ist etwa 58 km lang und von zahlreichen Einschlagskratern bedeckt.

Die Größen- und Massenverhältnisse im Sonnensystem

Die Radien und Massenangaben in der Tabelle unten kann man sich folgendermaßen veranschaulichen:

Die Erde ist etwa dreieinhalbmal größer als der Erdmond. Der bei weitem größte Planet ist Jupiter, der den Erddurchmesser um das 11-Fache übertrifft. Im Vergleich zur Sonne ist Jupiter aber nur ein kleines Gebilde, denn um den Sonnendurchmesser zu überspannen, müsste man nahezu 10 Jupiterkugeln nebeneinander legen (Abb. 1).

Die Sonne vereinigt fast die gesamte Masse des Sonnensystems auf sich. 1 000 Planeten mit Jupitermasse wären nötig, um die Sonnenmasse aufzuwiegen. Diese gigantische Zahl wird noch erstaunlicher, wenn wir bedenken, dass man bereits zum Aufwiegen Jupiters über 300 Erdmassen benötigen würde (Abb. 2).

Der größte und massenreichste Körper des Sonnensystems ist die Sonne. Der bei weitem großte Planet ist Jupiter.

1 ▸ Größenvergleich zwischen Jupiter und Sonne

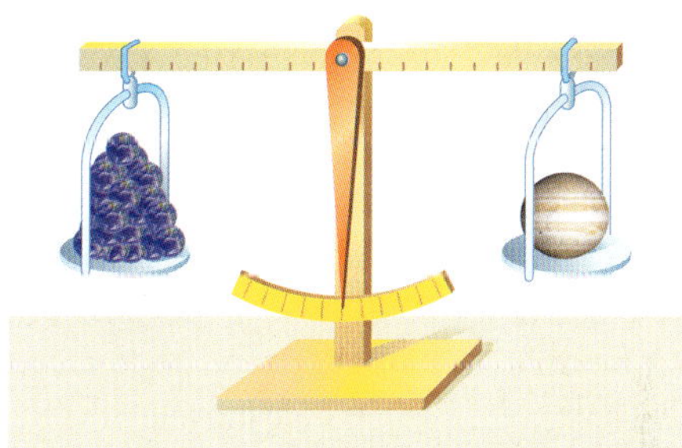

2 ▸ Jupiters Masse ist über 300-mal größer als die Erdmasse.

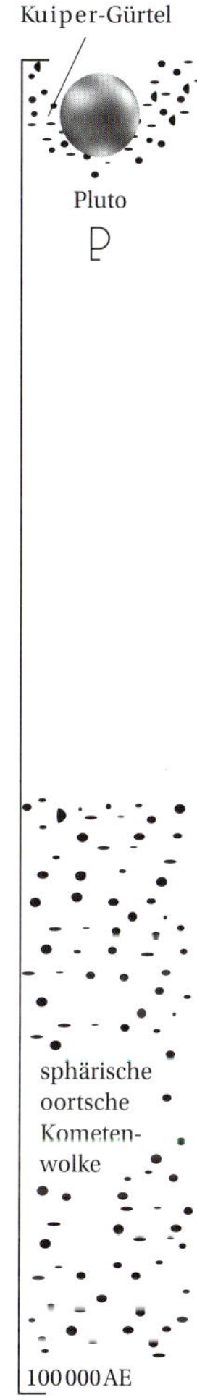

Pluto, Kuiper-Gürtel und oortsche Wolke: 100 000 AE (Bereich 3 des Sonnensystems)

Planet	mittlere Entfernung von der Sonne in Mio. km	Umlaufzeit um die Sonne in Jahren	Rotationszeit in Sonnentagen	Äquatorradius in km	Masse in 10^{24} kg
Merkur	57,9	0,24	58,625	2 440	0,34
Venus	108,2	0,62	243,020 (rückläufig)	6 200	4,87
Erde	149,6	1,00	0,997	6 378	5,97
Mars	227,9	1,88	1,026	3 400	0,64
Jupiter	778,3	11,86	0,41	71 400	1900
Saturn	1 427	29,46	0,445	60 400	569
Uranus	2 870	84,02	ca. 0,72 (rückläufig)	25 600	87
Neptun	4 496	164,79	ca. 0,67	24 800	103
Pluto	5 900	247,70	ca. 6,4	1 150	0,013

Der EINSTEIN-Turm in Potsdam wurde für Sonnenuntersuchungen errichtet.

Unsere Sonne – ein Stern

Heutige Vorstellungen von der Beschaffenheit der Sonne gründen sich auf sorgfältige Beobachtungen und theoretische Überlegungen. Einige der physikalischen Größen der Sonne sind in der Tabelle unten erfasst.

Erhitzt man ein Stück Eisen über einer Gasflamme, dann sendet dieser Körper nach kurzer Zeit bereits wahrnehmbare **Wärmestrahlung** aus. Erwärmt man das Eisenstück noch weiter, dann verfärbt es sich dunkelrot, bald darauf hellrot und wird schließlich sogar gelb leuchtend. Aus einer Untersuchung der Glühfarbe könnte man die Temperatur des Eisens recht genau ermitteln. Diese Idee wird auch zur Bestimmung der **Oberflächentemperatur** der Sonne genutzt, die etwa 5 770 K beträgt.

Keine Substanz kann bei einer derart hohen Temperatur in flüssigem oder festem Aggregatzustand vorliegen. Die Sonne muss sich deshalb vollständig aus gasförmigen Stoffen zusammensetzen. Ihre Hauptbestandteile sind **Wasserstoff** und **Helium.**

Die Sonne ist eine selbstleuchtende Gaskugel.

Aus der durch die Sonnenmasse hervorgerufenen Anziehungskraft (s. S. 75) und der Bewegung der Planeten lässt sich die Sonnenmasse ermitteln. Sonnenmasse und Sonnenradius gestatten die Berechnung der mittleren Sonnendichte. Es ergibt sich der überraschend große Zahlenwert von $1{,}41\,g \cdot cm^{-3}$. Beim Vergleich dieses Wertes mit der Dichte von Wasser ($1\,g \cdot cm^{-3}$) wird deutlich, dass der größte Teil des Gases auf der Sonne ungewöhnlich hoch komprimiert sein muss.

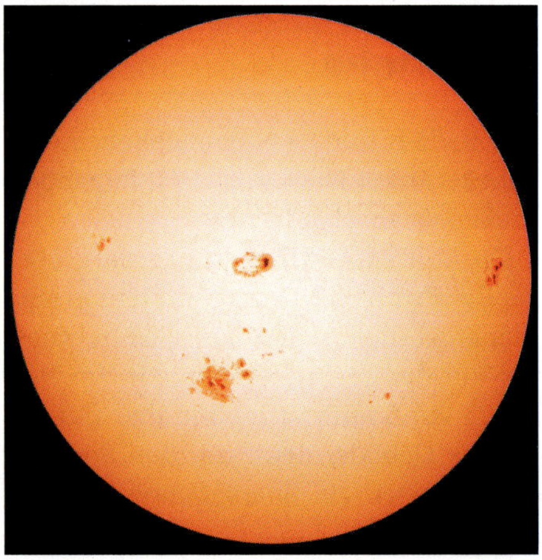

1 ▸ Auf der Oberfläche der Sonne kann man Flecken beobachten. Sie werden Sonnenflecken genannt.

Die von der Sonne je Sekunde in das Weltall abgestrahlte Energie wird **Leuchtkraft** genannt. Die Sonne gibt ihre Energie in Form verschiedener Strahlungsarten ab. Hierzu zählen beispielsweise die Wärmestrahlung, das sichtbare Licht oder die ultraviolette Strahlung. Die Sonnenleuchtkraft ist unvorstellbar groß. Sie beträgt $3{,}85 \cdot 10^{26}$ Joule je Sekunde. Die intensivste Strahlung sendet unsere Sonne im gelb-grünen Bereich des sichtbaren Lichts aus. Deshalb nehmen wir sie am Himmel als gelblich leuchtende Kugel wahr.

Vergleicht man die physikalischen Eigenschaften von Sternen mit denen der Sonne, erkennt man eine weitgehende Übereinstimmung. Unsere Sonne ist ein „gewöhnlicher" Stern.

Eigenschaften der Sonne und Erde im Vergleich

mittlerer Radius r	Masse m	mittlere Dichte ϱ	Oberflächentemperatur T	Leuchtkraft
696 000 km ($109 \cdot r_E$)	$1{,}99 \cdot 10^{30}$ kg ($333\,000 \cdot m_E$)	$1{,}41\,g \cdot cm^{-3}$ ($0{,}25 \cdot \varrho_E$)	5 770 K ($T_E = 288$ K)	$3{,}85 \cdot 10^{26}$ W

Das Indize E steht für Erde.

Das Sonneninnere

Um die physikalischen Eigenschaften sehr großer Gasmassen zu untersuchen, kann man die Erdatmosphäre als Vergleichsobjekt nutzen. In der Erdatmosphäre nehmen Dichte und Druck von oben nach unten zu, weil weiter oben liegende Gasschichten die darunter befindlichen zusammenpressen.

Könnte man in das Sonneninnere eindringen, dann würde man dort eine Zunahme von Druck, Dichte und Temperatur feststellen. Im Sonnenzentrum sind diese Werte am größten. Aus theoretischen Überlegungen ergibt sich im Sonnenzentrum eine Dichte von ca. $160\,g \cdot cm^{-3}$ und eine Temperatur von etwa $16 \cdot 10^6\,K$. Bei derart hohen Dichten und Temperaturen können im Sonnenzentrum die Kerne von Wasserstoffatomen zu Heliumatomkernen verschmelzen. Dieser als **Kernfusion** bezeichnete Prozess setzt je Sekunde die Energie von $3{,}85 \cdot 10^{26}\,J$ frei (Abb. 1). Diese Energie wird von der Sonne je Sekunde an der Oberfläche abgestrahlt.

Um zu erklären, wie die im Sonnenzentrum frei werdende Energie an die Oberfläche der Sonne gelangt, nutzt man ein Modell, das **Schichtmodell** (Abb. 2b):

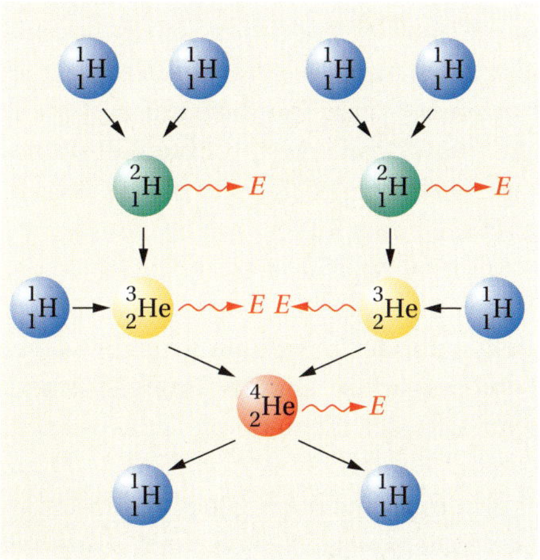

1 ▸ Bei der Kernfusion verschmelzen in mehreren Zwischenstufen insgesamt vier Wasserstoffatomkerne zu einem Heliumkern. Dabei wird Energie frei.

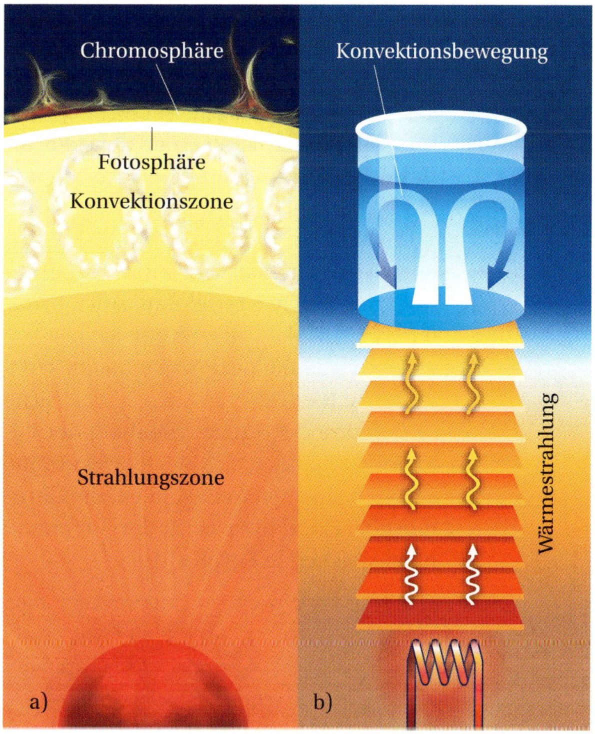

2 ▸ Aufbau der Sonne (a) und Modell zum Energietransport in der Sonne (b)

Die äußeren Sonnenschichten haben eine gewisse Ähnlichkeit mit einem wassergefüllten Topf, der auf einer eigenartig gebauten Heizplatte steht. Diese hat eine Glühwendel, die die Energie frei setzt und abstrahlt. Das ist in dem Modell der **Sonnenkern.**

Oberhalb der Glühwendel befinden sich verschiedene Metallplatten. Die unterste empfängt die Strahlung der Glühwendel und sendet diese an die über ihr befindliche Schicht weiter. Auf der Sonne ist dies die **Strahlungszone,** das Gebiet, in dem die Energie durch Strahlung übertragen wird. Dies geht immer so weiter bis zu derjenigen Schicht, auf welcher im Modell der Wassertopf steht.

Ab hier wird die Energie durch **Konvektion** (Wärmeströmung) abgeführt, ein Vorgang, bei dem heiße Flüssigkeiten oder Gase nach oben steigen, dort abkühlen und wieder nach unten sinken.

Einzelne Gasblasen, die man Granulen nennt, werden bis zu 1 500 km groß.

Da der Energietransport in den oberen Sonnenschichten ebenso erfolgt, muss man auf der Sonnenoberfläche auf- und absinkende Gasblasen sehen können. Und tatsächlich kann man dort die als **Granulation** bezeichneten Konvektionsblasen erkennen (s. Abb.).

Die Schicht, in der die Sonnenenergie durch Konvektionsbewegung transportiert wird, nennt man **Konvektionszone.** In der obersten Schicht der Konvektionszone strahlt die Sonne die Energie in den Weltraum ab. Hier liegt die etwa 300 km dicke **Fotosphäre** der Sonne. Oberhalb der Fotosphäre befinden sich noch zwei dünne, schwach leuchtende Gashüllen, die **Chromosphäre** und die weit in den Weltraum hinausreichende **Korona** (Abb. 1).

M **Die Sonne gliedert sich in die Schichten Kern, Strahlungszone, Konvektionszone und Fotosphäre sowie die dünnen Gashüllen Chromosphäre und Korona.**

Die äußeren Gasschichten der Sonne, die Fotosphäre, die Chromosphäre und die Korona, bilden die **Sonnenatmosphäre.**

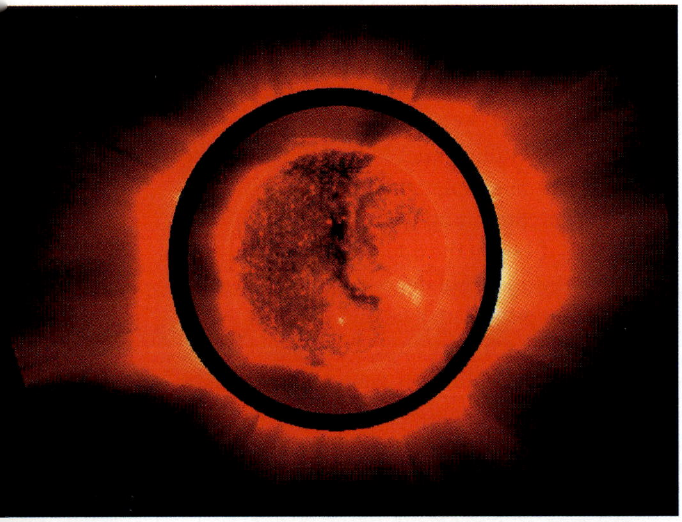

1 ▸ Die Korona ist ein leuchtender Strahlenkranz. Sie kann bei totalen Sonnenfinsternissen oder mit technischen Hilfsmitteln beobachtet werden.

Die aktive Sonne

Auf der Sonne beobachtet man verschiedene **Sonnenaktivitäten.** Sie hängen mit gewaltigen Energiemengen zusammen, die in der Sonnenmaterie transportiert, teilweise zwischengespeichert, aber auch schlagartig freigesetzt werden können. Zu den bedeutendsten Aktivitätserscheinungen auf der Sonne zählen Sonnenflecken, Protuberanzen und Eruptionen.

Die **Sonnenflecken** nimmt man als dunkle Gebiete auf der Sonne wahr, die zumeist Durchmesser von 1 000 km bis zu 10 000 km aufweisen (Abb. 1, S. 64). Sonnenflecken sind relativ kurzlebig. Von ihrer Entstehung bis zu ihrem Verschwinden dauert es meist nur einige Tagen bis wenige Monate. Die dunkle Gestalt der Flecken erklärt sich durch ihre relativ niedrige Temperatur, die im Kernbereich eines Flecks lediglich 3 800 K bis 4 800 K beträgt. Sonnenflecken bilden sich an solchen Stellen, an denen starke Magnetfelder aus dem Sonneninneren die Fotosphäre durchstoßen. Sonnenflecken treten alle 11 Jahre besonders gehäuft auf.

Protuberanzen sind Gaswolken, die sich weit über die Fotosphäre erheben. In Form großer Bögen (s. S. 60) treten sie gehäuft über Sonnenflecken auf und können weite Regionen der Sonnenoberfläche umspannen. Große Sonnenprotuberanzen besitzen Spannweiten von mehr als 300 000 km. Die größten Protuberanzen erheben sich mehr als 100 000 km über die Fotosphäre.

Sonneneruptionen treten häufig in der Nähe junger Fleckengruppen auf. Sie entstehen durch Umwandlung magnetischer Feldenergie in andere Energieformen, zum Beispiel Lichtenergie oder mechanische Energie (s. Abb. 1, S. 67). Diese explosionsartigen Vorgänge lösen intensive Helligkeitsausbrüche und zuweilen gewaltige Wellen aus, die sich dann über die Fotosphäre und ins Innere der Sonne ausbreiten.

3

Auswirkungen der Sonnenaktivität auf die Erde

Von der Sonne strömen beständig Wasserstoffionen und Elektronen ab, die in das Sonnensystem vordringen. Man bezeichnet diesen Strom aus geladenen Teilchen als **Sonnenwind** (Abb. 2).

Der Sonnenwind könnte alle Lebensprozesse auf der Erde nachhaltig schädigen, wenn unser Heimatplanet nicht über ein Magnetfeld verfügen würde. Das Erdmagnetfeld wird durch den Sonnenwind merklich verformt. Es lenkt die Teilchen des Sonnenwindes zu den magnetischen Erdpolen ab und kann sogar große Teilchenmengen zwischenspeichern (s. Abb.).

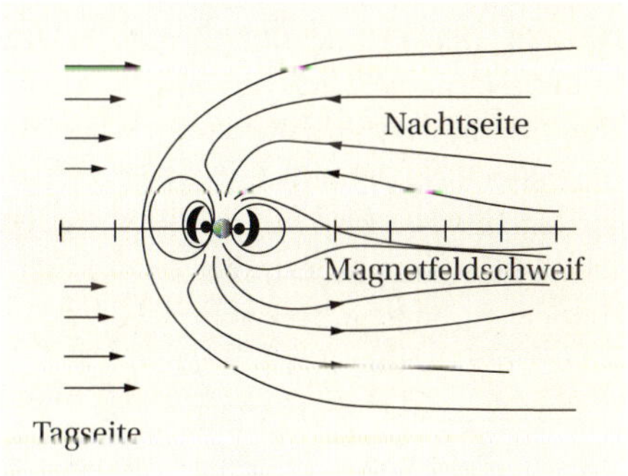

Auf der Nachtseite bildet das Magnetfeld einen Schweif.

Protuberanzen und Eruptionen können den Sonnenwind schlagartig verstärken.

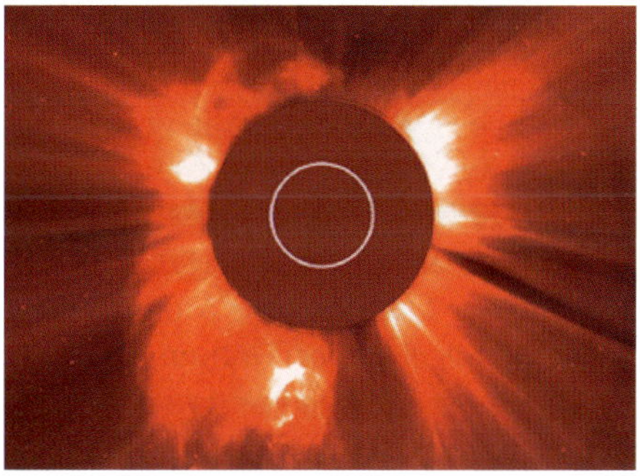

2 ▸ Mit Spezialkameras kann man den Teilchenstrom des Sonnenwindes sichtbar machen, der von der Sonne ausgeht.

Dann treten besonders viele Teilchen in das Erdmagnetfeld ein und gelangen zu den Polen. Über den Magnetpolen treten sie in die obere Atmosphäre der Erde ein und rufen dort die **Polarlichter** hervor. Gelegentlich wird das Erdmagnetfeld so heftig durch den Sonnenwind gestört, dass man Schwankungen an Magnetnadeln beobachten kann. Diese Erscheinung bezeichnet man als **magnetische Stürme.**

In letzter Zeit diskutieren Astronomen und Atmosphärenforscher die Möglichkeit, dass die Leuchtkraft der Sonne über längere Zeiträume hinweg geringfügigen Änderungen unterliegen könnte. Dadurch könnten Epochen, in denen sich die Erdatmosphäre merklich abgekühlt oder erwärmt hat, vielleicht teilweise erklärt werden.

Das Polarlicht ist eine Leuchterscheinung, die man nachts unter sehr günstigen Umständen auch von Sachsen aus am nördlichen Nachthimmel beobachten kann.

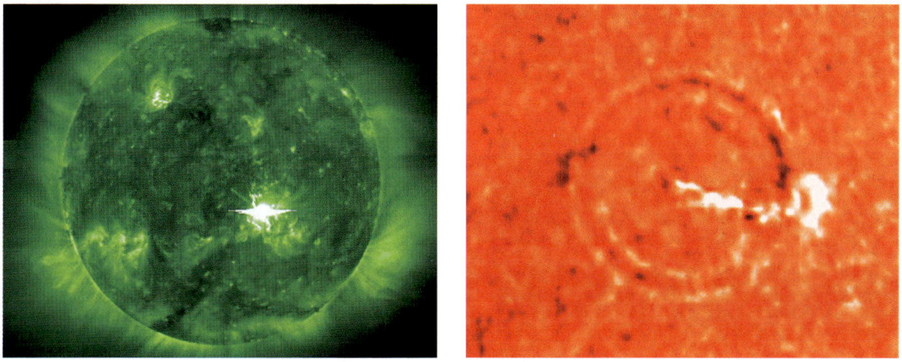

1 ▸ Bei Sonneneruptionen wandelt sich magnetische Feldenergie schlagartig in Licht (heller Fleck in Abb. links) und mechanische Energie (Schallwellen in Abb. rechts) um.

Größenvergleich Erde–Mond

Mondradius 1 738 km

Mondmasse $7{,}35 \cdot 10^{22}$ kg

Zeit zwischen zwei Vollmonden 29,53 Tage

mittlerer Bahnradius 384 400 km

Die Erde und ihr Mond

Die Bahn des Mondes um die Erde ist näherungsweise kreisförmig. Der mittlere Abstand Erde – Mond beträgt 384 400 km.

Die Sonne beleuchtet die Hälfte des kugelförmigen Mondes. Der Mond nimmt jedoch infolge seiner Drehung um die Erde unterschiedliche Positionen zu Erde und Sonne ein, sodass man von der Erde aus entweder auf die vollständig beleuchtete Mondseite (Vollmond), die vollständig unbeleuchtete Mondseite (Neumond) oder den teilweise beleuchteten Mond blickt (Abb. 1).

Die Leuchtgestalten des Mondes werden als **Mondphasen** bezeichnet. Zwei gleiche Mondphasen kehren stets in gleichen Zeitabständen wieder.

M **Es dauert immer 29,5 Tage, bis man die gleiche Mondphase beobachten kann. Sonne, Mond und Erde haben dann die gleiche relative Lage zueinander.**

Eine **Finsternis** tritt ein, wenn der Schatten eines Himmelskörpers auf die Oberfläche eines anderen trifft. Die dazu erforderliche Lichtquelle ist die Sonne. Weil die Sonne räumlich ausgedehnt ist, erzeugt sie einen Schatten, der sich in Zonen unterschiedlicher Dunkelheit gliedert. Eine Mondfinsternis wird als **total** bezeichnet, wenn sich der Mond vollständig im Kernschatten befindet (Abb. 1, S. 69). Eine Sonnenfinsternis ist nur dort total, wo der Kernschatten des Mondes die Erde trifft (Abb. 2). Grundsätzlich ist eine Mondfinsternis immer von allen Beobachtern auf der Nachtseite der Erde zu sehen. Eine Sonnenfinsternis können nur solche Beobachter verfolgen, die sich innerhalb des recht kleinen Schattenbereichs des Mondes auf der Erde befinden.

M **Bei einer Mondfinsternis tritt der Mond in den Erdschatten. Die Erde befindet sich dann genau zwischen Sonne und Mond. Es ist Vollmond.**
Eine Sonnenfinsternis ereignet sich, wenn der Schatten des Mondes Teile der Erdoberfläche berührt. Der Mond hält sich dabei zwischen Erde und Sonne auf. Es ist Neumond.

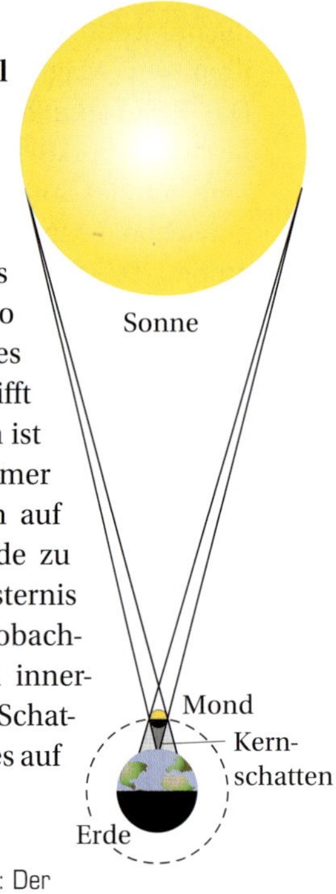

2 ▸ Totale Sonnenfinsternis: Der Schatten des Mondes fällt auf die Erde.

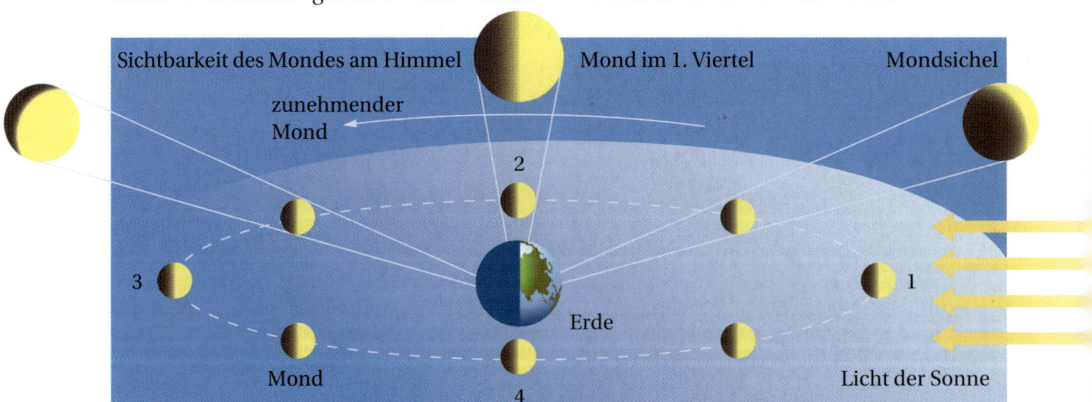

1 ▸ Die Entstehung und die Bezeichnung der Mondphasen: In der Stellung 1 ist Neumond, in der Stellung 2 Mond im ersten Viertel, in der Stellung 3 Vollmond und in der Stellung 4 Mond im letzten Viertel.

Einige Eigenschaften des Mondes

Der Ortsfaktor (Fallbeschleunigung) auf der Oberfläche des Mondes beträgt nur 1/6 des Wertes auf der Erde. Die geringe Gravitationsanziehung des Mondes konnte gasförmige Stoffe nicht an der Mondoberfläche halten, sodass der Erdbegleiter **keine Atmosphäre** besitzt. Ohne Atmosphäre gibt es auf der Mondoberfläche keinen Temperaturaustausch durch Winde und keine Winderosion. Die Temperaturen auf der beleuchteten Mondseite betragen bis zu 130 °C, auf der Nachtseite kühlt das Mondgestein bis -150 °C ab.

Einschlagskrater, die schon vor Jahrmilliarden beim Aufprall kosmischer Kleinkörper entstanden sind, haben sich bis heute nahezu unverändert erhalten. So ist der Mond von **Kratern** übersäht (Abb. 2).

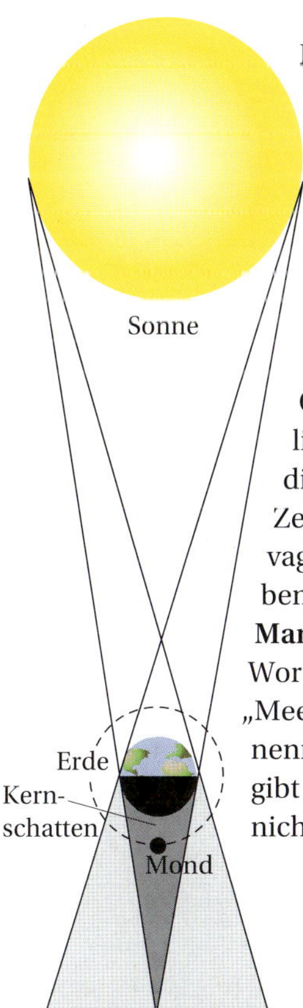

Neben den nur im Fernrohr sichtbaren Kratern lassen sich schon mit bloßem Auge auf dem Mond helle und dunkle Regionen erkennen. Die dunklen Gebiete sind tief liegende Regionen, die sich vor langer Zeit mit dunklem Lavagestein gefüllt haben. Man nennt sie **Maria.** Das lateinische Wort Maria bedeutet „Meere", aber Wasser in nennenswerter Menge gibt es auf dem Mond nicht.

1 ▸ Totale Mondfinsternis: Der Mond befindet sich im Schatten der Erde.

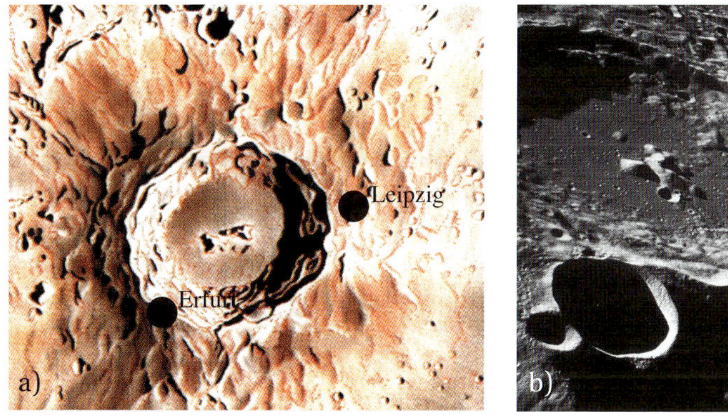

2 ▸ Krater auf dem Mond (b) und Mondkrater Kopernikus im Größenvergleich (a)

Die helleren Mondregionen nennt man **Terrae.** Die Terrae erheben sich über die Maria. Sie sind bergig und zerklüftet.

Terrae kommt aus dem Lateinischen und bedeutet „Länder".

Die Gezeitenwirkungen

Erde und Mond wirken wechselseitig aufeinander ein (s. S. 75). Weil die Erde ein ausgedehntes Objekt ist, sind verschiedene Gebiete ihrer Oberfläche unterschiedlich weit vom Mondmittelpunkt entfernt. Demzufolge wirkt die Gravitationskraft des Mondes stärker auf diejenige Erdseite, die ihm zugewandt ist (s. Abb. rechts).

Wäre die Erde eine leicht verformbare Kugel, dann müsste sie sich „auseinander ziehen". Das Wasser der Ozeane zeigt diesen Verformungseffekt merklich. Es kommt zur Ausbildung von zwei Flutbergen. Der Erdkörper dreht sich unter diesen Flutbergen hinweg. An den Küsten tritt etwa alle 12 Stunden die **Flut** ein. Rund sechs Stunden nach der Flut erreicht der Wasserpegel seinen niedrigsten Wert, die **Ebbe.**

In ihrer Entstehungsphase waren Mond und Erde glühend flüssige Kugeln. Auch damals gab es die Gezeitenwirkungen. Die Erdgravitation verursachte Flutberge aus zähflüssiger Lava auf dem Mond. Das Mondinnere drehte sich unter diesen zähflüssigen Lavabergen hinweg.

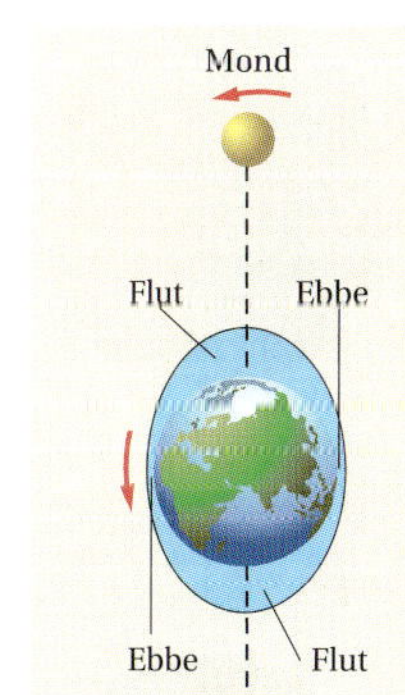

Ebbe und Flut: Durch die Anziehungskraft des Mondes werden die Flutberge geformt.

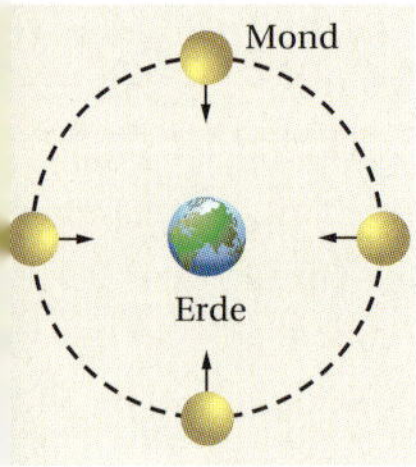

Von der Erde aus sieht man stets die gleiche Seite des Mondes.

Die Mondrotation wurde durch Reibung deutlich abgebremst. Heute ist die Eigendrehung des Mondes so langsam, dass er während eines Umlaufs um die Erde auch nur einmal um seine Achse rotiert. Diese Bewegungsform nennt man **gebundene Rotation** (s. Abb.). Als Folge der gebundenen Rotation sehen wir von der Erde aus immer nur die gleiche Seite des Mondes.

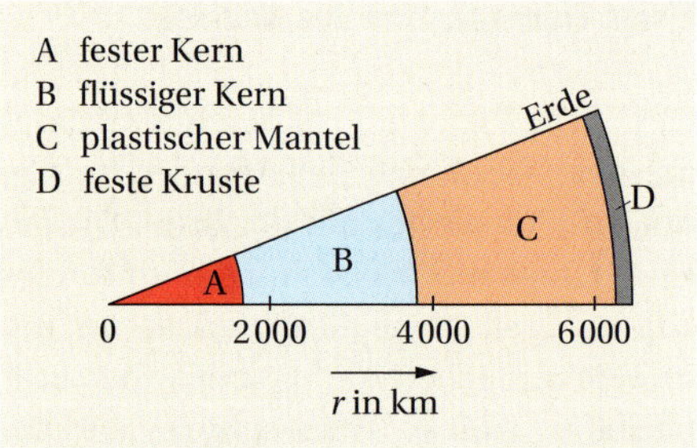

1 ▸ Die erdähnlichen Planeten Merkur, Venus und Mars besitzen näherungsweise den gleichen inneren Aufbau.

Typische Eigenschaften der Planeten

Merkur, Venus, Erde und Mars besitzen eine feste Oberfläche aus Gestein und einen ähnlichen inneren Aufbau. Ihre mittleren Dichten sind hoch und liegen zwischen $5{,}5\,g \cdot cm^{-3}$ und $3{,}9\,g \cdot cm^{-3}$. Da diese vier Planeten viele gemeinsame oder ähnliche Eigenschaften besitzen, bezeichnet man sie als **erdähnliche Planeten** (Abb. 1).

Merkur sieht ähnlich wie der Erdmond aus. Man unterscheidet auf der Oberfläche Hochländer und Ebenen. Merkur besitzt keine Atmosphäre. Er verfügt über ein Magnetfeld, das allerdings etwa 100-fach schwächer als das Erdfeld ist. Bedingt durch die große Nähe zur Sonne erreichen die Temperaturen auf der Tagseite Werte bis zu 440 °C, auf der Nachtseite kühlt das Gestein unter –170 °C ab.

Venus liegt unter einer dichten Wolkenhülle verborgen. Auf Venus gibt es kontinentartige Gebiete, Berge und Tiefebenen. Bei einigen Bergen handelt es sich um Vulkane. Die Venusatmosphäre ist sehr dicht, sodass der Bodendruck dort 90-mal größer als auf der Erde ist. Etwa 96 % der Atmosphäre bestehen aus Kohlenstoffdioxid (CO_2).
Vor allem dieses Treibhausgas bewirkt eine enorme Erhitzung der Atmosphäre auf nahezu 480 °C am Boden. Die Venus ist ein extremes Beispiel für die Auswirkungen des Treibhauseffekts auf die physikalischen Bedingungen auf einer Planetenoberfläche.

Mars besitzt Tiefebenen und Hochländer. Man sieht auf der Oberfläche Einschlagskrater und erloschene Vulkane. Mars hat Polkappen aus Wassereis und Kohlenstoffdioxid, die im Verlauf der Marsjahreszeiten abschmelzen und anwachsen. Die hauptsächlich aus Kohlenstoffdioxid bestehende Atmosphäre ist so dünn, dass der Gasdruck am Boden weniger als 1 % des irdischen Bodendrucks beträgt.
Auf dem Mars gibt es viele Anzeichen für einstmals fließendes Wasser. Die Bedingungen auf dem Mars könnten vielleicht primitivstes Leben zulassen.
Trotz vieler Bemühungen hat man aber keine Belege für die Existenz selbst einfachster Lebensformen gefunden.

Die Planeten Jupiter, Saturn, Uranus und Neptun ähneln sich in vielen Merkmalen. Man fasst sie zur Gruppe der **jupiterähnlichen Himmelskörper** zusammen (s. Abb. 1, S. 71). Sie bestehen zu großen Anteilen aus den Gasen Wasserstoff, Helium, Methan und Ammoniak. Ihre mittleren Dichten sind mit rund $0{,}7\,g \cdot cm^{-3}$ bis $1{,}7\,g \cdot cm^{-3}$ deutlich geringer als diejenigen der erdähnlichen Planeten. Kein jupiterähnlicher Planet besitzt eine feste Oberfläche.

Jupiters Antlitz wird von hellen und dunklen Wolkenbändern geprägt, die parallel zum Äquator verlaufen. Eigent-

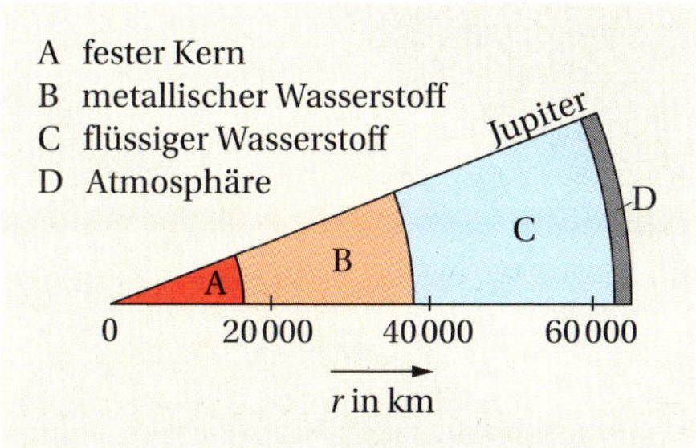

1 ▸ Die jupiterähnlichen Planeten Saturn, Uranus und Neptun besitzen einen inneren Aufbau, der dem des Jupiters vergleichbar ist.

2 ▸ Gewaltige Wirbelstürme auf Jupiter: Der große rote Fleck ist ca. 40 000 km · 15 000 km groß. Die Erde hätte in ihm „bequem" Platz.

lich sind diese Wolkenbänder Hoch- und Tiefdruckgebiete in der Atmosphäre. Weil Jupiter sich sehr schnell dreht, werden diese Hoch- und Tiefdruckzonen zu Bändern auseinander gezogen. In der Atmosphäre des Jupiters bilden sich immer wieder Flecken, die man sich als gewaltige Wirbelstürme vorstellen darf (Abb. 2).

Die obere Jupiteratmosphäre besteht hauptsächlich aus Wasserstoff und Helium mit relativ geringfügigen Beimengungen aus Methan und Ammoniak. Ihre Temperatur beträgt rund 110 K. Jupiter hat das stärkste Magnetfeld aller Planeten und nur ein unscheinbares Ringsystem.

Saturn fällt dem Beobachter hauptsächlich durch sein markantes Ringsystem auf (s. Abb. 1, S. 62), das sich in komplexe Unterringe gliedert (Abb. 3). Die Ringe bestehen aus Fels- und Eisteilchen, deren Größe den Bereich kleiner Körnchen bis hin zu etlichen Metern umfasst. Ähnlich wie beim Jupiter setzt sich auch Saturns Atmosphäre hauptsächlich aus Wasserstoff und Helium zusammen. Saturns Atmosphäre besitzt parallel zum Äquator verlaufende Wolkenbänder.

Uranus besitzt eine Atmosphäre mit kaum erkennbaren Wolken. Dunstteilchen aus Methan verwehren den Blick in tiefere Gasschichten. Sein Ringsystem wurde erst 1977 bei einer flugzeuggestützten Planetenbeobachtung entdeckt.

Neptuns Wolkenschicht besitzt schwache Bänder und einige auffallend große Wirbel. In der Atmosphäre hat man mit bis zu 550 m/s die größten Windgeschwindigkeiten im gesamten Sonnensystem gemessen.

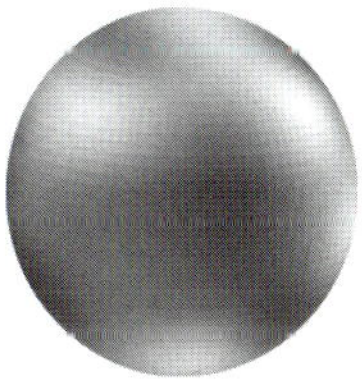

Pluto gehört weder den erdähnlichen noch den jupiterähnlichen Planeten an. Er besteht zu großen Teilen aus gefrorenem Material und besitzt vermutlich nur einen relativ kleinen Gesteinskern. Deshalb ordnet man ihn einer weiteren Klasse zu, den **eisartigen Himmelskörpern**. Auf seiner Oberfläche gibt es helle und dunkle Gebiete. Die Atmosphäre enthält Methan und Stickstoff. Die Oberflächentemperatur beträgt rund 50 K.

Im Kuiper-Gürtel hat man ein weiteres Objekt gefunden, das größer als Pluto und noch weiter von der Sonne entfernt ist.

3 ▸ Christian Huygens (1629–1695) erkannte, dass der Saturnring ein eigenständiges flaches Gebilde ist, das den Planeten umgibt.

Die Kleinkörper im Sonnensystem

Die meisten der bekannten **Planetoiden** entstammen dem Planetoidengürtel und umkreisen die Sonne auf Ellipsenbahnen innerhalb dieses Gürtels. Selbst die größten Planetoiden sind deutlich kleiner als der Erdmond. Einige Planetoiden kreuzen bei ihrem Weg um die Sonne die Erdbahn. Wie man heute sehr genau weiß, kam es in der Erdgeschichte schon mehrmals zu Zusammenstößen mit Planetoiden und der Erde. Allerdings sind diese kosmischen Katastrophen extrem selten. Übertriebene Angst oder Panik davor ist nicht angebracht.

Die Saurier wurden vermutlich infolge des Einschlags eines Planetoiden auf der Erde vor ca. 60 Millionen Jahren ausgelöscht.

Die **Kometen** entstammen wohl ursprünglich dem Kuiper-Gürtel oder der oortschen Kometenwolke und kommen damit aus den kühlsten Regionen des Sonnensystems. Die zumeist weniger als 100 km großen Kometen bestehen aus gefrorenen Gasen und Wassereis, in das Kohlenstoffpartikel, Staub und lockeres Gestein eingelagert sind. Gelangen Kometen in Sonnennähe, dann erwärmen sie sich. Gefrorene Stoffe wie Wassereis und Kohlendioxidschnee treten dadurch in den gasförmigen Aggregatzustand über. Gleichzeitig werden dabei unzählige Staubpartikel aus dem Kometenkern gelöst. Dabei bildet sich eine Atmosphäre um den Kometenkern, die man **Koma** nennt. Der Sonnenwind bläst die freigesetzten Gas- und Staubteilchen aus der Koma fort und bildet so den Staub- und den Gasschweif.

Der Meteorit aus Hoba West, Namibia, besteht aus Eisen (ca. 60 t).

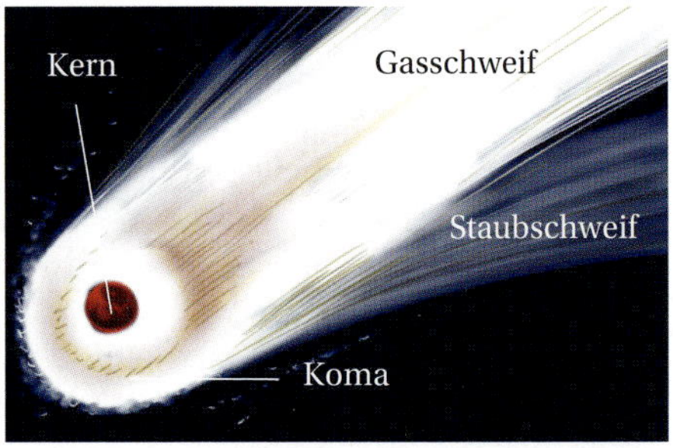

1 ▸ Aufbau eines Kometen

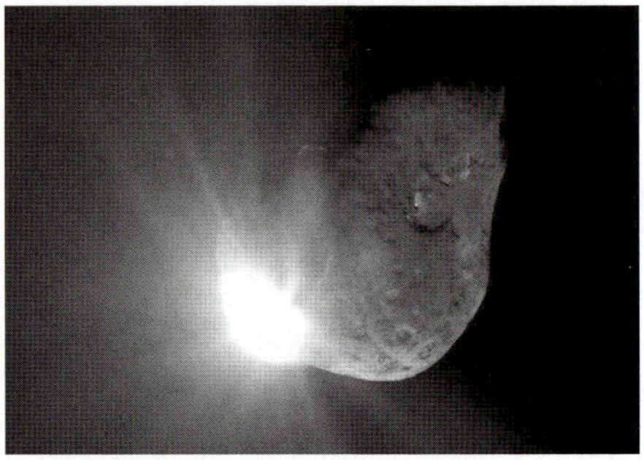

2 ▸ Im Jahre 2005 beschoss die NASA-Raumsonde Deep Impact den Kern des Kometen Tempel 1, um seinen inneren Aufbau zu untersuchen.

Meteoroide ähneln Planetoiden, sind aber sehr viel kleiner als diese. Häufig durch massereichere Himmelskörper gestört, bewegen sie sich auf irregulären Bahnen durch das Sonnensystem. Durchfällt ein Meteoriod die Erdatmosphäre, dann glüht er kurz als **Meteor** auf (Abb. 3).

Die kleineren Meteoroide verglühen vollständig in der Erdatmosphäre. Größere Körper fallen teilweise bis zur Erdoberfläche und werden dann, am Boden angelangt, als **Meteoriten** bezeichnet.

3 ▸ Ein Meteor ist ein in der Atmosphäre aufglühender Meteoroid.

Bewegungen der Planeten

Durch sorgfältige Auswertung von Beobachtungen des Planeten Mars erkannte JOHANNES KEPLER (1571–1630), dass die Planetenbahnen nicht genau kreisförmig, sondern nur kreisähnlich sind. Diese kreisähnlichen Bahnen sind **Ellipsen** (s. Randspalte).

KEPLER konnte mithilfe von drei Gesetzen darstellen, wie sich die Planeten um die Sonne bewegen. Das **1. keplersche Gesetz** beschreibt die Bahnen, auf denen sich die Planeten bewegen.

M **Die Planeten bewegen sich auf elliptischen Bahnen. In einem gemeinsamen Brennpunkt steht die Sonne.**

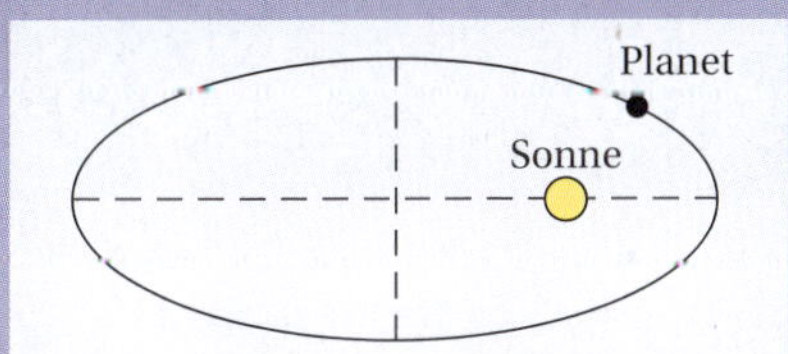

Aus dem 1. keplerschen Gesetz folgt, dass sich während des Planetenumlaufs der Abstand Planet–Sonne ständig ändert. Für die Erde beträgt die geringste Entfernung von der Sonne 147,1 Mio. km, die größte Entfernung 152,1 Mio. km.
Das **2. keplersche Gesetz** beschreibt, wie schnell sich die Planeten auf ihren Bahnen um die Sonne bewegen.

M **Die Verbindungslinie Sonne–Planet überstreicht in gleichen Zeitintervallen Δt gleich große Flächen A.**

$$\frac{A_1}{\Delta t} = \frac{A_2}{\Delta t} = \frac{A_3}{\Delta t} = \text{konstant}$$

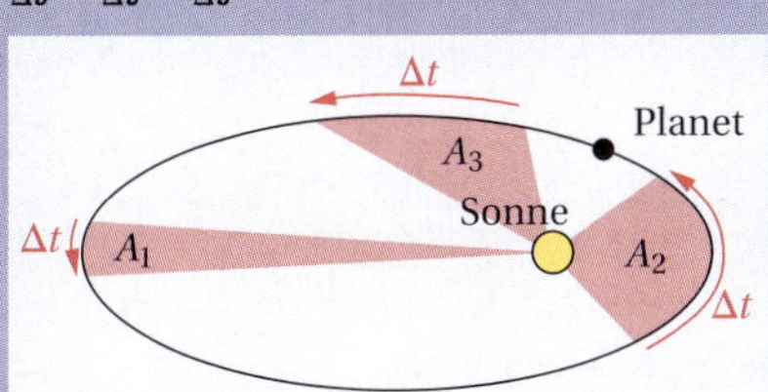

Aus dem 2. keplerschen Gesetz folgt, dass ein Planet entlang seiner Bahn die Bahngeschwindigkeit ändert. In Sonnennähe ist die Verbindungslinie Sonne–Planet kurz. Damit die pro Zeit überstrichene Fläche konstant bleibt, muss sich der Planet in Sonnennähe schneller als in Sonnenferne bewegen. So hat die Erde bei ihrer Bahn um die Sonne in Sonnenferne (Juni/Juli) eine Geschwindigkeit von $29{,}3\,\text{km}\cdot\text{s}^{-1}$, in Sonnennähe (Dezember/Januar) von $30{,}3\,\text{km}\cdot\text{s}^{-1}$.

Das **3. keplersche Gesetz** beschreibt den Zusammenhang zwischen den Umlaufzeiten und den großen Bahnhalbachsen zweier Planeten, die um die Sonne kreisen.

M **Die Quadrate der Umlaufzeiten zweier Planeten verhalten sich wie die dritten Potenzen der großen Halbachsen ihrer Bahnen.**

$$\frac{T_1^2}{T_2^2} = \frac{a_1^3}{a_2^3}$$

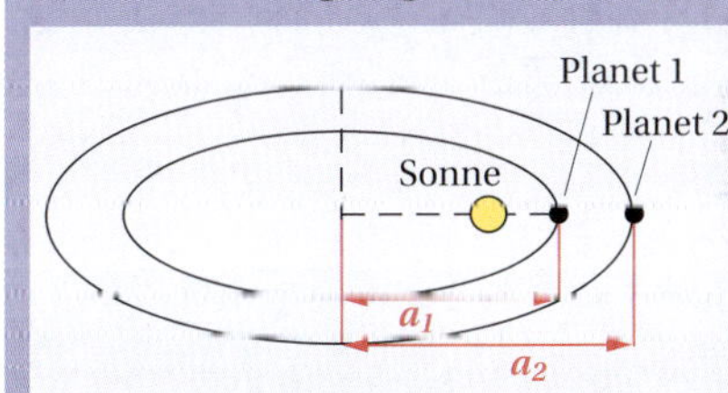

Das 3. keplersche Gesetz ermöglicht entweder die Berechnung des Abstands eines Planeten zur Sonne oder die Berechnung seiner Umlaufzeit, wenn die anderen Größen bekannt sind. So kann man beispielsweise aus den Zahlenwerten für die Umlaufzeit der Erde (1 Jahr), den Abstand Erde–Sonne (1 AE) und der Umlaufzeit des Mars um die Sonne (1,88 Jahre) dessen Abstand zur Sonne berechnen. Er beträgt 1,52 AE.

Ein Planet mit einer größeren Umlaufzeit um die Sonne bewegt sich auf einer Bahn mit einer größeren Halbachse.

Die Bahngeschwindigkeit der Planeten nimmt mit wachsendem Abstand von der Sonne ab.

Ellipsen *beschreibt man durch zwei Brennpunkte und zwei Halbachsen, die unterschiedlich lang sind.*

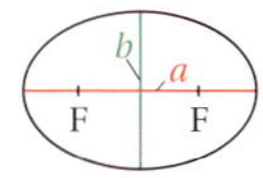

a *große Halbachse*
b *kleine Halbachse*
F *Brennpunkt*

T_1, T_2 Umlaufzeiten

a_1, a_2 große Bahnhalbachsen

Merkur bewegt sich als sonnennächster Planet schneller um die Sonne als die Erde.

KEPLER entdeckt die Planetengesetze und NEWTON die Schwerkraft

Bereits 1594 entstand das erste astronomische Werk von JOHANNES KEPLER (1571 bis 1630). Es wurde unter dem Titel „Mysterium cosmographicum“ (Geheimnis der Weltbeschreibung) herausgegeben. Bei weiteren intensiven Studien, insbesondere bei Berechnungen von Planetenbahnen und Auswertungen von Beobachtungen der Planetenbewegung des dänischen Astronomen TYCHO BRAHE (1546–1601), entdeckte KEPLER eine Reihe von Gesetzen, die heute als keplersche Gesetze bezeichnet werden. NIKOLAUS KOPERNIKUS (1473 bis 1543) hatte noch kreisförmige Bahnen für die Planeten angenommen. KEPLER korrigierte das und beschrieb die Planetenbahnen als Ellipsen.
Von den Gesetzen der Planetenbewegung bis zur Begründung der Himmelsmechanik war es noch ein weiter Weg. Entscheidende Schritte beim Verständnis der keplerschen Gesetze ging erst ISAAC NEWTON (1643–1727) mit seinem Werk „Philosophiae „naturalis principia mathematica“ (Mathematische Prinzipien der Naturlehre, 1687). NEWTONS „Prinzipien“

1 ▸ JOHANNES KEPLER (1571–1630) mit einem Bildnis von TYCHO BRAHE (1546–1601)

2 ▸ ISAAC NEWTON (1643–1727), der Begründer der Mechanik und der Himmelsmechanik

(s. auch S. 103–105) enthalten vor allem das Gesetz der universellen Gravitation:
Alle Körper ziehen einander mit einer Kraft F an, die den Massen m dieser Körper direkt proportional und dem Quadrat ihres Abstandes r umgekehrt proportional ist:

$$F = G \cdot \frac{m_1 \cdot m_2}{r^2}$$

G Gravitationskonstante
($G = 6{,}67259 \cdot 10^{-11}\, m^3 \cdot kg^{-1} \cdot s^{-2}$)

Mit der Entdeckung des Gravitationsgesetzes hatte NEWTON tatsächlich so etwas wie eine Weltformel gefunden. Man kann praktisch alle Bewegungen im Universum als Ergebnis der gegenseitigen Einwirkung von Körpern aufgrund der Massenanziehung zwischen ihnen ansehen.
Somit wurde erst 200 Jahre nach KOPERNIKUS deutlich, warum sich die Planeten um die Sonne bewegen.

Das Gravitationsgesetz

Die keplerschen Gesetze beschreiben zwar, wie sich Planeten um die Sonne bewegen, sie sagen aber nichts darüber aus, welche Kraft die Planeten auf ihre Bahnen zwingt. Erst der englische Gelehrte ISAAC NEWTON (1643–1727) entdeckte, dass alle Körper aufgrund ihrer Masse eine anziehende Kraft aufeinander ausüben, die **Gravitationskraft** (lat. gravis: schwer). Diese gegenseitige Anziehung gilt für zwei beliebige Massen, tritt aber am deutlichsten zwischen massereichen Himmelskörpern in Erscheinung. Deshalb ist es kein Zufall, dass die Entdeckung des **Gravitationsgesetzes** mit der Untersuchung der Bewegung des Mondes um die Erde verknüpft war.

M

Zwischen zwei Körpern wirken aufgrund ihrer Massen anziehende Kräfte, die gleich groß und entgegengesetzt gerichtet sind. Die Gravitationskraft ist umso größer, je größer die Massen der beiden Körper sind (bei konstantem Abstand). Die Gravitationskraft ist umso kleiner, je größer der Abstand zwischen den beiden Körpern ist.

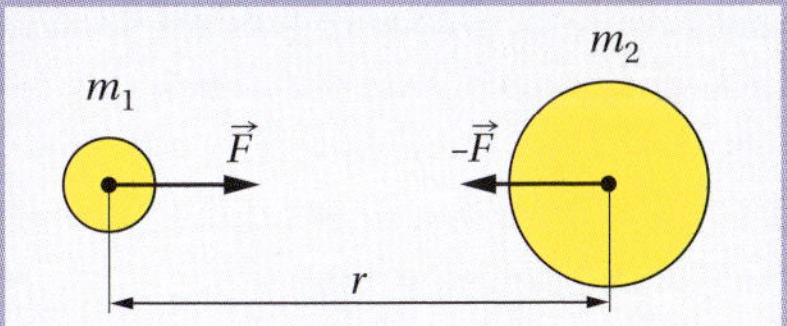

F	Gravitationskraft zwischen den Körpern
m_1, m_2	Massen der Körper
r	Abstand der Massenmittelpunkte der Körper

NEWTON konnte zeigen, dass zwischen allen Himmelskörpern Gravitationskräfte wirken. Die Gravitationskraft zwischen der Sonne und einem beliebigen Planeten zwingt den Himmelskörper auf eine Bahn um die Sonne. Andere Planeten beeinflussen geringfügig die Bahnform.

Das Gravitationsgesetz ist auch die Ursache dafür, warum z. B. ein Apfel, der sich vom Baum löst, nach unten fällt. Der Apfel wird von der Erde angezogen, aber auch der Apfel zieht die Erde mit gleich großer Kraft an. Diese richtet aber bei der Erde nichts aus, weil die Erde eine große Trägheit hat (s. S. 102).

Die Entwicklung des Sonnensystems

Die leistungsfähigsten Teleskope haben im Weltall verschiedene Regionen aufgespürt, in denen sich gerade ferne „Sonnensysteme" entwickeln. Mithilfe dieser Beobachtungen und vor allem durch theoretische Überlegungen kann man wesentliche Grundzüge der frühen Entwicklung unseres Sonnensystems verstehen.

Sterne entstehen aus Gas- und Staubwolken, die man an vielen Stellen des Alls beobachten kann (Abb. 1). Sofern die Gas- und Staubteilchen solcher Wolken keine allzu starke Wärmebewegung aufweisen und die Wolken sehr massereich sind, können sie unter der Last ihrer eigenen Gravitationsanziehung in sich zusammenfallen (s. Abb. rechts). Dabei verkleinert sich der Wolkenradius und eine zunächst kaum merkliche Rotationsbewegung der ursprünglichen Wolke nimmt an Intensität zu.

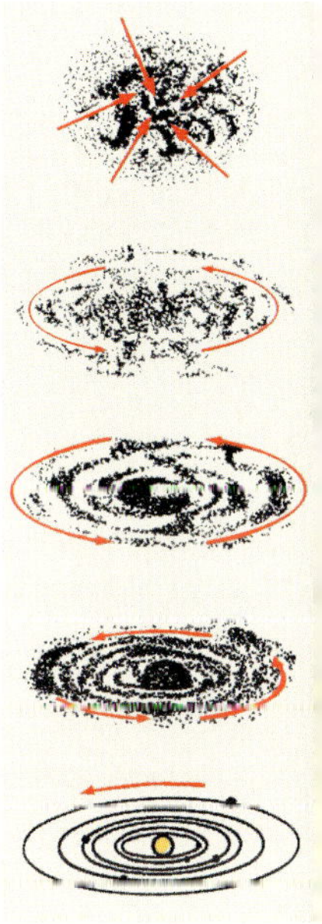

Die Entstehung des Sonnensystems

1 ▸ Aus Gas- und Staubwolken entstehen Sterne.

Die zentralen Gebiete der Wolke bilden infolgedessen eine flache Scheibe, in deren Mitte sich der zukünftige Stern befindet. In der Scheibe verklumpen einzelne Teilchen zu größeren Materiebröckchen. Diese bleiben im Laufe der Zeit immer mehr aneinander hängen und bilden größere Objekte. Aus diesen Gebilden erwachsen die Planeten.

Auf gleiche Weise hat sich unser Sonnensystem gebildet. Als in der Sonne vor ca. 4,6 Milliarden Jahren die Kernfusion zündete, blies der Sonnenwind die übrig gebliebenen Kleinstteilchen aus dem Sonnensystem.

In 4,5 Milliarden Jahren werden die Wasserstoffvorräte im Sonnenkern endgültig zur Neige gehen. Die äußeren Schichten der Sonne expandieren dadurch beträchtlich. Von außen betrachtet, bläht sich die Sonne allmählich auf und wird zu einem rot leuchtenden **Riesenstern.** Die Marsbahn liegt dann in der Nähe der Sonnenoberfläche. Leben wird auf unserem Heimatplaneten nicht mehr möglich sein.

Etwa 100 Millionen Jahre wird es der Sonne dann noch gelingen, Energie durch die Fusion von Helium freizusetzen. Dazu muss die Sonne ihre Kernregion immer weiter verdichten. In einer späteren Phase erlöscht der Sonnenreaktor völlig. Die äußeren Gashüllen gehen im All verloren. Nur der extrem kompakte Sonnenkern wird als langsam auskühlende, etwa erdgroße Kugel übrig bleiben. Dieses Gebilde bezeichnet man auch als **weißen Zwerg** (Abb. 3). Die anfangs sehr heißen weißen Zwerge senden zunächst ein bläulich-weißes Licht aus. Im Laufe von Jahrmilliarden kühlen sie langsam ab, ihr Licht verlöscht dabei allmählich.

Bis zum endgültigen Ende der Sonne verbleiben der Menschheit noch viele Hunderte Millionen Jahre. Das Sonnensystem und die Erde können uns noch lange günstige Entwicklungsmöglichkeiten bieten.

Unser Heimatplanet ist der größte Schatz der Menschheit. Er ist der freundlichste aller Planeten des Sonnensystems, er gewährt uns in den Weiten des Weltalls Geborgenheit und weitgehenden Schutz vor kosmischen Einflüssen. Ihn gilt es für nachfolgende Generationen zu bewahren. Wo, wenn nicht auf der Erde, sollte die Menschheit überleben?

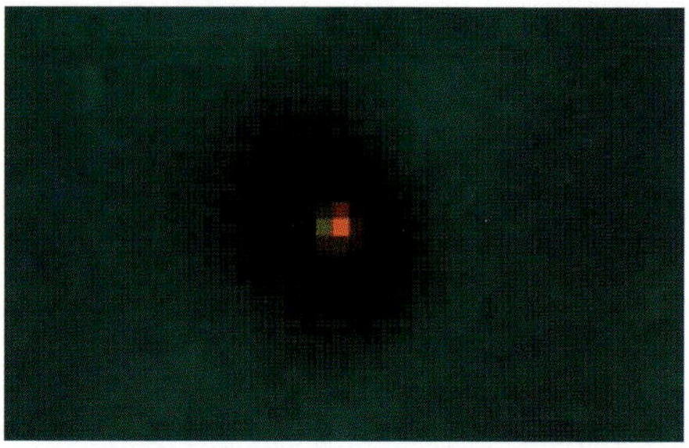

2 ▸ Im Sternbild Orion beobachtet man Staubscheiben um junge Sterne.

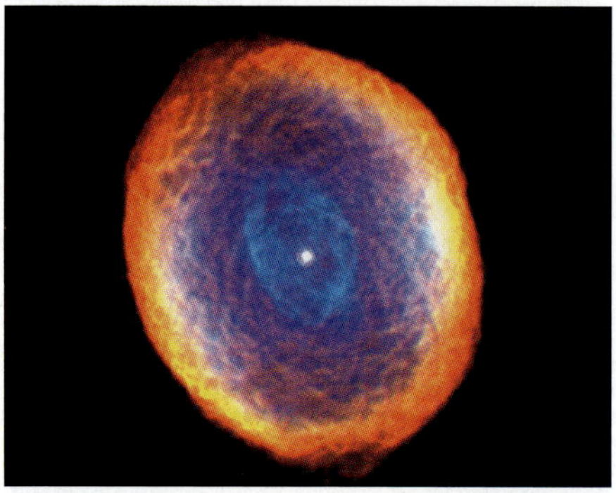

1 ▸ Wenn alte Sterne ihre äußeren Gashüllen abstoßen, bilden sich prachtvoll leuchtende Gaswolken, die man als planetarische Nebel bezeichnet.

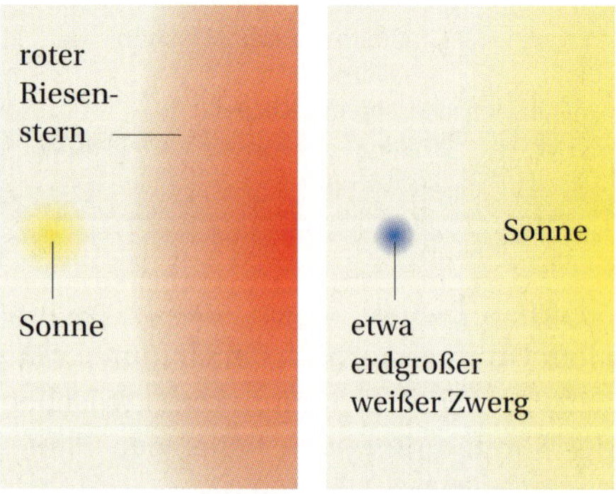

3 ▸ Größenvergleich zwischen der gegenwärtigen Sonne und den Sternen, zu denen sie sich entwickeln wird

Beobachtungen

Beobachtungen von Mond, Sonne und Planeten

Beobachtungsaufgabe 1
Beobachte die Sonne! Aber gib acht!
Für Sonnenbeobachtungen gilt immer: Sieh niemals direkt in das Sonnenlicht! Blicke niemals ungeschützt durch ein Fernglas auf die Sonne!

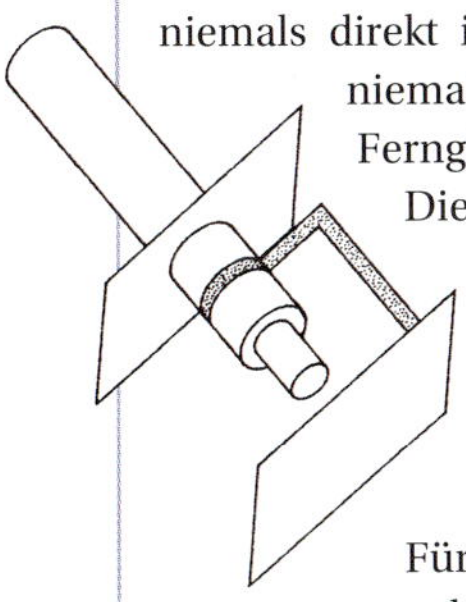

Die Abbildung links zeigt ein Verfahren, mit dessen Hilfe man die Sonne gefahrlos beobachten kann. Das Sonnenlicht wird auf einen Schirm projiziert. Für eine derartige Beobachtung benötigt man nicht einmal ein Fernrohr, es genügt auch eine Lochkamera, deren Auffangschirm gut verdunkelt sein muss.

a) Spanne ein Blatt Papier auf den Projektionsschirm und zeichne das Sonnenbild, das du beobachtet hast!
b) Skizziere die Lage der Sonnenflecken! Achte darauf, dass sich das Zeichenblatt nicht dreht oder verschiebt!
c) Wiederhole die Beobachtung nach einigen Tagen!
d) Beschreibe die Veränderungen, die man an der Gestalt und der Lage der einzelnen Flecken wahrnehmen kann!

Beobachtungsaufgabe 2
Beobachte den Mond!
Die Abbildung zeigt die Lage der Maria beim Anblick im astronomischen Fernrohr.

Gegenüber dem Anblick des Mondes mit bloßem Auge sind also „rechts und links“ sowie „oben und unten“ vertauscht. Beachte das beim Lösen der folgenden Beobachtungsaufgaben!

a) Zeichne auf ein DIN-A4-Blatt einen Kreis von 12 cm Durchmesser!
b) Skizziere in den vorgegebenen Kreis die gerade zu beobachtende Mondphase!
c) Schätze, wie viel Prozent der erdzugewandten Mondseite am Beobachtungstag beleuchtet sind!
d) Zeichne die Lage der Maria ein und benenne sie!
e) Auf dem oberen Teil des Mondfotos sieht man den Krater Tycho und die von ihm ausgehenden strahlenartigen Furchen auf der Mondoberfläche. Ist der Krater Tycho am Beobachtungsabend zu sehen? Wenn ja, dann zeichne diesen Krater und den genauen Verlauf der von ihm ausgehenden Strahlen in die Mondskizze ein! Mondkarten findet man im Internet.

Beobachtungsaufgabe 3
Beobachte verschiedene Planeten!
Wähle für Planetenbeobachtungen eine möglichst starke Vergrößerung des Fernrohrs! Die Beobachtbarkeit einzelner Planeten muss gemeinsam mit dem Lehrer ermittelt werden. Beobachtungsbeispiele:

a) **Venus:** Skizziere die Leuchtgestalt der Venus! Erläutere, welche Stellung Venus, Erde und Sonne zueinander am Beobachtungstag haben!
b) **Jupiter:** Zeichne die Wolkenbänder Jupiters und die Stellung der im Fernrohr zu sehenden vier Jupitermonde (Io, Europa, Ganymed, Kallisto)!
c) **Saturn:** Zeichne den Planeten und die Lage seines Ringsystems!

Aufgaben

1. Erläutere den Aufbau unseres Sonnensystems!

2. Die Tabelle auf Seite 63 enthält die Radien und Massen der Planeten.
   a) Berechne die mittleren Dichten von Mars, Saturn und Neptun!
   b) Ordne diese Himmelskörper der Gruppe der erdähnlichen oder der jupiterähnlichen Planeten zu!
   c) Erläutere anhand der chemischen Zusammensetzung und des inneren Aufbaus, weshalb die oben genannten Planeten unterschiedliche Dichten besitzen!

3. Erläutere, wie die durch Kernfusion im Sonnenkern freigesetzte Energie an die Sonnenoberfläche gelangt!

4. Welche der folgenden Aussagen ist richtig, welche falsch?
   a) In Sonnenferne bewegt sich die Erde besonders schnell auf ihrer Bahn.
   b) Venus steht der Sonne näher als die Erde. Deshalb ist die mittlere Bahngeschwindigkeit der Venus auch größer als die mittlere Bahngeschwindigkeit der Erde.
   c) Ein Planetoid, der die Sonne innerhalb des Planetoidengürtels umkreist, besitzt stets eine geringere Bahngeschwindigkeit als Neptun.
   d) Merkur bewegt sich besonders langsam um die Sonne, weil er der sonnennächste Planet ist.
   e) Besitzt ein Planet eine Bahn mit sehr großem Bahnumfang, dann benötigt er für einen Sonnenumlauf auch eine sehr lange Zeit.

5. Berechne die mittlere Bahngeschwindigkeit der Erde um die Sonne. Nimm vereinfachend an, die Erdbahn sei ein Kreis!

6. Was bedeutet der Begriff „gebundene Rotation"?

7. Unsere Sonne wird in einigen Milliarden Jahren ihren Radius erst vergrößern und dann beträchtlich verkleinern.
   a) Welche Dichte wird unsere Sonne besitzen, wenn sie ihren Radius auf das 120-Fache ihres jetzigen Wertes vergrößert?
   b) Welche Dichte wird unsere Sonne besitzen, wenn sie ca. 20 % ihrer Masse verliert und anschließend auf den hundertsten Teil ihres gegenwärtigen Radius schrumpft?

8. Beantworte mithilfe des Internets folgende Fragen:
   a) Welche Planeten des Sonnensystems werden gerade durch Raumsonden erforscht?
   b) Welche Ziele haben diese Raumfahrtmissionen?
   c) Welcher Planet des Sonnensystems wurde bislang von keiner Raumsonde besucht?

   Internetadressen, unter denen man sich über Raumflugmissionen zu Planeten und Monden und deren Forschungsergebnisse informieren kann, sind die Angebote der Deutschen Agentur für Luft- und Raumfahrt (DLR) **www.dlr.de** und **www.photojournal.dlr.de.**

9. Berechne mit dem Strahlensatz, wie weit der Kernschatten der Erde in das Weltall hinausreicht! Nutze dazu die Abbildung! Die erforderlichen Angaben findest du auf den vorangehenden Seiten in diesem Lehrbuch.

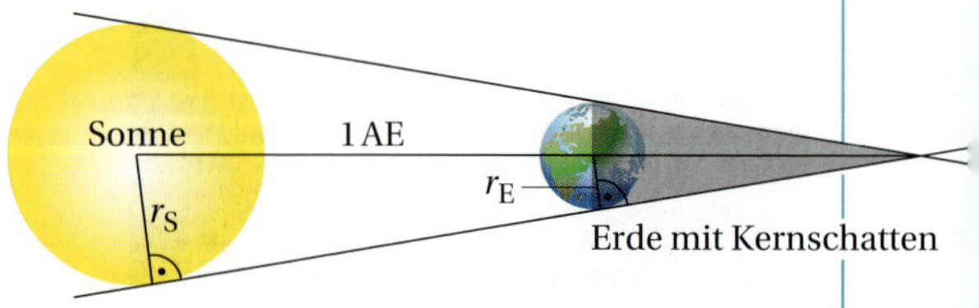

Das Wichtigste auf einen Blick

Das Sonnensystem im Überblick

Unser Sonnensystem besteht aus den **Himmelskörpern**
- **Sonne,**
- den **Planeten** Merkur, Venus, Erde, Mars, Jupiter, Saturn, Uranus, Neptun, Pluto,
- zahlreichen **Monden,**
- **Kleinkörpern** (Planetoide, Kometen, Meteoroide, Teilchen der Planetenringe),
- **Gas** und **Staubteilchen** sowie verschiedenen **Feldern.**

Die Sonne ist eine selbstleuchtende Gaskugel.

Die Planeten

- **reflektieren** das Sonnenlicht und bewegen sich um die Sonne.
- sind z. T. **erdähnlich:** Merkur, Venus, Erde, Mars.
- sind z. T. **jupiterähnlich:** Jupiter, Saturn, Uranus, Neptun.

Die drei **keplerschen Gesetze** beschreiben

- die Bahnform der Planeten (Ellipsen)

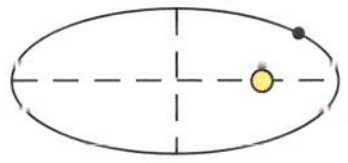

- die Bewegung eines Planeten längs seiner Bahn um die Sonne

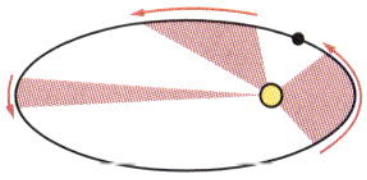

- den Zusammenhang zwischen den großen Halbachsen und den zugehörigen Umlaufzeiten für zwei Planeten

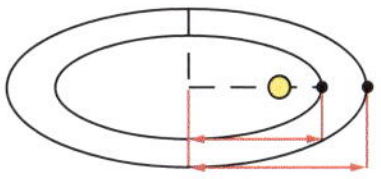

Das Sonnensystem ist gemeinsam mit der Sonne entstanden.

Gas- und Staubnebel → Verdichtung und Verflachung des Nebels (vor ca. 4,6 Mrd. Jahren) → Sonnensystem → Sonne wird zum Riesenstern (in ca. 4,5 bis 5 Mrd. Jahren) → Sonne wird zu einem weißen Zwerg

4 Bewegungen und ihre Ursachen

4

4.1 Gleichförmige und gleichmäßig beschleunigte Bewegungen

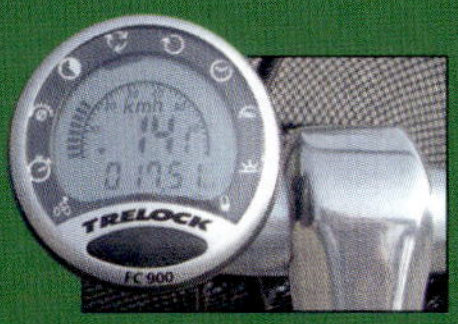

Ruhe oder Bewegung? ▸▸ Wenn man aus dem Fenster eines Hauses den Straßenverkehr beobachtet, kann man leicht erkennen, welche Körper sich bewegen und welche in Ruhe sind. Befindet man sich dagegen auf einem fahrenden Schiff, so fällt die Entscheidung schon schwerer.
Woran kann man erkennen, ob sich Körper in Ruhe oder Bewegung befinden? Was versteht man in der Physik unter Bewegung?

Langsam oder schnell? ▸▸ Fahrzeuge werden u. a. danach beurteilt, wie lange sie benötigen, um ihre Geschwindigkeit zu erhöhen. Fahrzeuge mit starken Motoren haben den Vorteil, dass man mit ihnen schneller und somit sicherer überholen kann. Sie können schneller beschleunigen, verbrauchen aber auch mehr Kraftstoff.
Was bedeutet in der Physik der Begriff Beschleunigung?

kinesis (griech.) bedeutet Bewegung. Daher kommt der Begriff Kinematik für die Bewegungslehre.

Ein Bezugssystem ist ein Bezugskörper und ein damit verbundenes Koordinatensystem.

Bewegung und Ruhe

Bewegung und Ruhe sind Begriffe, die man sowohl in der Umgangsprache als auch in der Fachsprache der Physik verwendet. In der Mechanik ist eine **Bewegung** eine Orts- oder Lageveränderung eines Körpers gegenüber einem anderen Körper, dem **Bezugskörper,** oder einem **Bezugssystem.**

M **Ein Körper ist in Bewegung, wenn er seine Lage gegenüber einem Bezugssystem verändert. Ein Körper ist in Ruhe, wenn er seine Lage gegenüber einem Bezugssystem nicht verändert.**

Jede Bewegung ist somit **relativ** und kann nur gegenüber einem Bezugssystem angegeben werden. Häufig ist dieses Bezugssystem die Erdoberfläche. Es kann aber auch ein beliebiges anderes Bezugssystem gewählt werden.

Sitzt man z. B. in einem fahrenden Zug still, so ist man sowohl in Bewegung als auch in Ruhe. Gegenüber dem Zug ist man in Ruhe, denn man ändert seine Lage gegenüber dem Zug nicht. Gegenüber dem Bahnsteig befindet man sich in dem fahrenden Zug in Bewegung.

1 ▸ Der Kondensstreifen am Himmel zeigt die Bahn eines Flugzeugs.

Körper bewegen sich entlang einer Bahn (Abb. 1). Nach der Form der Bahn kann man zwischen **geradlinigen Bewegungen, Kreisbewegungen** und **Schwingungen** unterscheiden (vgl. Übersicht unten).

Körper können auf ihrer Bahn langsamer oder schneller werden oder ihre Geschwindigkeit beibehalten. Bewegungen, bei denen die Geschwindigkeit gleich bleibt, nennt man **gleichförmig.** Bewegungen, bei denen sich die Geschwindigkeit ändert, sind **ungleichförmig.**

Geradlinige Bewegung	Kreisbewegung	Schwingung

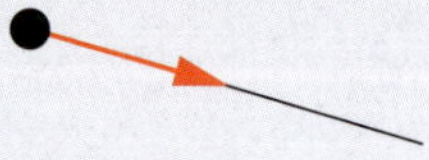	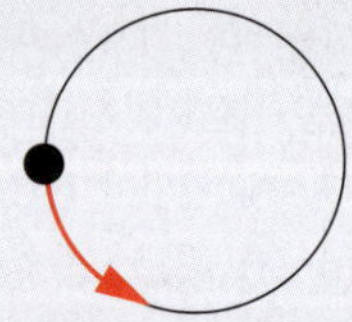	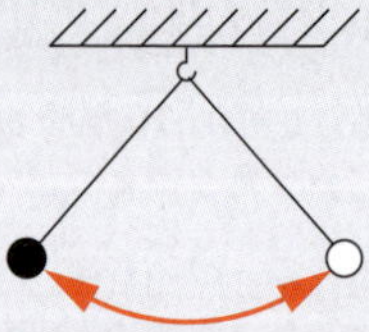
Der Zug bewegt sich auf den Schienen auf einer geraden Bahn. Er führt eine **geradlinige Bewegung** aus.	Die Gondeln des Riesenrads bewegen sich alle auf einer Kreisbahn. Sie führen eine **Kreisbewegung** aus.	Das Mädchen bewegt sich zwischen beiden Punkten hin und her. Es führt eine **Schwingung** aus.

Die Geschwindigkeit

Körper können sich unterschiedlich schnell bewegen.
Während Peter eine 100-m-Strecke in 180 s schwimmt, braucht Matthias für dieselbe Strecke 220 s (Abb. 1). Peter ist schneller, da er dieselbe Strecke in einer kürzeren Zeit zurücklegt.

Ein Pkw legt in einer Minute eine Strecke von 2 000 m zurück. Ein Radfahrer schafft in derselben Zeit 600 m. Der Pkw ist schneller, da er in derselben Zeit eine größere Strecke zurücklegt (Abb. 2).
Die Schnelligkeit einer Bewegung wird durch die physikalische Größe **Geschwindigkeit** beschrieben.

> **M** Die Geschwindigkeit gibt an, wie schnell sich ein Köper bewegt.
>
> Formelzeichen: v
>
> Einheiten:
> 1 Meter je Sekunde $\left(1\,\frac{m}{s}\right)$
>
> 1 Kilometer je Stunde $\left(1\,\frac{km}{h}\right)$

Ein Körper hat eine Geschwindigkeit von 1 m/s, wenn er in einer Sekunde einen Weg von einem Meter zurücklegt.

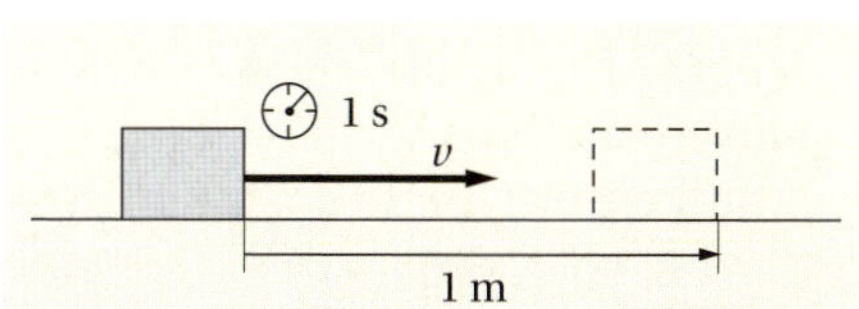

1 ▸ Gleiche Wege – unterschiedliche Zeiten: Der obere Schwimmer ist der schnellere.

2 ▸ Gleiche Zeiten – unterschiedliche Wege

Beziehungen zwischen den Einheiten:

$1\,\frac{m}{s} = 3{,}6\,\frac{km}{h}$ $\qquad 1\,\frac{km}{h} = \frac{1\,m}{3{,}6\,s}$

In der Schifffahrt ist immer noch die Einheit 1 Knoten üblich. Ein Schiff hat die Geschwindigkeit 1 Knoten (1 kn), wenn es in einer Stunde eine Seemeile (1 852 m) zurücklegt.

$1\,kn = \frac{1852\,m}{1\,h} \approx 1{,}85\,\frac{km}{h}$

Sind der zurückgelegte Weg eines Körpers und die Zeit bekannt, die er für diesen Weg benötigt hat, dann lässt sich die Geschwindigkeit des Körpers errechnen.

> **M** Die Geschwindigkeit eines Körpers kann berechnet werden mit der Gleichung:
>
> $v = \frac{s}{t}$ $\quad$ s zurückgelegter Weg
> $\quad$ t benötigte Zeit

Das Formelzeichen v ist abgeleitet vom englischen „velocity“, das s von „space“, das t von „time“.

Das **Messgerät** für die Geschwindigkeit ist der **Tachometer** (Abb. 3).

3 ▸ Der Tachometer (Geschwindigkeitsmesser) eines Pkw zeigt die Momentangeschwindigkeit an.

Für die Kreisbewegung gilt:

$v = \frac{2\pi \cdot r}{T}$

r Radius

T Umlaufzeit

Die Gleichung für die Berechnung der Geschwindigkeit gilt sowohl für **geradlinige Bewegungen** als auch für **Kreisbewegungen.** Für gleichförmige Kreisbewegungen wie in einem Karussell (Abb. 2) ist der Weg der Umfang eines Kreises mit dem Radius *r*. Die Zeit wird durch die Zeit *T* für einen Umlauf ausgedrückt.

Während bei einer **gleichförmigen** Bewegung die Geschwindigkeit für jeden Ort der Bewegung konstant ist, ändert sich bei einer **ungleichförmigen** Bewegung die Geschwindigkeit mit der Zeit. Man kann für diesen Fall nur eine mittlere Geschwindigkeit berechnen, die **Durchschnittsgeschwindigkeit** $\overline{v}$.

$\overline{v} = \frac{\Delta s}{\Delta t}$

Δs Gesamtweg

Δt Gesamtzeit

Tachometer oder Fahrradcomputer zeigen die **Momentangeschwindigkeit** an. Das ist die Geschwindigkeit eines Körpers zu einem bestimmten Zeitpunkt.

Für zwei Spielzeugautos wurden zu vorgegebenen Zeiten die jeweils zurückgelegten Wege gemessen:

Zeit *t* in s	0	5	10	15	20	25
Weg s_A in cm	0	48	102	153	197	250
Weg s_B in cm	0	24	52	73	102	125

Stellt man die Messwertepaare für jedes Auto grafisch dar, dann erhält man ein **Weg-Zeit-Diagramm** (Abb. 1).
Berechnet man die Geschwindigkeiten für die jeweiligen Zeiten und stellt diese Werte grafisch dar, dann erhält man ein **Geschwindigkeits-Zeit-Diagramm** (Abb. 3).

2 ▸ Die Menschen auf den Sitzen eines Karussells führen eine Kreisbewegung aus.

Der Zusammenhang zwischen dem Weg, der konstanten Geschwindigkeit und der Zeit wird im **Weg-Zeit-Gesetz** der gleichförmigen Bewegung beschrieben.

Für eine gleichförmige Bewegung eines Körpers (v = konst.) gilt:

$s = v \cdot t$

s Weg *v* Geschwindigkeit *t* Zeit

Eine **gleichförmige Bewegung** liegt vor,
- wenn ein Körper in gleichen Zeiten gleiche Wege zurücklegt,
- wenn der Quotient aus Weg und Zeit immer konstant ist,
- wenn die in einem *s*-*t*-Diagramm dargestellten Messwertepaare auf einer Geraden liegen, die durch den Nullpunkt geht (Abb. 1),
- wenn die in einem *v*-*t*-Diagramm dargestellten Wertepaare auf einer Geraden parallel zur *t*-Achse liegen (Abb. 3).

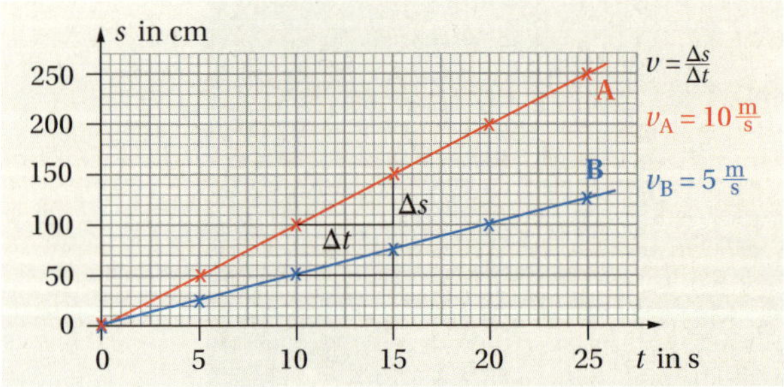

1 ▸ Weg-Zeit-Diagramm der geradlinig gleichförmigen Bewegung

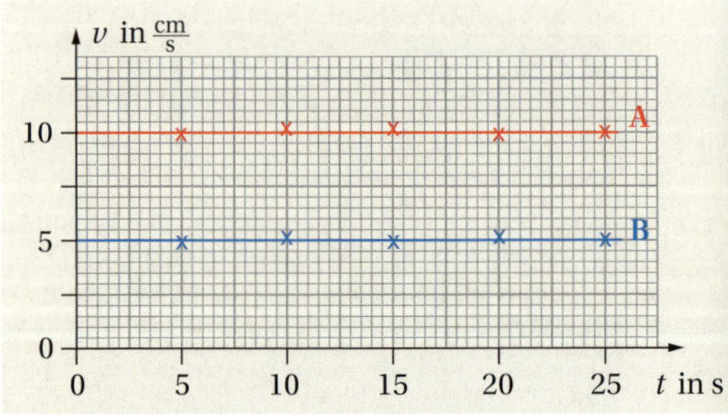

3 ▸ Geschwindigkeits-Zeit-Diagramm der geradlinig gleichförmigen Bewegung

So schnell sind Tiere, Menschen, Autos und Raketen

Manche Vorgänge in der Natur laufen so langsam ab, dass man sie nur erkennt, wenn man über längere Zeiträume sehr exakt misst. So bewegen sich z. B. die Kontinente der Erde gegeneinander: Europa nähert sich Amerika pro Jahr um 2 cm.

In der lebenden Natur sind sehr unterschiedliche Geschwindigkeiten zu beobachten, wobei man zwischen **Durchschnittsgeschwindigkeiten** und **Höchstgeschwindigkeiten** unterscheiden muss. Die Durchschnittsgeschwindigkeiten liegen meist weit unter den Höchstgeschwindigkeiten.

Höchstgeschwindigkeiten einiger Tiere

beim Fliegen	
Stubenfliege	8 km/h
Biene	29 km/h
Sperling	45 km/h
Mauersegler	180 km/h
Wanderfalke (Sturzflug)	280 km/h
beim Kriechen oder Laufen	
Weinbergschnecke	0,003 km/h
Klapperschlange	4 km/h
Hase	65 km/h
Rennpferd	69 km/h
Gepard	120 km/h
beim Schwimmen	
Eisbär	10 km/h
Forelle	35 km/h
Hai	36 km/h
Tunfisch	75 km/h
Schwertfisch	90 km/h

Unter den Tieren sind die Vögel die schnellsten. Ein Falke kann im Sturzflug 280 km/h erreichen. Schnecken, wie die Große Wegschnecke oder die Weinbergschnecke, sind dagegen ausgesprochen langsam. Die Tabelle oben gibt dazu einen Überblick. Auch der Mensch erreicht sehr unterschiedliche Geschwindigkeiten. Einige Beispiele sind in der Tabelle angegeben. 100-m-Läufer, die Durchschnittsgeschwindigkeiten von 36 km/h erreichen, also für die 100 m nur 10 s benötigen, gehören zur Weltspitze.

Geschwindigkeiten des Menschen

normales Gehen	5 km/h
100 m Freistil	7 km/h
Radwandern	15 km/h
800-m-Lauf	27 km/h
100-m-Lauf	36 km/h
Radrennen	40 – 60 km/h
Skispringer beim Absprung	100 km/h
frei fallender Fallschirmspringer	180 km/h

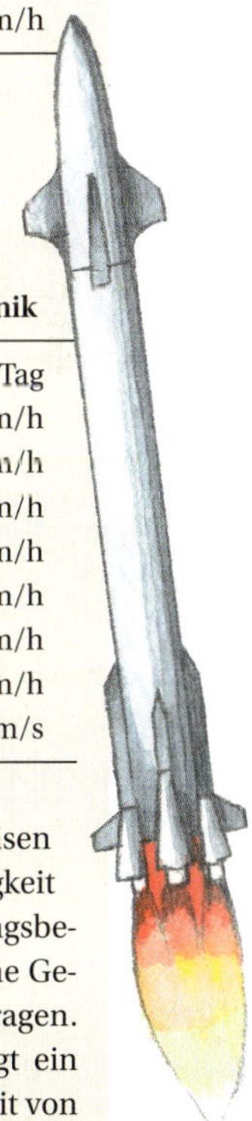

Mit technischen Hilfsmitteln können wesentlich größere Geschwindigkeiten erzielt werden.

Geschwindigkeiten in Natur und Technik

Wachstum eines Haares	0,3 mm/Tag
Regentropfen	25 km/h
Orkan Windstärke 12	120 km/h
Passagierflugzeug	900 km/h
Schall in Luft	1 200 km/h
Raketenauto (1997)	1 228 km/h
Geschoss eines Gewehres	2 800 km/h
Rakete in Erdumlaufbahn	28 440 km/h
Lichtgeschwindigkeit	300 000 km/s

Damit ein Satellit die Erde umkreisen kann, benötigt er eine Geschwindigkeit von 28 440 km/h. Um den Anziehungsbereich der Erde zu verlassen, muss seine Geschwindigkeit bereits 40 320 km/h betragen. Beim Start von der Erde aus benötigt ein Satellit immerhin eine Geschwindigkeit von 60 120 km/h, um unser Planetensystem verlassen zu können. Unsere Erde bewegt sich mit einer mittleren Geschwindigkeit von 107 226 km/h im Laufe eines Jahres um die Sonne.

Physik-Klick

Verarbeiten von Messwerten mit einem Computer

Beachte!
Mithilfe von **Tabellenkalkulationsprogrammen** kann man Daten in Tabellen ordnen, in Diagrammen veranschaulichen und auch Berechnungen durchführen. Für die dargestellten Beispiele eignet sich jedes gängige Tabellenkalkulationsprogramm. Hier wurde das Programm **MS Excel** verwendet.

Wege und Zeiten bei der gleichförmigen Bewegung

Für zwei Radfahrer 1 und 2 wurde gemessen, welchen Weg sie in verschiedenen Zeiten zurückgelegt haben.

t in s	0	2	4	6	8	10
s_1 in m	0	5,9	12,2	17,7	23,8	29,7
s_2 in m	0	11,8	23,9	35,7	48,3	60,4

Der Quotient aus dem **Weg *s*** und der **Zeit *t*** ist die **Geschwindigkeit *v*:**
$v = \frac{s}{t}$

Bei einer gleichförmigen Bewegung ist die Geschwindigkeit immer gleich groß:
v = konstant.

Um zu erkennen, ob eine gleichförmige Bewegung vorliegt, gibt es zwei Möglichkeiten:

a) Es wird der Quotient $\frac{s}{t}$ berechnet. Ist dieser Quotient konstant, so liegt eine gleichförmige Bewegung vor.
b) Es wird das *s*-*t*-Diagramm gezeichnet. Ist der Graph eine Gerade, die durch den Nullpunkt verläuft, so ist die Bewegung gleichförmig.

Beide Möglichkeiten kannst du mit einem Computer in einem **Tabellenkalkulationsprogramm** realisieren.

Berechnen des Quotienten

So kann man die Messwerte im Tabellenkalkulationsprogramm darstellen und den Quotienten aus Weg und Zeit berechnen.

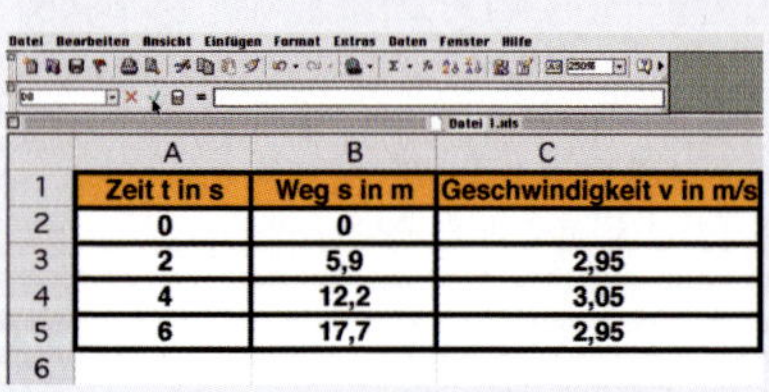

	A	B	C
1	Zeit t in s	Weg s in m	Geschwindigkeit v in m/s
2	0	0	
3	2	5,9	2,95
4	4	12,2	3,05
5	6	17,7	2,95
6			

Dazu kannst du in folgenden Schritten vorgehen:
1. Öffne das Tabellenkalkulationsprogramm!
2. Trage in die erste Zeile den Kopf der Tabelle ein! Der Tabellenkopf kann farbig, die Schrift fett gestaltet werden. Dazu musst du die jeweiligen Zellen markieren und im Menü „Format“ die entsprechenden Einstellungen vornehmen.
3. Speichere die Daten!
4. Gib die Messwerte für die Zeiten und Wege des Radfahrers 1 ein!
5. Wenn du die Berechnung der Quotienten aus *s* und *t* vornehmen willst, kannst du so vorgehen:
   - Markiere das Feld C3!

- Klicke im Menü auf das Gleichheitszeichen und gib die Rechenoperation B3/A3 ein! Drücke „Enter“!
- Wiederhole das für die Felder C4 bis C7!

Du erhältst die Tabelle, die auf S. 86 links dargestellt ist.

	A	B	C
1	Zeit t in s	Weg s1 in m	Weg s2 in m
2		Radfahrer 1	Radfahrer 2
3	0	0	0
4	2	5,9	11,8
5	4	12,2	23,9
6	6	17,7	35,7
7	8	23,8	48,3
8	10	29,7	60,4

Darstellen der Messwerte in einem s-t-Diagramm

Die Messwerte können auch in einem Diagramm dargestellt werden, wenn man ein Tabellenkalkulationsprogramm nutzt. Dabei kann man jeweils den Graphen für einen Radfahrer oder auch für beide darstellen:

1. Trage die Messwerte so in die Tabelle ein, wie es rechts oben dargestellt ist.
2. Markiere die Zellen Radfahrer 1 und Radfahrer 2 und die Messwerte für die Wege der beiden Fahrer!
3. Rufe den Diagramm-Assistenten durch Klicken auf das entsprechende Symbol in der Menüleiste auf! Wähle ein **Liniendiagramm mit Datenpunkten** aus! Drücke dann auf die Schaltfläche „Weiter“!
4. Gehe zum Bereich Reihe! Setze den Cursor in die Beschriftung der Rubrikenachse (X)! Markiere die Messwerte für die Zeit in der Tabelle! Mit „Weiter“ kommst du zum nächsten Schritt.
5. Nun kannst du das Diagramm und die Achsen beschriften und das Diagramm fertig stellen.
6. Die Graphen verlaufen nicht durch den Punkt (0;0). Um das zu ändern, bewege den Mauszeiger in die Nähe der Längenachse. Wenn das Wort „Rubrikenachse“ erscheint, öffnet sich durch Doppelklick ein Menü. Öffne „Skalierung“ und entferne bei der Größenachse das Häkchen. Damit erhältst du das nebenstehend abgebildete *s*-*t*-Diagramm.

Aus dem Diagramm ist erkennbar:
Die Graphen sind näherungsweise Geraden, die durch den Nullpunkt verlaufen. Das bedeutet: Beide Radfahrer bewegen sich näherungsweise gleichförmig. Radfahrer 2 ist schneller als Radfahrer 1, weil er in derselben Zeit längere Wege zurücklegt.

Der Diagramm-Assistent hat das Symbol

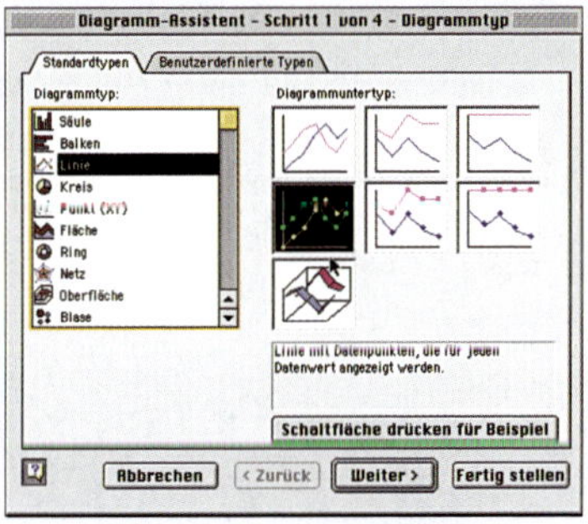

Die Farben der Graphen und der Flächen kannst du beliebig ändern!

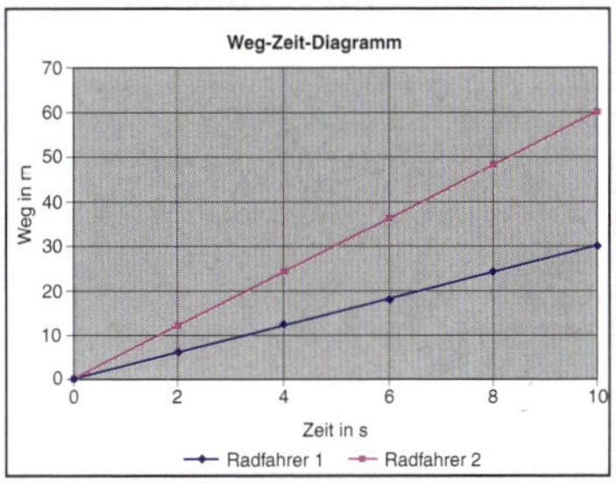

Die Beschleunigung

Körper können bei einer Bewegung ihre Geschwindigkeit ändern, d.h. schneller oder langsamer werden. Diese Geschwindigkeitsänderung kann unterschiedlich schnell erfolgen.
So benötigen verschiedene Autos unterschiedlich viel Zeit, um aus dem Stand eine Geschwindigkeit von 100 km/h zu erreichen (Abb. 2). Der obere Pkw benötigt dafür 10 s, der untere Pkw 15 s. Der obere Pkw beschleunigt stärker. Zwei Radfahrer beschleunigen aus dem Stand heraus 10 s lang (Abb. 1). Der Rennfahrer hat einen stärkeren Antritt und erreicht in dieser Zeit eine Geschwindigkeit von 30 km/h, der andere Fahrer nur 20 km/h.
Wie schnell ein Körper seine Geschwindigkeit ändert, wird in der Physik durch die physikalische Größe **Beschleunigung** beschrieben.

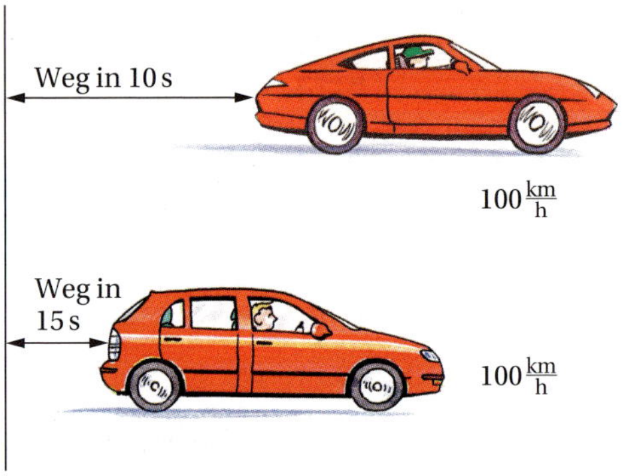

2 ▸ Gleiche Geschwindigkeitsänderung – unterschiedliche Zeiten: Der Sportwagen beschleunigt stärker.

Die augenblickliche Beschleunigung eines Körpers kann in Experimenten mit einem elektronischen **Beschleunigungsmesser** gemessen werden. Man kann sie auch aus der Änderung der Geschwindigkeit und der dafür benötigten Zeit berechnen.

Das Formelzeichen a ist abgeleitet vom englischen „aceleration“.

Die Beschleunigung gibt an, wie schnell sich die Geschwindigkeit eines Körpers ändert.

Formelzeichen: a
Einheit: 1 Meter je Quadratsekunde $\left(1\,\frac{m}{s^2}\right)$

Die Beschleunigung eines Körpers kann berechnet werden mit der Gleichung:

$$a = \frac{\Delta v}{\Delta t}$$

Δv Geschwindigkeitsänderung
Δt Zeitintervall

$1\,\frac{m}{s^2} = 100\,\frac{cm}{s^2}$

Ein Körper hat eine Beschleunigung von 1 m/s², wenn sich seine Geschwindigkeit in einer Sekunde um 1 m/s ändert.

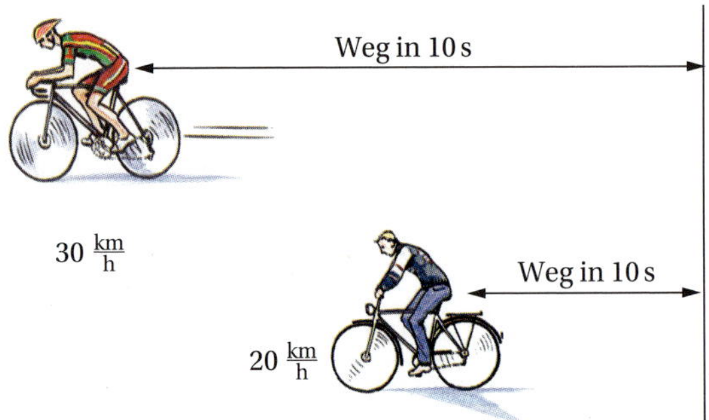

1 ▸ Gleiche Zeiten – unterschiedliche Geschwindigkeitsänderungen: Der Rennfahrer beschleunigt stärker.

Ist die Beschleunigung in einem Zeitintervall nicht konstant, so erhält man eine Durchschnittsbeschleunigung.

Beschleunigungen in Natur und Technik	
anfahrender Güterzug	0,1 m/s²
anfahrender ICE	0,5 m/s²
anfahrendes Fahrrad	2 m/s²
anfahrender Pkw	2,5 m/s²
100-m-Läufer in der Startphase	3 m/s²
bremsender Pkw	7 m/s²
anfahrendes Rennauto	7,5 m/s²
fallender Stein	10 m/s²

4

Methode

Interpretieren einer Gleichung

Beim Interpretieren einer Gleichung ist es zweckmäßig, in bestimmten Schritten vorzugehen. Diese Schritte werden am Beispiel des Weg-Zeit-Gesetzes der gleichmäßig beschleunigten Bewegung erläutert.

1. *Nenne zunächst die physikalischen Größen, zwischen denen Zusammenhänge in der Gleichung dargestellt sind!*
   Die Gleichung $s=(a/2)\,t^2$ beschreibt den Zusammenhang zwischen dem Weg *s*, der konstanten Beschleunigung *a* und der Zeit *t* bei einer gleichmäßig beschleunigten Bewegung.
   Gehe auf wichtige Bedingungen ein, unter denen die Gleichung gilt!
   Die Bewegung erfolgt aus dem Stillstand.

2. *Leite aus der mathematischen Struktur der Gleichung Zusammenhänge zwischen physikalischen Größen ab!*
   Gehe dabei z. B. auf direkte oder indirekte Proportionalität und auf wichtige Bedingungen ein, unter denen Zusammenhänge gelten!
   - $s \sim t^2$, wenn a = konstant.
     Bei einer bestimmten Beschleunigung nimmt der Weg mit dem Quadrat der Zeit zu. Verdoppelt man die Zeit für eine Bewegung, so wird der vierfache Weg zurückgelegt.
   - $s \sim a$, wenn t = konstant.
     Der zurückgelegte Weg verdoppelt sich, wenn man die Beschleunigung in einer bestimmten Zeit verdoppelt.

3. *Leite praktische Folgerungen aus den Zusammenhängen zwischen den Größen ab!*
   - Ein Auto, das mit konstanter Beschleunigung anfährt, legt in zwei Sekunden einen viermal so langen Weg zurück wie in einer Sekunde.
   - Ein Auto, das seine Beschleunigung verdoppelt, legt in der gleichen Zeit einen doppelt so langen Weg zurück.

Gleichmäßig beschleunigte Bewegungen

Ein Körper bewegt sich gleichmäßig beschleunigt und geradlinig, wenn seine Beschleunigung gleich bleibt. Seine Geschwindigkeit ändert sich also gleichmäßig und er bewegt sich auf einer geraden Bahn. Für eine solche Bewegung gelten das folgende **Geschwindigkeits-Zeit-Gesetz** und das **Weg-Zeit-Gesetz.**

Für eine gleichmäßig beschleunigte Bewegung eines Körpers aus dem Stillstand gilt:

a = konst. $\quad v = a \cdot t \quad s = \frac{a}{2} \cdot t^2$

a Beschleunigung
v Geschwindigkeit
s Weg
t Zeit

Für gleichmäßig verzögerte geradlinige Bewegungen bis zum Stillstand gelten dieselben physikalischen Gesetze. Die Beschleunigung einer verzögerten Bewegung wird als **negative Beschleunigung** oder **Verzögerung** bezeichnet.

Verzögerte Bewegungen treten z. B. bei Bremsvorgängen auf

Beim gleichmäßig beschleunigten Anfahren eines Motorrads aus dem Stand wurden folgende Werte gemessen:

Zeit *t* in s	0	1	2	3	4
Weg *s* in m	0	1,2	5,0	11,2	20,0
Geschwindigkeit *v* in km/h	0	9	18	27	36

Diese Werte kann man in einem *s*-*t*-Diagramm (Abb. 1) und in einem *v*-*t*-Diagramm (Abb. 2, S. 90) darstellen.

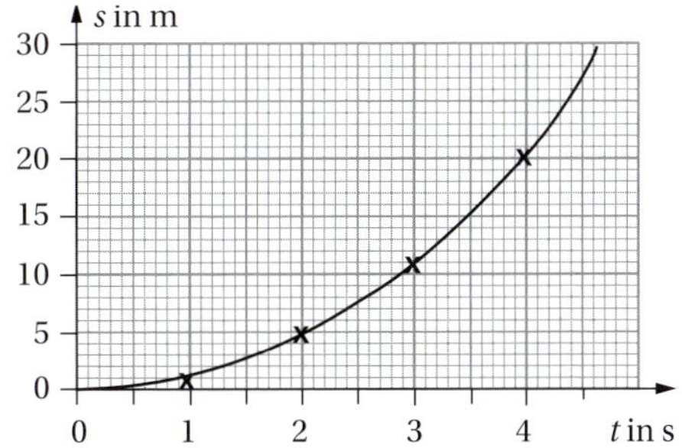

1 ▸ Weg-Zeit-Diagramm der gleichmäßig beschleunigten Bewegung

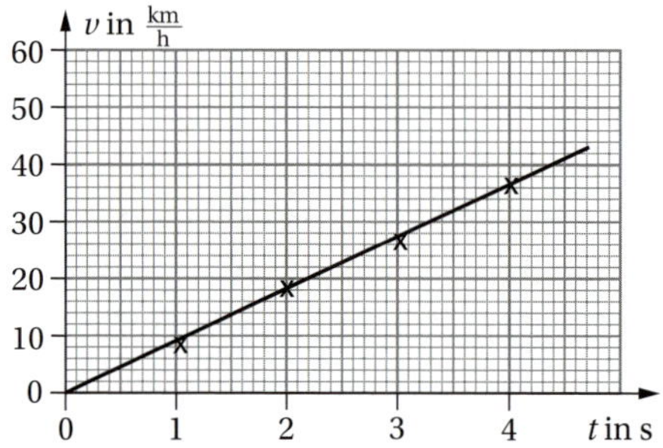

1 ▸ Geschwindigkeits-Zeit-Diagramm der gleichmäßig beschleunigten Bewegung: Geschwindigkeit und Zeit sind direkt proportional.

Im Geschwindigkeits-Zeit-Diagramm liegen die Messwertepaare auf einer Geraden durch den Nullpunkt (Abb. 1).
Berechnet man aus den Messwerten für das Motorrad die Beschleunigung, dann ergibt sich $a = 2{,}5\,\mathrm{m/s^2}$ und damit das Beschleunigungs-Zeit-Diagramm (Abb. 2).

In den Diagrammen kommt dem Verlauf des Graphen eine physikalische Bedeutung zu:
Er zeigt, welcher Zusammenhang zwischen den beiden Größen besteht, die auf den Achsen abgetragen sind.

Darüber hinaus hat in manchen Diagrammen auch der **Anstieg des Graphen** und die **Fläche unter dem Graphen** eine physikalische Bedeutung. Der Anstieg des Graphen an einer bestimmten Stelle im *s*-*t*-Diagramm ist gleich der Geschwindigkeit (Abb. 3) und im *v*-*t*-Diagramm gleich der Beschleunigung (Abb. 4).

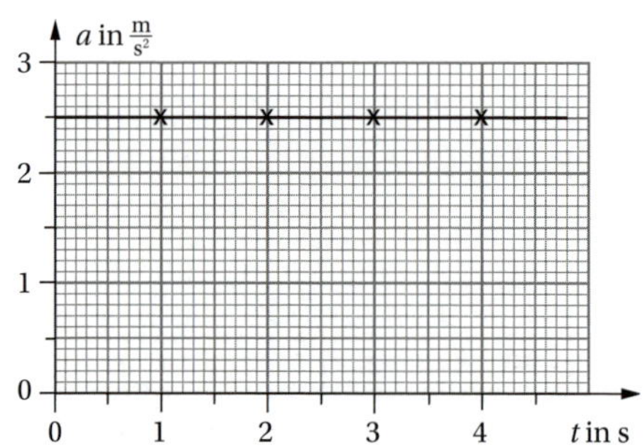

2 ▸ Beschleunigungs-Zeit-Diagramm der gleichmäßig beschleunigten Bewegung: Die Werte liegen auf einer Geraden parallel zur *t*-Achse.

Methode

Interpretieren eines Diagramms

Beim Interpretieren eines Diagramms solltest du folgendermaßen vorgehen:
1. Nenne die physikalischen Größen, die auf den Achsen abgetragen sind!
2. Beschreibe den Zusammenhang zwischen den Größen, die auf den Achsen abgetragen sind!
3. Nenne charakteristische Werte! Gehe, wenn möglich, auf die Bedeutung der Fläche unter dem Graphen und des Anstiegs des Graphen ein!

Bei manchen Diagrammen hat der Quotient aus den beiden Achsengrößen, das ist der Anstieg des Graphen, eine physikalische Bedeutung (Abb. 3, 4).

Auch das Produkt aus den beiden auf den Achsen abgetragenen Größen (die Fläche unter dem Graphen) hat manchmal eine physikalische Bedeutung (Abb. 4).

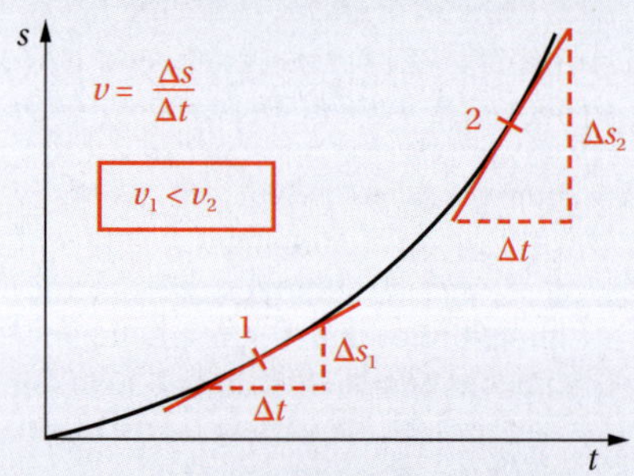

3 ▸ *s*-*t*-Diagramm: Größerer Anstieg bedeutet größere Geschwindigkeit.

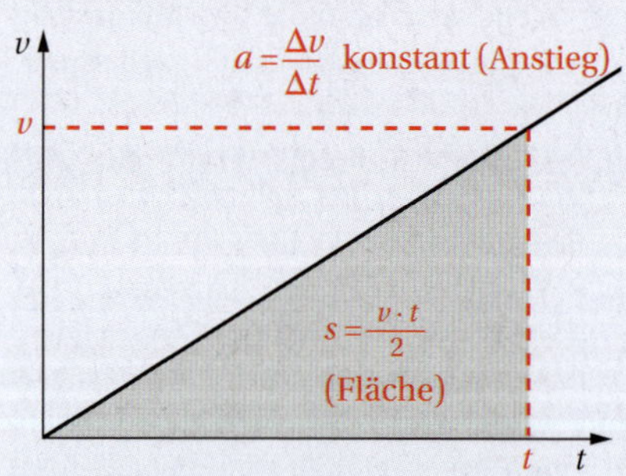

4 ▸ *v*-*t*-Diagramm: Die Fläche unter dem Graphen ist zahlenmäßig gleich dem Weg.

4

Der freie Fall

Alle Körper auf der Erde werden von dieser angezogen. Die Anziehungskraft bewirkt, dass ein Körper, wenn er losgelassen wird, senkrecht nach unten fällt.

Eine Fallbewegung kann sehr unterschiedlich verlaufen. So ist z. B. beim Herabschweben eines Fallschirmspringers der Luftwiderstand so groß, dass er sich näherungsweise gleichförmig bewegt. Das gilt auch für Regentropfen in der Nähe des Erdbodens oder für herabfallende Blätter.

Anders ist das z. B. bei einem herabfallenden Stein oder bei einem Körper, der sich im Vakuum bewegt. Der Luftwiderstand ist dann vernachlässigbar.

Eine Fallbewegung, die nicht durch den Luftwiderstand behindert wird, nennt man **freien Fall.** Der freie Fall ist eine gleichmäßig beschleunigte geradlinige Bewegung. Deshalb gelten für den freien Fall auch dieselben Gesetze wie für alle anderen gleichmäßig beschleunigten Bewegungen. Der Physiker GALILEO GALILEI (1564–1642) hat erkannt, dass alle Körper im freien Fall mit der gleichen Beschleunigung, der **Fallbeschleunigung** *g*, fallen (s. auch S. 94)

1 ▸ Die anfängliche Bewegung eines Fallschirmspringers mit geschlossenem Schirm kann näherungsweise als freier Fall bezeichnet werden.

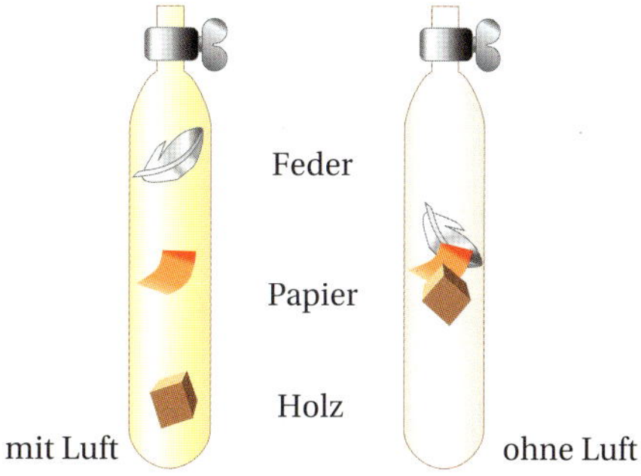

2 ▸ Im Vakuum fallen alle Körper gleich schnell.

Das kann man auch experimentell zeigen: Pumpt man aus einer Glasröhre die Luft heraus und lässt in dieser Röhre z. B. einen Holzwürfel, ein Stück Papier und eine Feder fallen, so bewegen sich alle gleich schnell (Abb. 2). Die Fallbeschleunigung ist also nicht von der Masse des fallenden Körpers abhängig.

Fallschirmspringer erreichen nach kurzer Zeit eine konstante Fallgeschwindigkeit von ca. 200 km/h.

Für den freien Fall eines Körpers aus dem Stillstand gilt unter der Bedingung, dass der Luftwiderstand vernachlässigt wird:

$g = \text{konst.}$ $\quad v = g \cdot t \quad$ $s = \frac{g}{2} \cdot t^2$

g Fallbeschleunigung
v Geschwindigkeit
t Zeit
s Weg

Die Fallbeschleunigung ist eine Konstante, die von dem Ort abhängt, an dem sich ein Körper befindet. Sie wird deshalb auch als **Ortsfaktor** bezeichnet. Als Mittelwert für die Fallbeschleunigung an der Erdoberfläche gilt:

$$g = 9{,}81\,\frac{\text{m}}{\text{s}^2}$$

$$g \approx 10\,\frac{\text{m}}{\text{s}^2}$$

Am Äquator ist die Fallbeschleunigung mit $9{,}79\,\text{m/s}^2$ etwas kleiner als der Mittelwert, an den Polen der Erde mit $9{,}83\,\text{m/s}^2$ etwas größer. Auf dem Mond gilt $g = 1{,}62\,\text{m/s}^2$, auf dem Mars $g = 3{,}7\,\text{m/s}^2$.

Physik in Natur und Technik

Abstand halten!

Um Auffahrunfälle zu vermeiden, gibt es für den Abstand von Fahrzeugen folgende Faustregel: Der Abstand sollte mindestens gleich der Hälfte der Anzeige am Tachometer sein (Geschwindigkeit in km/h, Abstand in m). Wenn ein Auto z. B. mit 80 km/h fährt, sollte sein Sicherheitsabstand zum vorausfahrenden Fahrzeug also mindestens 40 m betragen.

Berechne für einen Pkw mit dieser Geschwindigkeit unter Berücksichtigung der Schrecksekunde den Bremsweg bei einer Vollbremsung, wenn die Bremsverzögerung auf trockener Straße 7 m/s² beträgt! Beurteile auf der Grundlage dieses Ergebnisses den Sinn der obigen Faustregel!

Analyse:

Für die Berechnungen wird angenommen, dass der Bremsvorgang eine gleichmäßig verzögerte Bewegung ist. Während der „Schrecksekunde" bewegt sich der Pkw gleichförmig mit der Geschwindigkeit von 80 km/h weiter.

Der Bremsweg setzt sich zusammen aus dem Weg während der gleichförmigen Bewegung und dem Weg während der gleichmäßig verzögerten Bewegung bis zum Stillstand.

Gesucht:

s_{ges} *in m*

Gegeben:

$v = 80\,\frac{km}{h}$

$\approx 22\,\frac{m}{s}$

$a = 7\,\frac{m}{s}$

$t_1 = 1\,s$

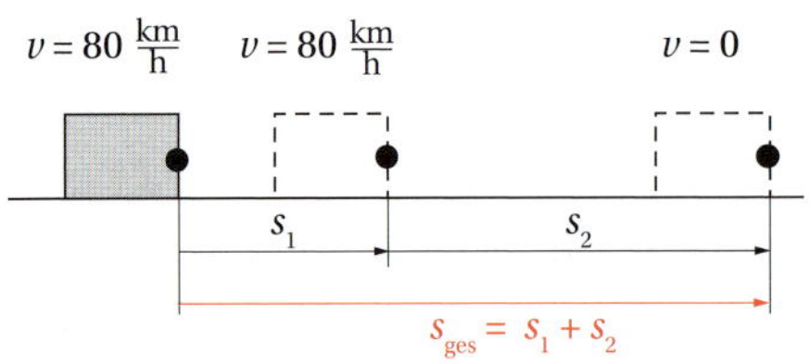

Lösung:

Der Bremsweg ergibt sich als Summe der Wege für beide Bewegungen:

$$s_{ges} = s_1 + s_2$$

Den Weg während der „Schrecksekunde" erhält man mit:

$$s_1 = v \cdot t_1$$

$$s_1 = 22\,\frac{m}{s} \cdot 1\,s$$

$$\underline{s_1 = 22\,m}$$

Den Weg und die Zeit für das Bremsen kann man berechnen mit:

$$s_2 = \frac{a}{2} \cdot t_2^2 \text{ und } v = a \cdot t_2 \longrightarrow t_2 = \frac{v}{a}$$

Dieses Gleichungssystem aus zwei Gleichungen mit zwei unbekannten Größen (s_2 und t_2) kann man lösen:

$$s_2 = \frac{a}{2}\left(\frac{v^2}{a^2}\right)$$

$$s_2 = \frac{v^2}{2a}$$

$$s_2 = \frac{22^2\,m^2 \cdot s^2}{2 \cdot 7\,m \cdot s^2}$$

$$\underline{s_2 \approx 35\,m}$$

Damit erhält man für den Gesamtweg:

$$s_{ges} = 22\,m + 35\,m$$

$$\underline{s_{ges} = 57\,m}$$

Ergebnis:

Der Bremsweg bei einer Vollbremsung auf trockener Straße mit einer Anfangsgeschwindigkeit von 80 km/h beträgt unter Berücksichtigung der Schrecksekunde etwa 57 m. Das ist mehr als der Mindestabstand, der nach der Faustregel gefordert wird. Da jedoch das vorausfahrende Fahrzeug in der Regel nicht plötzlich zum Stillstand kommt, sondern erst nach einem gewissen Bremsweg, könnte ein Auffahrunfall gerade noch vermieden werden. Achtung! Bei nasser oder gar vereister Fahrbahn ist der Bremsweg wesentlich größer, sodass der Sicherheitsabstand größer sein muss und die Faustregel nicht mehr gilt.

Ein Gurt ist Pflicht

Bei Fahrten im Pkw müssen alle Insassen mit einem Sicherheitsgurt angeschnallt sein (Abb. 1). Dies ist mitunter zwar lästig, aber bei Unfällen oft lebensrettend.
Wie groß ist die Bremsverzögerung bei einem Aufprall auf ein Hindernis, wenn ein Fahrzeug mit einer Geschwindigkeit von zunächst 30 km/h in einer Sekunde zum Stehen kommt?

1 ▸ Die Gurtpflicht besteht bei jeder Fahrt.

Analyse:
Der Aufprall auf ein Hindernis wird als gleichmäßig verzögerte Bewegung eines Körpers bis zum Stillstand angesehen.

Gesucht: a
Gegeben: $v = 30\,\frac{\text{km}}{\text{h}} = 30 \cdot \frac{1\,\text{m}}{3{,}6\,\text{s}} \approx 8{,}3\,\frac{\text{m}}{\text{s}}$
$t = 1\,\text{s}$

Lösung:
Die Beschleunigung für eine gleichmäßig verzögerte Bewegung kann man mit der folgenden Gleichung berechnen:

$$a = \frac{\Delta v}{\Delta t}$$

$$a = \frac{8{,}3\,\text{m}}{1\,\text{s} \cdot \text{s}}$$

$$\underline{a = 8{,}3\,\frac{\text{m}}{\text{s}^2}}$$

Ergebnis:
Die Bremsbeschleunigung bei einem Aufprall auf ein Hindernis mit einer Anfangsgeschwindigkeit von 30 km/h beträgt $8{,}3\,\text{m/s}^2$ und ist damit etwas kleiner als die Fallbeschleunigung. Ein solcher Auffahrunfall ist vergleichbar mit einem Sprung aus 3,5 m Höhe auf ein hartes Hindernis. Es ist deshalb unbedingt erforderlich, bei jeder Fahrt der Verpflichtung zum Angurten im Pkw nachzukommen. Bedenke dabei, dass bei einem Frontalzusammenstoß mit einem entgegenkommenden Fahrzeug die Summe der Geschwindigkeiten beider Fahrzeuge zur Wirkung kommt.

Methode

Lösen physikalisch-mathematischer Aufgaben

Beim Lösen physikalischer Aufgaben mit mathematischen Mitteln solltest du folgendermaßen vorgehen:

1. Versuche, dir den Sachverhalt der Aufgabe vorzustellen!
2. Vereinfache den Sachverhalt aus der Sicht der Physik! Lasse Unwesentliches weg! Fertige eine Skizze zum Sachverhalt an!
3. Stelle die gesuchten und die gegebenen Größen der Aufgabe zusammen!
4. Versuche, Zusammenhänge und Gesetze im Sachverhalt zu erkennen! Gib Gleichungen für gesuchte und gegebene Größen an, die unter den gegebenen Bedingungen gelten!
5. Mitunter wird der Sachverhalt mit mehreren Gleichungen und mehreren Variablen (unbekannten Größen) beschrieben. Löse das Gleichungssystem, indem du die Gleichungen miteinander kombinierst!
6. Setze die Werte für die gegebenen Größen in die Endgleichung ein und berechne die gesuchten Größen!
7. Formuliere das Ergebnis der Aufgabe! Beantworte dabei die Fragen im Aufgabentext!

Die Fallbeschleunigung

Die Fallbeschleunigung ist eine wichtige Naturkonstante.
Bestimme experimentell die Fallbeschleunigung!

Vorbereitung:
Für den freien Fall gilt das Weg-Zeit-Gesetz der gleichmäßig beschleunigten Bewegung:

$$s = \frac{g}{2} \cdot t^2$$

$s = \frac{g}{2} t^2 \quad | \cdot 2$
$2s = gt^2 \quad | : t^2$
$g = \frac{2s}{t^2}$

Mithilfe dieses Gesetzes kann der Wert für die Fallbeschleunigung experimentell bestimmt werden:

$$g = \frac{2\,\mathrm{s}}{t^2}$$

Weg und Zeit für den freien Fall eines Körpers müssen gemessen werden, um anschließend die Fallbeschleunigung berechnen zu können. Um einen möglichst genauen Wert für g zu erhalten, sollte die zu messende Fallzeit nicht zu klein sein. Deshalb ist ein möglichst großer Fallweg zu wählen.
Die Fallzeit wird mehrmals gemessen und anschließend ein Mittelwert berechnet. Die Messwerte können auch mit einem Computer erfasst werden. Die Auslösung des freien Falls erfolgt mit einem Magnetschalter, die Zeitmessung mit einer elektronischen Uhr.
Der fallende Körper muss so gewählt werden, dass der Luftwiderstand möglichst gering ist.

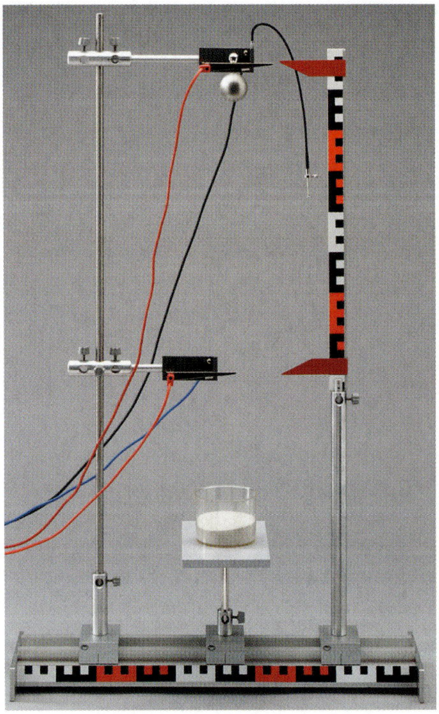

1 ▸ Experimentieranordnung zur Bestimmung der Fallbeschleunigung

Durchführung:
Der Fallweg beträgt $s = 0{,}96\,\mathrm{m}$. Die Fallzeit wird 10-mal gemessen.

Messung Nr.	Zeit t in s
1	0,43
2	0,42
3	0,46
4	0,44
5	0,45
6	0,42
7	0,44
8	0,43
9	0,46
10	0,45

Auswertung:
Aus der Messreihe für die Zeit kann folgender Mittelwert berechnet werden:

$$\bar{t} = \frac{4{,}4\,\mathrm{s}}{10} = 0{,}44\,\mathrm{s}$$

Für die Fallbeschleunigung errechnet man damit:

$$g = \frac{2 \cdot 0{,}96\,\mathrm{m}}{(0{,}44)^2 \cdot \mathrm{s}^2}$$

$$\underline{g = 9{,}9\,\frac{\mathrm{m}}{\mathrm{s}^2}}$$

Der experimentell ermittelte Wert stimmt sehr gut mit dem Tabellenwert von $9{,}81\,\mathrm{m/s}^2$ überein.

4

Experimente

Geradlinige Bewegungen

Experiment 1

Überprüfe, ob eine Kugel, die eine geneigte Ebene hinabrollt, eine gleichmäßig beschleunigte Bewegung ausführt!
Bestimme die Endgeschwindigkeit der Kugel für die längste Ablaufstrecke!

Vorbereitung:

a) Stelle die Gesetze für die gleichförmige und die gleichmäßig beschleunigte Bewegung in Form von Gleichungen und Diagrammen zusammen!
b) Welche Bewegung führt eine Kugel auf einer waagerechten Bahn aus, wenn die Reibung vernachlässigt wird?

Durchführung:

a) Baue die Anordnung entsprechend der Abb. 1 auf! Der Neigungswinkel für die Ablaufschiene soll etwa 5° betragen.
Führe Probemessungen durch!
Achte darauf, dass sich die Kugel möglichst gleichförmig auf der Auslaufschiene bewegt!
Kennzeichne auf der Ablaufschiene mindestens fünf Strecken, die verschieden lang sind!
b) Ermittle für jede Strecke den Mittelwert der Ablaufzeit aus wenigstens drei Messungen!
Trage die Werte in die erste Messwertetabelle ein!
c) Kennzeichne an der Auslaufschiene eine Strecke von $s_2 = 1\,\text{m}$!
d) Ermittle den Mittelwert der Laufzeit der Kugel auf dieser Strecke (mindestens drei Einzelmessungen), nachdem die Kugel von der längsten Ablaufstrecke abgelaufen ist! Trage die Zeiten in die zweite Messwertetabelle ein!

Auswertung:

a) Zeichne das s-t-Diagramm für die Bewegung der Kugel auf der Ablaufschiene und interpretiere es!
b) Berechne die Beschleunigungen!
c) Berechne mit dem Mittelwert der Beschleunigung die Geschwindigkeit v_1 der Kugel am Ende der Ablaufstrecke für die größte Ablaufstrecke!
d) Berechne aus den Messwerten für die Bewegung auf der Auslaufschiene die Geschwindigkeit v_2 der Kugel! Vergleiche v_1 und v_2!
e) Diskutiere mögliche Fehlerquellen!

Messwertetabelle 1

Nr.	s_1 in cm	t in s				a in $\frac{\text{cm}}{\text{s}^2}$
		t_1	t_2	t_3	$\bar{t}$	
1						
…						

Messwertetabelle 2

Nr.	s_2 in cm	t in s				v in $\frac{\text{cm}}{\text{s}}$
		t_1	t_2	t_3	$\bar{t}$	
1	100					

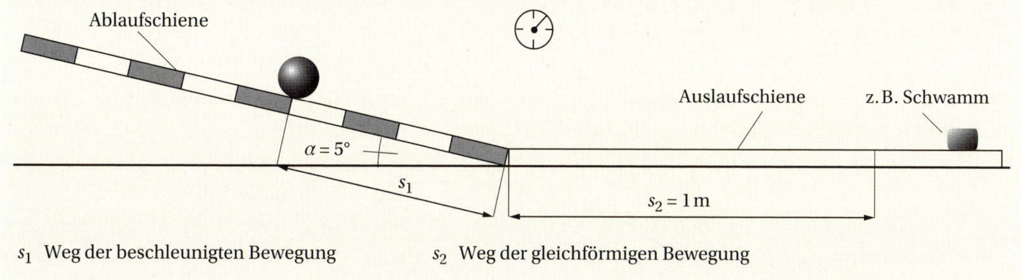

1 ▸ Experimentieranordnung für Weg-Zeit-Messungen von geradlinigen Bewegungen

Aufgaben

1. In einem Kaufhaus steht eine Person auf einer Rolltreppe.

   a) Ist diese Person in Ruhe oder in Bewegung? Begründe!
   b) Mit welcher Geschwindigkeit in m/s und km/h bewegt sich eine stehende Person, wenn die Fahrt auf der 50 m langen Rolltreppe 45 s dauert?

2. Welche Abschnitte der folgenden Bewegungen verlaufen gleichförmig?

   a) Du fährst mit dem Aufzug vom Erdgeschoss in den 7. Stock eines Gebäudes.
   b) Ein Flugzeug startet und fliegt dann ruhig über dem Meer.
   c) Ein Fallschirmspringer springt aus dem Flugzeug und fällt dann frei.
   d) Eine Betonplatte wird von einem Kran gehoben.

3. Susann benötigt zum Durchfahren einer Strecke mit dem Fahrrad die doppelte Zeit wie Tina.
   Was kannst du über die Geschwindigkeit von Susann im Vergleich zu der von Tina aussagen? Begründe deine Antwort!

4. Ein Auto braucht für eine bestimmte Strecke 20 Minuten, ein anderes für die gleiche Strecke 15 Minuten. Welches Auto hat die größere Geschwindigkeit? Begründe!

5. Gib die Geschwindigkeiten 0,1 m/s, 3 m/s, 20 m/s und 100 m/s in km/h an!

6. a) Gib die Geschwindigkeiten 130 km/h, 50 km/h, 5 km/h in m/s an!
   b) Die Erde bewegt sich mit etwa 30 km/s auf ihrer Bahn um die Sonne. Wie viele Kilometer je Stunde sind das?
   a) Damit ein Satellit in eine Erdumlaufbahn kommt, muss er eine Geschwindigkeit von 28 440 km/h haben. Gib diese Geschwindigkeit in km/s an!

7. Ein Betonteil wird von einem Kran mit einer Durchschnittsgeschwindigkeit von 2 m/s gehoben. Wie hoch wird es gehoben, wenn der Hebevorgang 10 s dauert?

8. In Wohngebieten werden in der Regel Tempo-30-Zonen eingerichtet. Dadurch ist es für Kraftfahrer besser möglich, auf spielende Kinder oder plötzliche Ereignisse zu reagieren. Unfälle können vermieden werden.
   a) Welchen Weg legt ein Pkw in der „Schrecksekunde" bei 30 km/h zurück?
   b) Um wie viel wäre der Weg länger, wenn der Pkw mit 50 km/h fahren würde?

9. Wie groß wäre die Zeitersparnis bei einer Fahrt auf der Autobahn, wenn man eine Strecke von 80 km statt mit 100 km/h mit 130 km/h fahren könnte?

10. Gib an und begründe, ob sich die folgenden Angaben auf eine Momentangeschwindigkeit oder eine Durchschnittsgeschwindigkeit beziehen:
    a) Die Reisegeschwindigkeit des ICE beträgt 200 km/h.
    b) Die Magnetschwebebahn „Transrapid" erreicht bis zu 420 km/h.
    c) In geschlossenen Ortschaften darf maximal 50 km/h gefahren werden.
    d) Fußgänger gehen mit einer Geschwindigkeit von 4 km/h.

4

11. Ein ICE (s. Abb.) braucht für die 110 km lange Strecke Dresden–Leipzig eine Gesamtzeit von 70 Minuten.

Wie groß ist die Durchschnittsgeschwindigkeit des Zuges?

12. Für ein Fahrzeug wurden folgende Messwerte aufgenommen:

Weg *s* in km	6	12	18	24	30	36
Zeit *t* in min	2	4	6	8	10	12

a) Zeichne das Weg-Zeit-Diagramm!
b) Ermittle den Weg für 7 Minuten!
c) Ermittle die Zeit für 33 km!
d) Wie bewegt sich dieses Fahrzeug?
e) Berechne die Geschwindigkeit dieses Fahrzeugs!
f) Was für ein Fahrzeug könnte das sein?

13. Fußballer können beim Abschuss dem Ball eine Geschwindigkeit von 90 km/h verleihen. Wie viel Zeit hat ein Torwart, um bei einem 11-m-Schuss auf den Abschuss zu reagieren?

14. Bereite einen Vortrag mit dem Thema „Geschwindigkeiten in der Natur und Technik" vor!
Nutze dazu das Internet! Stelle eine Präsentation zusammen!

15. Für einen Radfahrer wurde folgendes Weg-Zeit-Diagramm aufgenommen:

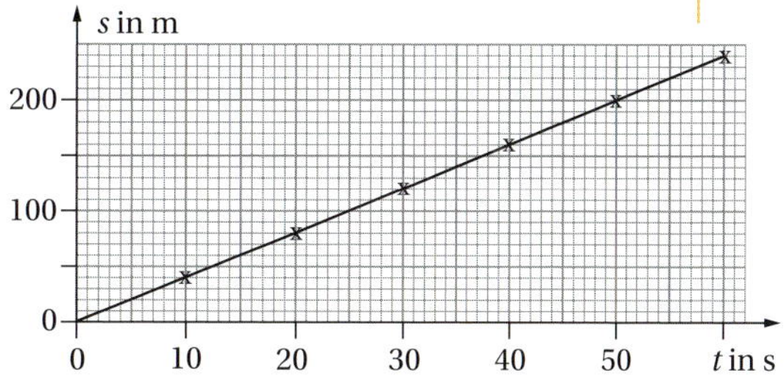

a) Interpretiere das Diagramm!
b) Welchen Weg hat der Radfahrer nach 25 s zurückgelegt?
c) Welche Zeit braucht er für 150 m?
d) Wie groß ist seine Geschwindigkeit?

16. Die Abbildung zeigt das stark vereinfachte Fahrtenschreiberdiagramm für einen Lkw.

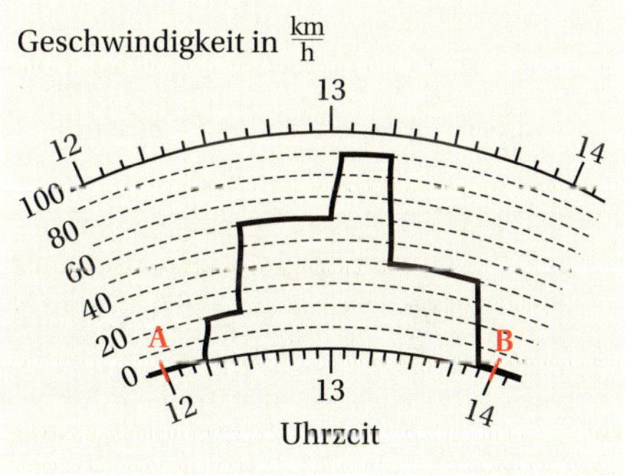

Interpretiere dieses Diagramm!

17. Ein neuer Pkw benötigt 9,8 s, um von null auf 100 km/h zu kommen.
a) Wie groß ist die Beschleunigung dieses Pkw?
b) Um von 80 km/h auf 120 km/h zu kommen, benötigt derselbe Pkw 10,6 s.
c) Berechne auch hierfür die Beschleunigung und vergleiche diese mit der Beschleunigung bei Aufgabe a)!
d) Wie sind die Unterschiede bei den Beschleunigungen zu erklären?

18. Ein Sportwagen erreicht aus dem Stand in 6,8 s eine Geschwindigkeit von 100 km/h. Wie groß ist seine Beschleunigung?

19. Ein Lkw-Fahrer ist wegen eines plötzlich auf die Straße laufenden Kindes zum Bremsen und zum kurzfristigen Halten gezwungen.
Im Diagramm ist der Bewegungsablauf für diesen Vorgang vereinfacht dargestellt.

a) Interpretiere das v-t-Diagramm!

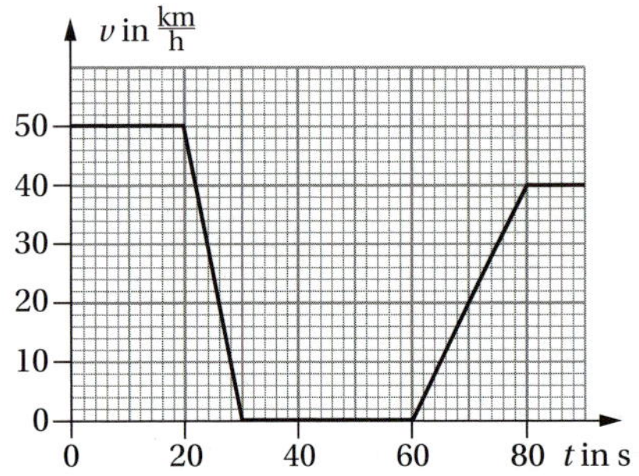

b) Berechne die Beschleunigungen für das Bremsen und das Anfahren!

20. Interpretiere das Weg-Zeit-Gesetz und das Geschwindigkeits-Zeit-Gesetz für die gleichmäßig beschleunigte Bewegung!

21. Nach einem Unfall ermittelt die Verkehrspolizei für die Vollbremsung eines Motorrads einen Bremsweg von 26 m. Für den Straßenbelag kann man eine Bremsverzögerung von $6{,}8\,\text{m/s}^2$ annehmen. Mit welcher Geschwindigkeit ist das Motorrad gefahren? Hat sich der Fahrer innerhalb einer geschlossenen Ortschaft damit vorschriftsmäßig verhalten?

22. Ein Pkw fährt mit einer Geschwindigkeit von 80 km/h auf einer nassen Landstraße. Plötzlich sieht der Fahrer etwa 100 m vor dem Fahrzeug ein Reh auf die Fahrbahn laufen.
Kann das Fahrzeug noch vor dem Reh zum Stehen gebracht werden, wenn für diesen Fall eine Bremsverzögerung von $4{,}2\,\text{m/s}^2$ angenommen wird und der Fahrer eine Reaktionszeit von 0,9 s hat?

23. Im Vergleich zu einem Regentropfen schwebt eine Schneeflocke viel langsamer herab. Erkläre diesen Unterschied!

24. Gib für folgende Vorgänge an, ob man die Bewegungen mit den Gesetzen des freien Falls beschreiben kann oder nicht! Begründe!

a) Schweben der Samen von Pusteblumen
b) Fallschirmspringer
c) Fall eines Dachziegels vom Dach
d) Fall eines Apfels vom Baum
e) Fall von Hagelkörnern

25. Ein Stein löst sich von einem Felsen und schlägt nach 8 s auf dem Boden auf.
In welcher Höhe über der Auftreffstelle hat sich der Stein gelöst?

26. Um die Tiefe eines Brunnens zu ermitteln, wird ein Stein vom Brunnenrand aus fallen gelassen. Nach drei Sekunden hört man, wie der Stein aufschlägt.
Wie tief ist der Brunnen?

27. Ein Fallschirmspringer lässt sich zunächst mit nicht geöffnetem Fallschirm fallen. Seine Bewegung wird durch das v-t-Diagramm beschrieben.

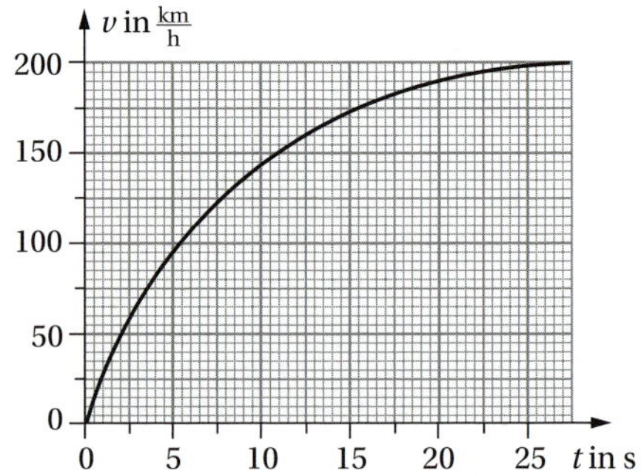

a) Interpretiere dieses Diagramm!
b) Gib die maximale Geschwindigkeit in km/h und in m/s an!

Das Wichtigste auf einen Blick

Gleichförmige und gleichmäßig beschleunigte Bewegungen

Ein Körper befindet sich in Bewegung, wenn er seine Lage gegenüber einem Bezugssystem ändert.

Die Geschwindigkeit
gibt an, wie schnell oder langsam sich ein Körper bewegt.

$v = \frac{s}{t}$ $\qquad$ $\overline{v} = \frac{\Delta s}{\Delta t}$

Die Beschleunigung
gibt an, wie schnell sich die Geschwindigkeit eines Körpers ändert.

$a = \frac{\Delta v}{\Delta t}$

Nach der **Art der Bewegung** kann man unterscheiden:

gleichförmige Bewegungen

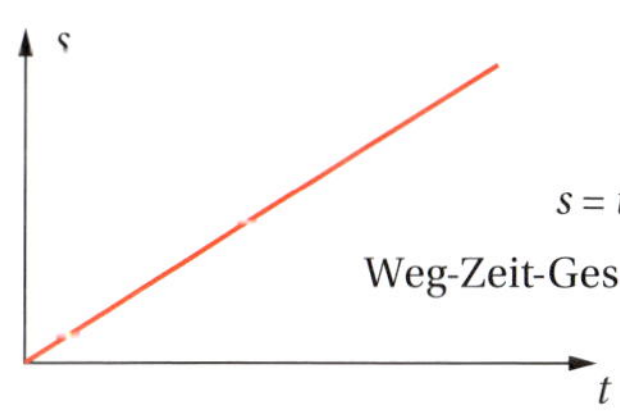

$s = v \cdot t$
Weg-Zeit-Gesetz

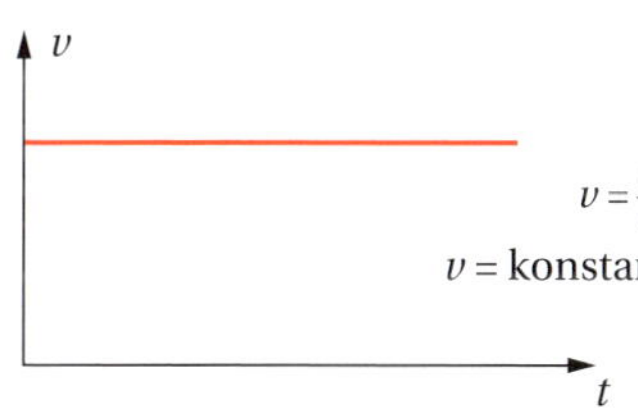

$v = \frac{s}{t}$
v = konstant

$a = 0$

gleichmäßig beschleunigte Bewegungen

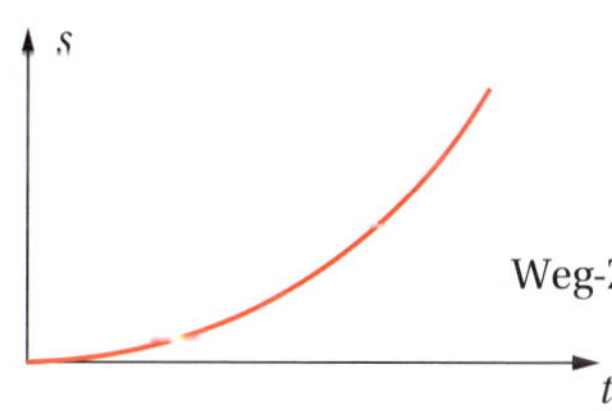

$s = \frac{a}{2} \cdot t^2$
Weg-Zeit-Gesetz

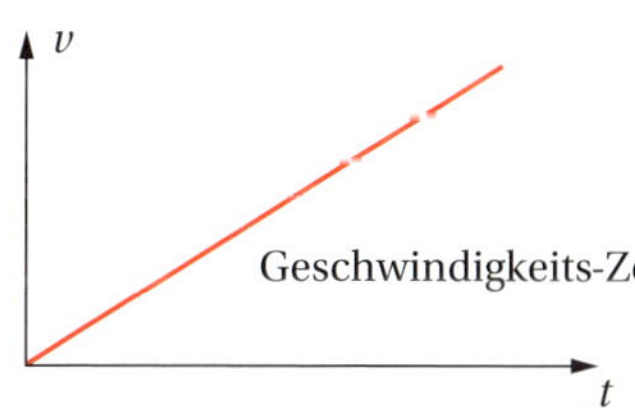

$v = a \cdot t$
Geschwindigkeits-Zeit-Gesetz

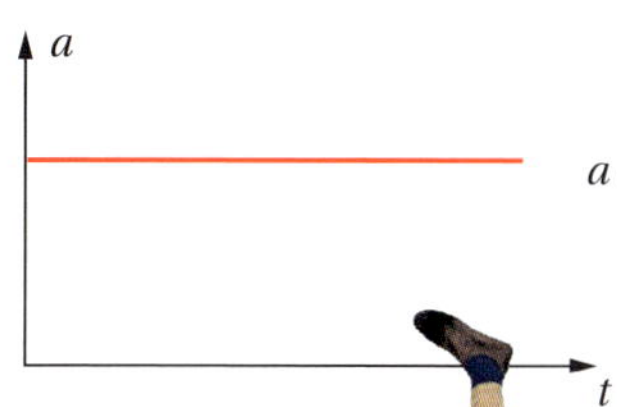

a = konstant
$a = \frac{\Delta v}{\Delta t}$

Eine spezielle gleichmäßig beschleunigte Bewegung ist der **freie Fall** mit
$a = g \qquad (g = 9{,}81\,\mathrm{m/s^2})$.

Für den freien Fall gilt: $s = \frac{g}{2} \cdot t^2$ und $v = g \cdot t$

4.2
Newtonsche Gesetze

Kräfte beim Crashtest ▸▸ Autos haben aus Sicherheitsgründen Knautschzonen. Dadurch können bei Unfällen die Folgen für die Fahrzeuginsassen vermindert werden, weil bei einem Aufprall der vordere bzw. hintere Teil des Autos zusammengeschoben werden.
Warum können Knautschzonen bei einem Unfall nur den Insassen helfen, die angeschnallt sind?

Kräfte beim Start ▸▸ Als Fehlstart beim Sprint gilt, wenn sich ein Sportler vor dem Startschuss in Bewegung setzt. Um einen Fehlstart zu registrieren, sind bei großen Wettkämpfen in die Startblöcke elektronische Messeinrichtungen eingebaut. Sie messen die Kräfte, die der Sportler auf die Startblöcke ausübt.
Warum kann man mit solchen elektronischen Messeinrichtungen für Kräfte einen Fehlstart registrieren?

Kräfte und ihre Wirkungen

Im Alltag sagen wir über Vorgänge, bei denen Körper bewegt oder verformt werden, dass Kräfte wirken.

Naturkräfte, die bei Erdbeben wirken, können Ortschaften zerstören. Mit **Muskelkräften** heben wir eine Tasche oder dehnen einen Expander. Die **Schubkraft** von Triebwerken setzt ein Flugzeug auf einer Startbahn oder eine Rakete auf der Startrampe in Bewegung.

Bei diesen und anderen Vorgängen wirken Körper aufeinander ein, wobei sich ihre Bewegung oder ihre Form ändert (Abb. 1–4). Oft trifft aber auch beides zu. So wird z. B. beim Abschuss eines Fußballs nicht nur die Bewegung des Balls geändert, sondern kurzzeitig auch seine Form. Beim Aufprall eines Autos auf einen Baum wird es sowohl abgebremst als auch verformt.

Körper können Kräfte aufeinander ausüben. Die Kräfte sind an ihren Wirkungen erkennbar: Sie bewirken eine Änderung der Bewegung oder der Form von Körpern oder beides.

Mitunter können Kräfte auch zur Zerstörung von Körpern führen. Die Einwirkungen der Körper aufeinander sind wechselseitig. So wirkt bei einem Unfall nicht nur der Baum auf das Auto ein, sondern auch das Auto auf den Baum und verformt ihn.

Körper können mehr oder weniger stark aufeinander einwirken und dadurch kleine oder große Wirkungen hinterlassen. Das wird genauer durch die physikalische Größe **Kraft** beschrieben.

Die Kraft ist ein Maß dafür, wie groß die Bewegungsänderung oder Verformung bei einem Körper ist.

Formelzeichen: *F*
Einheit: 1 Newton (1 N)

Benannt ist diese Einheit nach ISAAC NEWTON (1643–1727).

1 N ist die Kraft, mit der auf der Erdoberfläche ein Körper mit der Masse 100 g von der Erde angezogen wird.

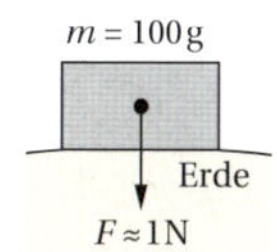

Die Wirkung einer Kraft ist von ihrem **Angriffspunkt,** ihrem **Betrag** und ihrer **Richtung** abhängig. Die Kraft ist eine gerichtete (vektorielle) Größe. Kräfte werden deshalb durch Pfeile dargestellt.

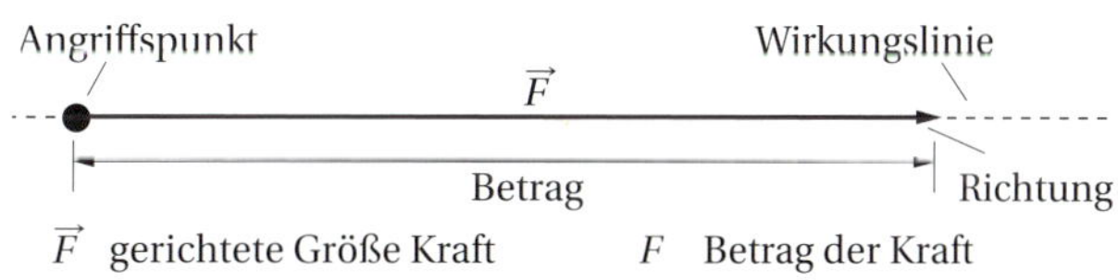

Für genaue Zeichnungen muss man einen Maßstab vereinbaren, z. B. 1 N ≙ 1 cm. Gerichtete Größen werden durch einen Pfeil über dem Formelzeichen gekennzeichnet. Ohne Pfeil ist immer der Betrag der Kraft gemeint. Das **Messgerät** für die Kraft sind Federkraftmesser. Dabei wird genutzt, dass sich eine elastische Feder mit Vergrößerung der Kraft stärker dehnt.

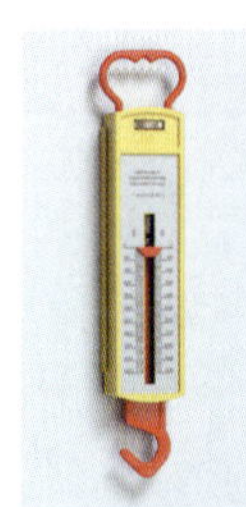

1 ▸ Ein Radfahrer wirkt auf die Pedale ein und hält das Fahrrad in Bewegung.

2 ▸ Die Hände wirken auf den Ball und geben ihm eine andere Richtung.

3 ▸ Der Sturm setzt das Wasser in Bewegung und türmt riesige Wellen auf.

4 ▸ Bei einem Crashtest wird das Auto abgebremst und verformt.

Das Kräftegleichgewicht

Auf einen Körper können unterschiedliche Kräfte einwirken. So wirkt z. B. auf einen Körper, der an einer elastischen Feder hängt, die Gewichtskraft nach unten und in entgegengesetzter Richtung die Kraft der Feder (Abb. 1a). Ähnlich ist das bei einem Gegenstand, der auf einem Brett liegt (Abb. 1b), oder bei einem Expander, der gedehnt wird (Abb. 1c). Die auf jeden der Körper wirkenden Kräfte sind gleich groß, aber entgegengesetzt gerichtet. Sie heben sich gegenseitig auf. Ein solcher Zustand wird als **Kräftegleichgewicht** bezeichnet.

Auch ein schwebender Heißluftballon oder ein auf dem Wasser schwimmendes Boot befinden sich im Kräftegleichgewicht.

Ein Körper befindet sich im Kräftegleichgewicht, wenn sich alle auf ihn wirkenden Kräfte gegenseitig aufheben.

Die in Abbildung 1 dargestellten Körper befinden sich im Kräftegleichgewicht und sind dabei in Ruhe.

Wie ist der Sachverhalt bei bewegten Körpern, z. B. bei einem fahrenden Auto? Im Falle des Kräftegleichgewichts ist die antreibende Motorkraft gleich den bewegungshemmenden Reibungskräften. Das Auto bewegt sich gleichförmig, also mit v = konstant. Wenn die Motorkraft und die Reibungskräfte nicht gleich groß sind, dann herrscht kein Kräftegleichgewicht und das Auto bewegt sich beschleunigt.

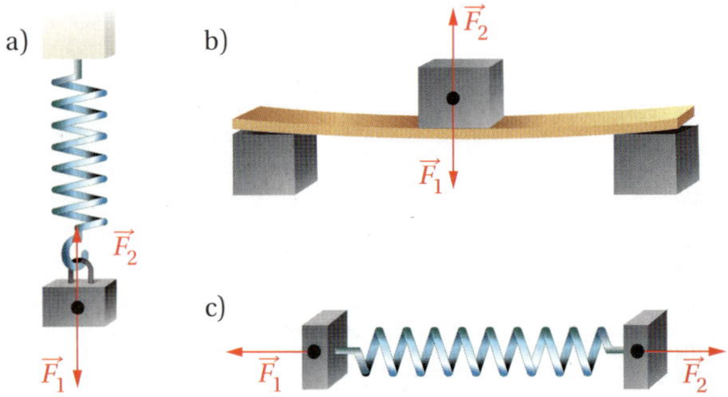

1 ▸ Die ruhenden Körper befinden sich im Kräftegleichgewicht, da $F_1 = F_2$ ist.

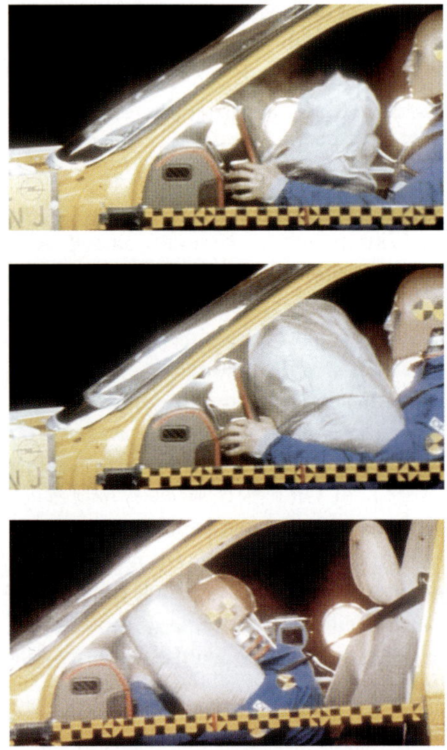

2 ▸ Trägheit eines Körpers beim plötzlichen Abbremsen im Auto und Auffangen mittels Airbag

Das Trägheitsgesetz

Wir wissen bereits: Um einen Körper zu beschleunigen oder abzubremsen, ist eine Kraft erforderlich. Fehlt diese Kraft, so bleibt der betreffende Körper in Ruhe oder in gleichförmiger geradliniger Bewegung. Das ist der Inhalt des **Trägheitsgesetzes.**

Ein Körper bleibt in Ruhe oder in gleichförmiger geradliniger Bewegung, solange sich alle auf ihn wirkenden Kräfte gegenseitig aufheben.

Die Eigenschaft von Körpern, ohne Krafteinwirkung in gleichförmiger geradliniger Bewegung oder in Ruhe zu bleiben, bezeichnet man als **Trägheit.** Sie tritt z. B. beim Abbremsen eines Körpers auf

(Abb. 2, S. 102). Bei dem Aufprall eines Pkw auf ein Hindernis bewegt sich der Fahrer gleichförmig geradlinig weiter, wenn er nicht durch die Kraft eines Airbags bzw. durch einen Sicherheitsgurt abgebremst wird. Die beim plötzlichen Abbremsen auftretenden Kräfte sind sehr groß, weil ein Pkw eine relativ große Masse hat.

Die Trägheit eines Körpers ist umso größer, je größer seine Masse ist.

Wie die Masse die Trägheit beeinflusst, zeigt sich auch beim Anschieben einer leeren und einer beladenen Schubkarre (Abb. 2). Beide „widersetzen“ sich der Änderung ihrer Bewegung. Weil aber die beladene Schubkarre eine größere Masse als die leere hat, „widersetzt“ sie sich mehr. Sie ist träger.

Die physikalische Größe **Masse** ist deshalb geeignet, die Trägheit eines Körpers zu beschreiben. Die Masse beschreibt aber auch die Eigenschaft eines Körpers, leicht oder schwer zu sein. So ist ein Ball wesentlich leichter als ein gleich großer Stein. Ein gepackter Rucksack ist viel schwerer als ein leerer Rucksack. Die Ursache für die **Schwere** der Körper sind die Anziehungskräfte, die zwischen den Körpern aufgrund ihrer Masse wirken. Auf der Erde werden alle Körper von der Erde angezogen.

Ein Körper großer Masse wird dabei stärker angezogen als ein Körper kleiner Masse.

1 ▸ Das Urkilogramm ist ein Zylinder von 39 mm Höhe und 39 mm Durchmesser. Er besteht aus Platin und Iridium.

Die Masse ist ein Maß dafür, wie schwer und wie träge ein Körper ist.

Formelzeichen: *m*
Einheiten: 1 Kilogramm (1 kg)
1 Gramm (1 g)

Gebräuchlich sind auch die Einheiten 1 Milligramm (1 mg) und 1 Tonne (1 t). Im Alltag werden daneben die Einheiten ein Pfund (500 g) und ein Zentner (50 kg) verwendet. Die Einheit 1 kg ist eine **Basiseinheit** des Internationalen Einheitensystems (SI). Es ist die Masse, die ein Urkilogramm hat (Abb. 1).

Dabei gilt:
1 kg = 1 000 g
1 g = 1 000 mg
1 t = 1 000 kg

Das Original des Urkilogramms wird in Sèvres bei Paris aufbewahrt. Die Kopie für die Bundesrepublik Deutschland befindet sich in der Physikalisch-Technischen Bundesanstalt in Braunschweig.

2 ▸ Je schwerer ein Körper ist, desto träger ist er.

Das Wechselwirkungsgesetz

Wirken zwei verschiedene Körper aufeinander ein, so wirkt auf jeden der beiden Körper eine Kraft (Abb. 1, 2, 3).
Ein Beispiel dafür ist ein Crashtest (Abb. 1): Auto 1 wirkt auf Auto 2, aber auch Auto 2 auf Auto 1. Weitere Beispiele sind: Zwei Magnete können sich je nach der Lage ihrer Pole anziehen oder abstoßen. Die Erde zieht unseren Körper an, unser Körper zieht aber auch die Erde an.

Solche zwischen verschiedenen Körpern auftretenden Kräfte werden als Wechselwirkungskräfte bezeichnet. Für diese Kräfte gilt ein Gesetz, das man als **Wechselwirkungsgesetz** bezeichnet.

Während beim Wechselwirkungsgesetz immer zwei Körper aufeinander einwirken, geht es beim Kräftegleichgewicht (s. S. 102) um verschiedene Kräfte auf einen Körper.

M **Wirken zwei Körper aufeinander ein, so wirkt auf jeden der Körper eine Kraft. Die Kräfte sind gleich groß und entgegengesetzt gerichtet:**

$F_1 = F_2$

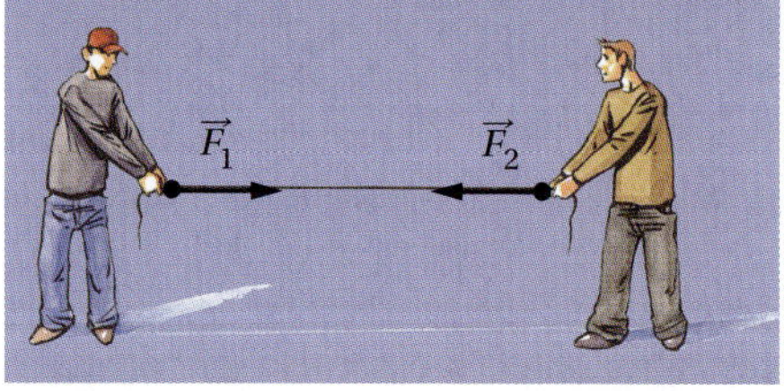

2 ▸ Die europäische Trägerrakete Ariane 5: Durch die Kraft $\vec{F_1}$ wird die Rakete beschleunigt, durch die Kraft $\vec{F_2}$ die Verbrennungsgase.

In Kurzform formuliert man das Wechselwirkungsgesetz auch als **„actio = reactio"**. Es gilt immer, wenn **zwei Körper** aufeinander einwirken, auch wenn man in einer Reihe von Anwendungen nur eine dieser Kräfte genauer betrachtet.

Das Wechselwirkungsgesetz ist auch der Grund dafür, dass beim Aussteigen einer Person aus einem Boot sich dieses entgegengesetzt wegbewegt (Abb. 3). Dieses Prinzip nennt man **Rückstoßprinzip.**

1 ▸ Crashtest von Autos: Beide Autos wirken wechselseitig aufeinander ein. Die Kräfte auf beide Autos sind gleich groß und entgegengesetzt gerichtet.

3 ▸ Boot und Mensch bewegen sich entgegengesetzt. Für die Wechselwirkung zwischen beiden Körpern gilt: actio = reactio.

Das newtonsche Grundgesetz

Wirkt auf einen Körper eine Kraft, so kann dieser beschleunigt werden. So wird z.B. bei einem Startsprung der Körper einer Schwimmerin durch ihre Muskelkraft beschleunigt.

Genauere Untersuchungen der Zusammenhänge zwischen der Kraft, der Masse und der Beschleunigung ergeben:

- Je größer bei einer konstanten Masse die auf einen Körper wirkende Kraft ist, desto stärker wird er beschleunigt.
  Es gilt: $F \sim a$, wenn m = konstant.
  So erreicht z.B. eine Schwimmerin mit einer größeren Absprungskraft eine größere Beschleunigung als eine gleich schwere Schwimmerin mit kleinerer Absprungskraft.

- Je kleiner bei einer konstanten Kraft die Masse des betreffenden Körpers ist, umso mehr wird er beschleunigt.
  Es gilt: $a \sim \frac{1}{m}$, wenn F = konstant.
  Diesen Zusammenhang kann man in einem a-m-Diagramm darstellen (Abb. 1). Von zwei Schwimmerinnen mit gleich großer Absprungskraft wird diejenige weniger beschleunigt, die eine größere Masse hat.

Die Zusammenhänge zwischen der auf einen Körper wirkenden Kraft, seiner Masse und der Beschleunigung hat der

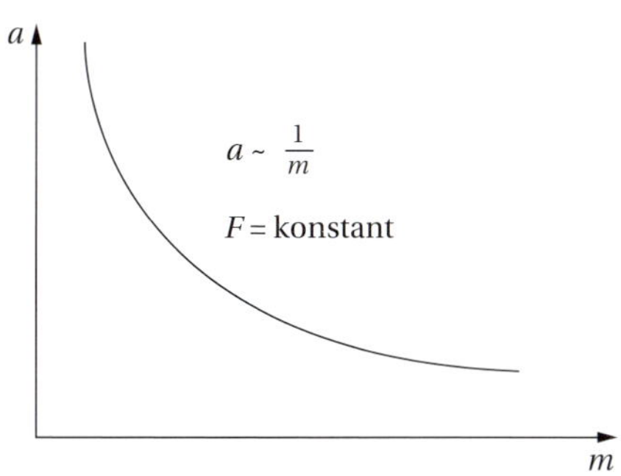

1 ▸ Beim Wirken einer konstanten Kraft ist die Beschleunigung von Körpern umso geringer, je größer ihre Masse ist.

2 ▸ Beschleunigung der Körper durch Muskelkräfte beim Absprung

berühmte englische Naturforscher Isaac Newton (1643–1727) genauer untersucht und in Form einer Gleichung zusammengefasst, die ihm zu Ehren als **newtonsches Grundgesetz** bezeichnet wird.

> **Die auf einen Körper wirkende Kraft F ist das Produkt aus der Masse m des Körpers und der Beschleunigung a, die er durch die Kraft erhält.**
>
> $$F = m \cdot a$$

Aufgrund dieses Gesetzes erreicht z.B. ein unbeladener Lkw beim Anfahren an einer Ampelkreuzung eine größere Beschleunigung als ein beladener Lkw, vorausgesetzt, ihre Motoren haben dieselbe Antriebskraft. Von zwei Lkw gleicher Masse, deren Motoren eine unterschiedliche Antriebskraft haben, erreicht derjenige mit der größeren Antriebskraft beim Anfahren eine größere Beschleunigung.

Setzt man in die Gleichung $F = m \cdot a$ die Einheiten ein, so erhält man als Einheit der Kraft:

$$1\,\text{N} = 1\,\text{kg} \cdot 1\,\frac{\text{m}}{\text{s}^2} = 1\,\frac{\text{kg} \cdot \text{m}}{\text{s}^2}$$

Die Einheiten 1 kg, 1 m und 1 s sind Basiseinheiten, ein Newton (1 N) ist eine daraus abgeleitete Einheit.

Historisches zu Kräften und Bewegungen

Bereits im antiken Griechenland untersuchten Gelehrte die Frage, warum sich Körper bewegen.

ARISTOTELES (384 - 322 v. Chr.) unterschied Bewegungen am Himmel und auf der Erde. Außerdem teilte er die Bewegungen auf der Erde in natürliche und erzwungene Bewegungen ein und formulierte:

„Alles, was sich bewegt, bewegt sich entweder von Natur oder durch eine äußere Kraft oder vermöge seines freien Willens."

Eine natürliche Bewegung war z. B., dass ein schwerer Körper im Wasser nach unten sinkt und ein leichter Körper nach oben steigt.

ARISTOTELES vertrat auch die Meinung, dass ein Körper nur dann in Bewegung bleibt, wenn eine Kraft auf ihn wirkt. Hört die Wirkung der Kraft auf, kommt der Körper zur Ruhe.

„Ein in Bewegung befindlicher Körper hält an in seiner Bewegung, wenn die Kraft, die ihn voranstößt, ihre Wirkung beendet."

Diese Auffassung entspricht den Alltagserfahrungen mit Bewegungen von Körpern auf der Erde. Jedoch ist sie nur scheinbar richtig.

GALILEO GALILEI (1564 - 1642) löste sich von der scheinbaren Alltagserfahrung und überlegte, welche Bewegung Körper ausführen würden, wenn es keine Reibung gäbe. Er nahm an, dass Körper ohne Einfluss der Reibung in Ruhe oder in gleichförmiger geradliniger Bewegung wären. Eine äußere Kraft, die Reibungskraft, ist die Ursache dafür, dass Körper zur Ruhe kommen. Damit widersprach er ARISTOTELES und entdeckte das Trägheitsgesetz.

Diese und andere Erkenntnisse griff der englische Physiker ISAAC NEWTON auf und schuf daraus eine Theorie der Mechanik, die nach ihm benannte „Newtonsche Mechanik". Sie erschien 1687 als Werk mit dem Titel „Mathematische Prinzipien der Naturlehre". Das Werk bestand aus drei Teilen.

Im ersten Band führte er alle Bewegungen auf drei grundlegende Gesetze zurück: das Trägheitsgesetz, das newtonsche Grundgesetz und das Wechselwirkungsgesetz.

Im zweiten Band behandelte NEWTON die Bewegung in Flüssigkeiten.

Im dritten Band beschäftigte er sich mit der Bewegung der Himmelskörper. Dabei wendete er die physikalischen Bewegungsgesetze für Körper auf der Erde auch auf Bewegungen von Himmelskörpern an, insbesondere auf die Bewegung des Erdmondes. So hob er die Unterscheidung zwischen Bewegungen am Himmel und auf der Erde auf und begründete eine einheitliche Physik.

Die Legende berichtet, dass NEWTON die zwischen zwei Körpern wirkende Kraft mit 23 Jahren entdeckte, als er auf einer Wiese lag und sah, wie ein Apfel vom Baum fiel. Dadurch wurde er zum Nachdenken darüber angeregt, warum der Apfel zur Erde fällt.

ISAAC NEWTON beschäftigte sich nicht nur mit Kräften und Bewegungen, sondern auch mit dem Wesen des Lichts und mit Farben.

1 ▸ ISAAC NEWTON (1643–1727)

Bewegung und Energie

Ein fallender Ball, ein fahrendes Auto, eine gespannte Feder oder ein rotierendes Schwungrad besitzen Energie. Die Energie, die Körper aufgrund ihrer Lage oder ihrer Bewegung haben, wird als **mechanische Energie** bezeichnet. Mechanische Energie kann in verschiedenen Formen auftreten. Gehobene Körper (Abb. 1, 2), z. B. die Kinder auf dem Klettergerüst, besitzen **Lageenergie (potenzielle Energie).**

> **Die potenzielle Energie, die ein Körper aufgrund seiner Lage besitzt, ist umso größer,**
> - **je höher der Körper gehoben wird und**
> - **je größer seine Gewichtskraft ist.**

Demnach unterscheidet sich die potenzielle Energie der Kinder auf einem Klettergerüst. Die schwereren unter ihnen, die aber auf gleicher Höhe gegenüber dem Erdboden sitzen, haben eine größere Energie als die leichteren Kinder. Angenommen, es gibt auch Kinder mit gleichen Gewichtskräften. Dann haben diejenigen die größere potenzielle Energie, die sich in größerer Höhe gegenüber dem Erdboden befinden. Die potenzielle Energie der Kinder ist null, wenn sie wieder vom Gerüst heruntergeklettert sind ($h = 0$).

1 ▸ Gehobene Körper besitzen potenzielle Energie.

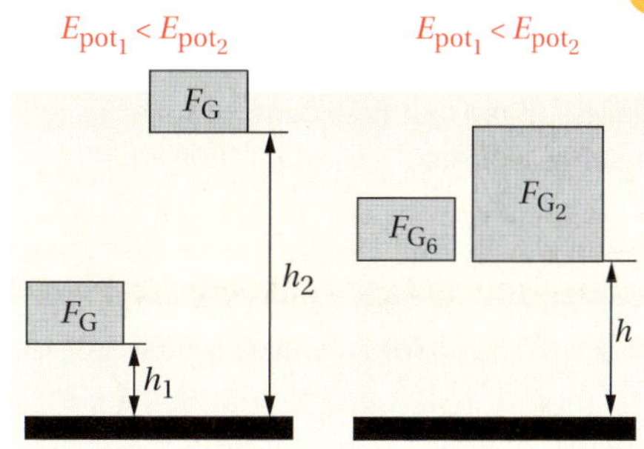

2 ▸ Abhängigkeiten der potenziellen Energie

„potentia" (lat.) Können, Fähigkeit, Macht

Bewegte Körper (Abb. 3) besitzen **Bewegungsenergie (kinetische Energie).** Die kinetische Energie eines Körpers ist von der Masse und von der Geschwindigkeit des Körpers abhängig. So hat bei einer bestimmten Geschwindigkeit ein schwerer Lkw eine wesentlich größere kinetische Energie als ein leichter Pkw. Die kinetische Energie eines Pkw, der mit 130 km/h fährt, ist wesentlich größer als die bei einer Geschwindigkeit von 50 km/h.

„kinesis" (griech.) Bewegung

Die Spannenergie ist wie die Lageenergie eine Form der potenziellen Energie.

> **Die kinetische Energie eines Körpers ist umso größer,**
> - **je größer die Masse des Körpers ist und**
> - **je größer seine Geschwindigkeit ist.**

Eine Form der kinetischen Energie ist die Rotationsenergie, die z. B. rotierende Schwungräder haben.

Dabei gilt: Verdoppelt sich die Geschwindigkeit eines Körpers, so vervierfacht sich seine kinetische Energie. So hat z. B. ein Pkw bei einer Geschwindigkeit von 100 km/h eine viermal so große kinetische Energie wie bei 50 km/h.

3 ▸ Bewegte Körper besitzen kinetische Energie.

Umwandlung und Erhaltung von mechanischer Energie

Mechanische Energie hat zwei wichtige Eigenschaften: Sie kann umgewandelt und übertragen werden. Das gilt für die Formen der mechanischen Energie ebenso wie für andere Energieformen. Inline-Skater wandeln ständig potenzielle und kinetische Energie ineinander um (Abb. 1, 3):

$$E_{pot} \leftrightarrow E_{kin} \leftrightarrow E_{pot}$$

Im Punkt A befindet sich der Skater im höchsten Punkt. Demzufolge ist seine Lageenergie am größten. Während er hinabrollt, wird er immer schneller. In Punkt B hat er die größte Geschwindigkeit erreicht, seine Lageenergie ist vollständig in kinetische Energie umgewandelt worden. Beim Hochrollen wird er wieder langsamer. Seine kinetische Energie wandelt sich in potenzielle Energie um. Der Vorgang beginnt von Neuem.

Auch bei einem Fadenpendel wandelt sich ständig potenzielle Energie in kinetische Energie um und umgekehrt (Abb. 2).

Bei realen Vorgängen, wie bei einer Fahrt auf der Skateboard-Bahn, wird ein Teil der mechanischen Energie durch Reibung in Wärme umgewandelt und an die Umgebung abgegeben.

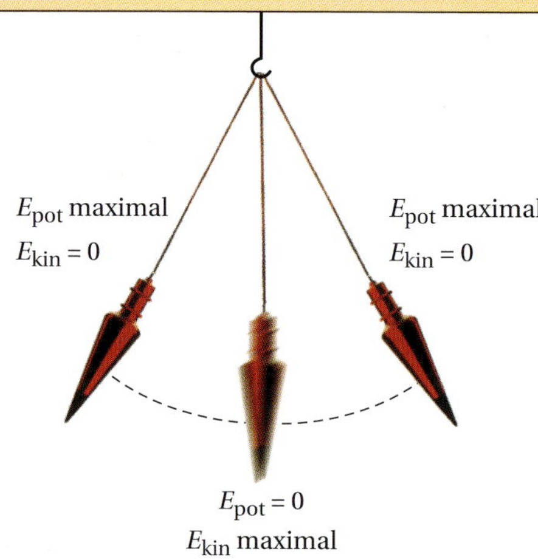

2 ▸ Energieumwandlungen an einem Fadenpendel

Geht man davon aus, dass bei einem Vorgang keine mechanische Energie in andere Energieformen umgewandelt wird und auch kein Energieaustausch mit der Umgebung erfolgt, so spricht man von einem abgeschlossenen mechanischen System. Für ein solches System gilt der **Energieerhaltungssatz der Mechanik.**

> **In einem abgeschlossenen mechanischen System ist die mechanische Energie stets konstant.**
>
> $$E = E_{pot} + E_{kin} = \text{konstant}$$

Der Energieerhaltungssatz der Mechanik ist ein Spezialfall des allgemeinen Energieerhaltungssatzes, der von JULIUS ROBERT MAYER (1814–1878) und von JAMES PRESCOTT JOULE (1818–1889) entdeckt wurde. Die physikalische Größe Energie wird auch Erhaltungsgröße genannt.

1 ▸ Schüler auf einer Skateboard-Bahn

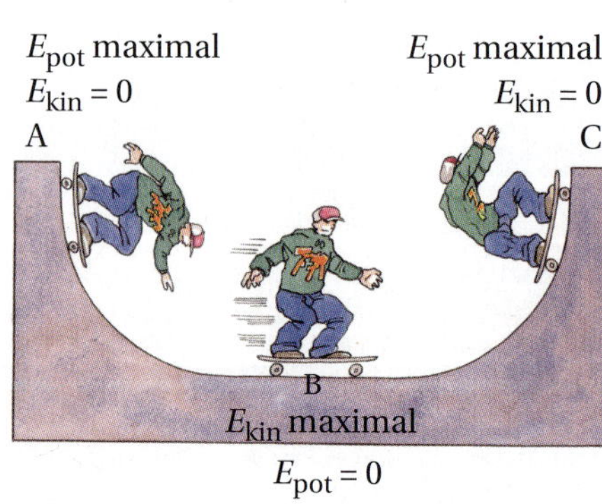

3 ▸ Energieumwandlungen beim Skaten

Physik in Natur und Technik

Trägheit im Straßenverkehr

Wenn man mit einem Bus fährt, kann man feststellen, wie träge man aufgrund seiner Masse ist (Abb. 2, 3). Damit ist nicht gemeint, dass man sich müde in einen Sitz fallen lässt, sondern dass jeder Körper aufgrund seiner Masse träge ist, ob er will oder nicht.

Erkläre, warum es im Bus vor allem aus Sicherheitsgründen sinnvoll ist, sich im Stehen gut festzuhalten!

Beim Anfahren, beim Bremsen und bei Kurvenfahrten wird der Bewegungszustand des Busses verändert. Der Bus wird beschleunigt, verzögert oder ändert die Bewegungsrichtung. Nach dem **Trägheitsgesetz** muss dazu eine Kraft wirken. Solange keine Kraft wirkt, bleibt der Bus in Ruhe oder in gleichförmiger geradliniger Bewegung.

Die bei Bewegungsänderungen wirkenden Kräfte werden auch auf die Fahrgäste übertragen, was das Stehen im Bus, ohne sich festzuhalten, schwierig macht.

Vor dem **Anfahren** befinden sich Bus und Fahrgast in Ruhe. Durch die Motorkraft wird der Bus beschleunigt. Die Füße eines Fahrgastes sind mit dem Boden verbunden und werden ebenfalls beschleunigt. Der Oberkörper des Fahrgastes versucht aufgrund seiner Trägheit in Ruhe zu verharren. Deshalb kippt der Fahrgast beim Anfahren nach hinten (Abb. 2). Erst durch das Festhalten wird die Kraft zum

2 ▸ Anfahren eines Busses

3 ▸ Bremsen eines Busses

Beschleunigen gut auf den Oberkörper übertragen.

Vor dem **Bremsen** befinden sich Bus und Fahrgast in gleichförmiger geradliniger Bewegung. Durch die Bremskraft wird diese Bewegung verzögert. Diese Kraft wird am besten auf den Fahrgast übertragen, wenn er sich festhält (Abb. 3).

Beachte: Festhalten verhindert Unfälle!

Bei Kurvenfahrten wird die Richtung der Bewegung geändert, wozu nach dem Trägheitsgesetz ebenfalls eine Kraft notwendig ist. Auch diese Kraft muss auf einen Fahrgast übertragen werden.

Besonders bemerkbar macht sich die Trägheit von Körpern bei schnellen Geschwindigkeitsänderungen, etwa bei Auffahrunfällen. Um schwere Verletzungen zu vermeiden ist es vorgeschrieben, auf allen Sitzen Sicherheitsgurte anzulegen. Zusätzlichen Schutz bieten Airbags (Abb. 1). Kopfstützen verhindern ein Zurückschnellen des Kopfes.

Um schwere Kopfverletzungen bei Stürzen oder Unfällen zu vermeiden, sollten Radfahrer Schutzhelme tragen.

1 ▸ Das Füllen eines Airbags mit Gas dauert etwa 50 ms. Unfallfolgen werden durch ihn gemindert.

Der Start einer Rakete

Um einen Satelliten oder ein Raumschiff auf eine Umlaufbahn um die Erde zu bringen, muss eine Trägerrakete (Abb. 1) beim Start stark beschleunigt werden und in kurzer Zeit eine hohe Geschwindigkeit erreichen. Um in eine Erdumlaufbahn zu gelangen, muss ein Raumschiff mindestens eine Geschwindigkeit von 28 440 km/h besitzen. Auf diese Geschwindigkeit ist das Raumschiff beim Start zu beschleunigen. *Erkläre, wie ein Raumschiff mit einer Rakete in kurzer Zeit auf hohe Geschwindigkeiten beschleunigt werden kann!*

2 ▸ Start der europäischen Trägerrakete Ariane 5

Raketen sind Körper mit einer großen Masse. Die Startmasse einer Rakete vom Typ Ariane 5 (Abb. 2) beträgt etwa 730 t. Um die Rakete beim Start von null auf hohe Geschwindigkeiten zu beschleunigen, müssen große Kräfte in Wegrichtung wirken. Nach dem **newtonschen Grundgesetz** müssen diese Kräfte umso größer sein, je größer die Masse der Rakete ist und umso mehr sie beschleunigt werden soll *($F = m \cdot a$)*. Solche großen Kräfte erzeugt man, indem im Inneren der Rakete ein Brennstoff verbrannt wird. In einer Brennkammer dehnen sich die Verbrennungsgase aufgrund der hohen Temperatur schnell aus. Dabei werden die Gase stark beschleunigt und treten dann mit sehr hohen Geschwindigkeiten aus einer Düse entgegengesetzt zur Bewegungsrichtung der Rakete aus (Abb. 1).

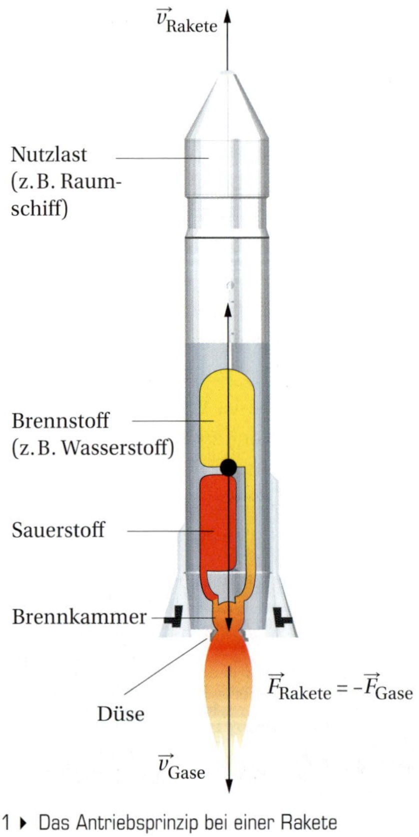

1 ▸ Das Antriebsprinzip bei einer Rakete

Beim Start der Ariane 5 (Abb. 2) werden durch die Raketentriebwerke etwa 6,8 t Verbrennungsgase je Sekunde mit einer Geschwindigkeit von etwa 2 500 m/s ausgestoßen.

Aufgrund der starken Beschleunigung der Verbrennungsgase und ihrer Masse wirkt eine große Kraft entgegen der Bewegungsrichtung der Rakete. Nach dem **Wechselwirkungsgesetz** entsteht mit dieser Kraft eine gleich große, aber entgegengesetzt gerichtete Kraft ($\vec{F}_1 = -\vec{F}_2$). Diese Gegenkraft beschleunigt in der Startphase die Rakete in Bewegungsrichtung (Abb. 2).

Kräfte bei Verkehrsunfällen sind gewaltig

Um die Folgen eines Verkehrsunfalls für die Fahrzeuginsassen zu mindern, besitzen moderne Pkw eine Reihe von Einrichtungen wie Sicherheitsgurt, Airbag und Knautschzone. Trotzdem sind die wirkenden Kräfte auf die Insassen noch gewaltig.

Ein Pkw fährt beispielsweise mit einer Geschwindigkeit von 50 km/h auf ein Hindernis. Dabei wird die Knautschzone des Fahrzeugs um 1,20 m zusammengedrückt und der Fahrer bewegt sich im Sicherheitsgurt noch einmal 20 cm nach vorn, bevor er zum Stillstand kommt.

Welche Bremsbeschleunigung erfährt der Kraftfahrer beim Unfall? Vergleiche diese mit der Fallbeschleunigung!

Mit welcher Kraft wird ein Kraftfahrer der Masse 85 kg bei diesem Unfall abgebremst?

Wie beeinflusst die Knautschzone eines Pkw die Unfallfolgen?

Analyse:

Beim Unfall wird der Pkw mit dem Kraftfahrer aus der Bewegung bis zum Stillstand abgebremst. Dabei legt er noch einen Weg zurück, der sich aus dem Zusammendrücken der Knautschzone und dem Weg im Sicherheitsgurt ergibt.

Gesucht: a in $\mathrm{m/s^2}$
F in N

Gegeben: $v = 50\,\frac{\mathrm{km}}{\mathrm{h}} = 13{,}9\,\frac{\mathrm{m}}{\mathrm{s}}$
$s_1 = 1{,}20\,\mathrm{m}$
$s_2 = 20\,\mathrm{cm} = 0{,}2\,\mathrm{m}$
$m = 85\,\mathrm{kg}$
$g = 9{,}81\,\mathrm{m/s^2} \approx 10\,\mathrm{m/s^2}$

Lösung:

Es wird eine gleichmäßig verzögerte Bewegung angenommen. Die Beschleunigung kann man aus der Geschwindigkeitsänderung und dem Weg berechnen. Der Weg ergibt sich als Summe aus den beiden Teilwegen (s_1 und s_2).

Für die Bremsbeschleunigung ergibt sich:

$$a = \frac{v^2}{2s}$$

$$a = \frac{13{,}9^2\,\mathrm{m^2}}{2 \cdot 1{,}4\,\mathrm{m} \cdot \mathrm{s^2}}$$

$$\underline{a = 69\,\mathrm{m/s^2}}$$

Aus $a = \frac{v}{t}$ und $s = \frac{a}{2}t^2$ ergibt sich $s = \frac{a}{2} \cdot \frac{v^2}{a^2}$ und durch Umstellen $a = \frac{v^2}{2s}$

Die Bremsbeschleunigung ist ca. siebenmal so groß wie die Fallbeschleunigung. Mit dem **newtonschen Grundgesetz** kann die Bremskraft auf den Kraftfahrer berechnet werden.

$$F = m \cdot a$$

$$F = 85\,\mathrm{kg} \cdot 69\,\mathrm{m/s^2}$$

$$\underline{F = 5\,865\,\mathrm{N}}$$

Ergebnis:

Die Bremskraft beträgt fast 6 000 N. Aufgrund des **Wechselwirkungsgesetzes** wirkt der Kraftfahrer beim Unfall mit dieser Kraft auf den Sicherheitsgurt und wird durch diesen abgebremst.

Die Bremskraft entspricht der Gewichtskraft eines Körpers mit einer Masse von 600 kg.

Durch die Knautschzone wird der Bremsweg und damit die Bremszeit für den Kraftfahrer verlängert. Würde es diese Knautschzone nicht geben, so wäre die Bremsbeschleunigung und damit auch die Bremskraft aufgrund des newtonschen Grundgesetzes auf den Fahrer noch größer. Die Unfallfolgen könnten noch schlimmer sein.

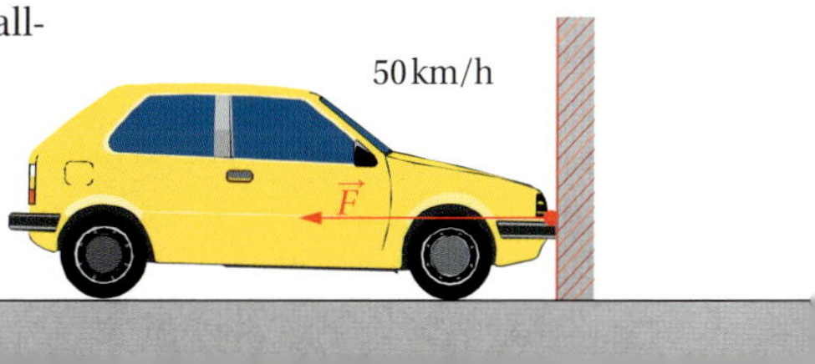

Bälle für alle Fälle

Bälle, die man aus gleichen Höhen fallen lässt, springen nicht nur unterschiedlich hoch, sondern können auch wie im Falle eines Wasserballs oder Medizinballs fast sofort am Boden liegen bleiben.
Beschreibe die Energieumwandlungen, wenn ein Superball, ein Tischtennisball und ein Medizinball aus gleichen Höhen fallen! Welche Gemeinsamkeiten und welche Unterschiede gibt es?

Ein Superball ist auch unter der Bezeichnung „Flummi" bekannt.

Während der Superball A nach dem ersten Aufprall auf dem Boden fast wieder seine ursprüngliche Höhe erreicht und noch lange springt, bleibt der Tischtennisball B deutlich unter seiner Höhe und springt nur noch einige Male immer weniger hoch. Der Medizinball C bleibt sofort liegen (Abb. 1).

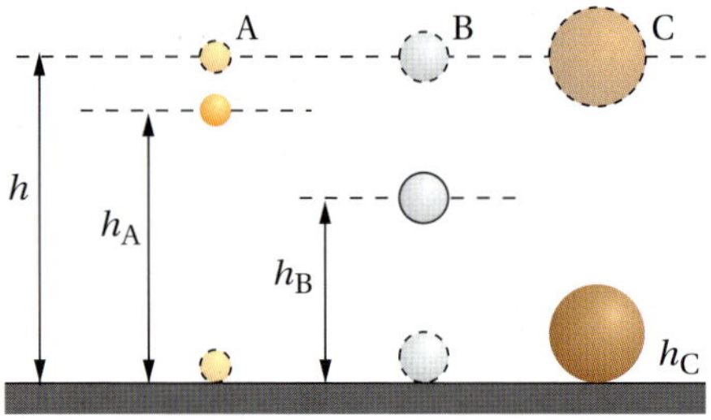

1 ▸ Nach dem Aufprall gilt: $h > h_A > h_B$ und $h_C = 0$.

In allen drei Fällen wird die Lageenergie beim Fallen in kinetische Energie umgewandelt.

Am Boden ist die kinetische Energie am größten und die Lageenergie ist gleich null. Mit dem Aufprall auf dem Boden unterscheiden sich die drei Vorgänge.

Beim **Medizinball** führt die kinetische Energie zur unelastischen Verformung. Ein Teil der Energie wird durch Reibung in thermische Energie umgewandelt. Der Ball erhöht geringfügig seine Temperatur und die seiner Umgebung.

Das Gemeinsame in den Energieumwandlungen beim **Superball** und beim **Tischtennisball** zeigt sich beim Aufprall auf dem Boden: Der größte Teil der kinetischen Energie wird zur elastischen Verformung der Bälle genutzt. Die Spannenergie erhöht sich und wird wieder in kinetische Energie umgewandelt. Beide Bälle springen nach oben, wobei ihre Lageenergie in dem Maße zunimmt, wie ihre kinetische Energie abnimmt.

Der Unterschied in den Energieumwandlungen beim Superball und beim Tischtennisball liegt in ihrer Elastizität begründet.

2 ▸ Energieumwandlungen bei Artisten

Hoch, höher, am höchsten

Im Zirkus benutzen manche Artisten ein Schleuderbrett (Abb. 2). Ein Artist springt von einem Podest auf eine Seite der Wippe und schleudert dadurch den anderen Artisten in die Höhe.
Welche Energieumwandlungen und Energieübertragungen treten dabei auf?

Der Artist auf dem Podest besitzt aufgrund seiner höheren Lage gegenüber dem Schleuderbrett und dem darauf stehenden Artisten potenzielle Energie. Beim Sprung vom Podest wird potenzielle Energie in kinetische Energie umgewandelt.

Nach dem Auftreffen auf das Schleuderbrett wird die kinetische Energie und die restliche potenzielle Energie des Artisten auf das Schleuderbrett und den anderen Artisten übertragen, der sich dadurch nach oben bewegt. Dabei wird dessen kinetische Energie in potenzielle Energie umgewandelt, bis die Aufwärtsbewegung zu Ende ist.

Experimente

Kraft und Bewegung

Experiment 1
Lege auf ein Glas ein Blatt Papier und auf das Papier eine Münze! Halte das Glas fest und ziehe das Papier
a) langsam,
b) sehr schnell weg!
Beschreibe und erkläre das Ergebnis des Versuchs!

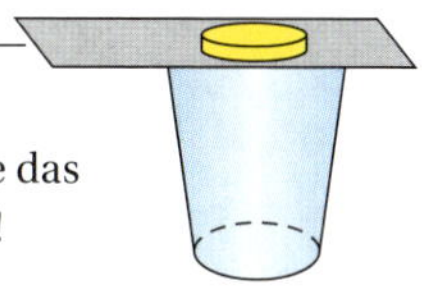

Experiment 2
Staple einige 50-Cent-Stücke übereinander! Entferne nun das unterste 50-Cent-Stück, ohne den Stapel anzuheben oder umzukippen! Begründe dein Vorgehen!

Experiment 3
Baue nach folgender Skizze eine Versuchsanordnung auf!

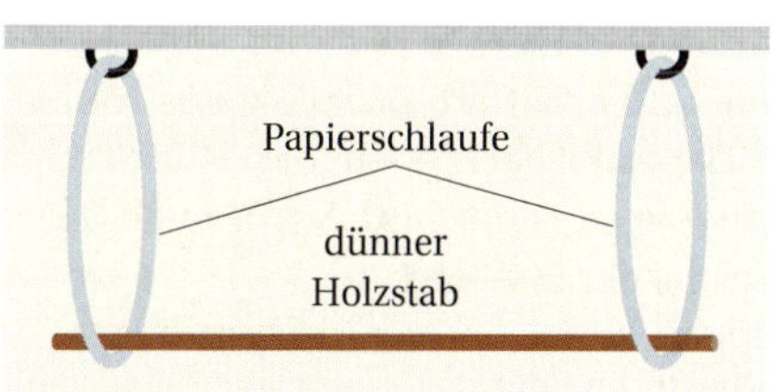

a) Sage voraus, was passiert, wenn du sehr schnell auf den Holzstab schlägst!
b) Überprüfe deine Voraussage!
c) Begründe das Versuchsergebnis!

Experiment 4
Auch Flüssigkeiten sind träge! Weise diese Behauptung in einem Experiment nach!
Auswertung:
Führe das Experiment deinen Mitschülern vor und begründe das Ergebnis!

Experiment 5
Zeige, dass ein aufgeblasener Luftballon, den man loslässt, in eine vorbestimmte Richtung fliegt!
Durchführung:
Blase den Luftballon auf und lasse ihn los!
Auswertung:
Begründe, unter welcher Bedingung der Ballon nach oben, nach unten, nach links bzw. nach rechts fliegt!

Experiment 6
Stelle dich mit einem schweren Gegenstand auf ein Skateboard und wirf diesen Gegenstand in eine bestimmte Richtung! Achte darauf, dass du niemanden verletzt!
Was stellst du fest? Begründe!

Experiment 7
Weise zusammen mit einem Mitschüler das Prinzip actio = reactio nach!
Durchführung:
a) Zieht wie in der Abbildung an zwei Federkraftmessern, die einen unterschiedlichen Messbereich haben!

b) Sagt voraus, ob die Federkraftmesser gleiche oder unterschiedliche Kräfte anzeigen werden!
c) Führt das Experiment in drei Schritten durch!
   - Zunächst übt nur der links stehende Schüler eine Kraft aus, der andere hält den Kraftmesser lediglich fest.
   - Nun bleibt der links stehende Schüler inaktiv und der rechts stehende zieht am Federkraftmesser.
   - Im dritten Schritt ziehen beide an den Federkraftmessern.

Auswertung:
Vergleicht eure Voraussagen mit den Versuchsergebnissen! Konnte das Wechselwirkungsgesetz nachgewiesen werden?

Aufgaben

1. Beim schnellen Anfahren eines Pkw wird man kräftig in den Sitz gedrückt. Erkläre, wie das kommt!

2. Beim Abschleppen eines defekten Autos mit einem Seil sollte man langsam anfahren. Erkläre, warum bei einem ruckartigen Anfahren das Seil reißen kann!

3. Begründe, warum man einen Pkw, der defekte Bremsen hat, nicht mit einem Seil abschleppen darf!

4. Beim ruckartigen Anheben eines schweren Koffers kann der Griff abreißen. Warum passiert das bei einem langsamen Anheben nicht?

5. Ladungen auf Dachgepäckträgern von Pkw müssen sehr gut befestigt werden. Begründe, warum dies notwendig ist!

6. Du stehst in einem Bus, der eine Rechtskurve fährt. In welche Richtung würdest du dich bewegen, wenn du dich leichtsinnigerweise nicht festhältst? Begründe!

7. Für die Sicherheit beim Autofahren sind u.a. Sicherheitsgurte, Airbag und Kopfstützen vorgesehen.
   a) Warum helfen Sicherheitsgurte und Airbag, Unfallschäden zu verringern?
   b) Erkläre, warum die Sitze unbedingt Kopfstützen haben sollten!

8. Bei einigen Spielzeugen wird das Rückstoßprinzip für den Antrieb genutzt. Erkläre die Wirkungsweise dieses Antriebs! Baue ein ähnliches Spielzeug!

9. Zwei Schüler stehen sich auf Rollschuhen gegenüber. Robert stößt sich von Katharina ab.
   a) Beschreibe die Bewegung beider Schüler nach dem Abstoßen! Begründe deine Aussage!

   b) Robert hat eine größere Masse als Katharina. Was kann man daraus für die Bewegung der beiden nach dem Abstoßen ableiten?

10. Nenne und erläutere Beispiele aus Natur und Technik, bei denen das Rückstoßprinzip angewendet wird! Suche auch Beispiele aus der Biologie!

11. Gute Fußballer verleihen dem Ball beim Abschuss eine Geschwindigkeit von 90 km/h. Die Wechselwirkung mit dem Ball beim Abschuss dauert 0,02 s. Der Ball hat eine Masse von 700 g.
   a) Mit welcher Kraft muss der Fußballer gegen den Ball treten?
   b) Wie groß ist die Beschleunigung des Balls?

12. Bei einem Crashtest treten ähnlich wie bei Unfällen große Beschleunigungen auf. Dadurch wirken auf Körper erhebliche Kräfte. Welche Kraft wirkt auf einen Fahrer mit einer Masse von 70 kg, wenn die Beschleunigung 75 m/s² beträgt?

13. Bei einem Experiment zur Untersuchung des Zusammenhangs zwischen der Beschleunigung eines Körpers und der beschleunigenden Kraft wurden folgende Messwertepaare aufgenommen:

F in N	0	1,0	2,0	3,0	4,0
a in m/s²	0	0,30	0,59	0,91	1,20

a) Zeichne das Beschleunigungs-Kraft-Diagramm!
b) Interpretiere das Diagramm!
c) Ermittle aus den Messwerten die Masse des Körpers!

14. Die Motoren eines ICE können eine maximale Antriebskraft von 270 kN aufbringen. Die Masse des ICE beträgt 500 t. Wie groß ist die maximale Beschleunigung des ICE beim Anfahren?

15. Ein Verkehrsflugzeug hat eine Gesamtmasse von 330 t. Mit seinen vier Strahltriebwerken wird das Flugzeug auf der Startbahn bis zu einer Geschwindigkeit von 300 km/h beschleunigt, bis es abheben kann. Jedes Triebwerk entwickelt eine maximale Schubkraft von 200 kN. Wie groß ist die Beschleunigung des Flugzeugs während der Startphase?

16. Bei einem Unfall wird ein Pkw in 1,2 s von 40 km/h bis zum Stillstand abgebremst. Welche beschleunigende Kraft wirkt auf den Fahrer ($m = 70$ kg)?

17. Ein Bus bremst aus einer Geschwindigkeit von 50 km/h bis zum Stillstand in 6 s ab.
a) In welcher Richtung wirken dabei auf Personen im Bus Kräfte?
b) Mit welcher Kraft muss sich eine Person mit einer Masse von 80 kg dabei festhalten?

18. Erkunde, welche Beschleunigungen bei Fahrzeugen (Zug, Pkw, Flugzeug, Rakete) auftreten! Was ergibt sich daraus für die Kräfte, die auf Personen wirken?

19. Nenne Beispiele für Körper aus Natur, Technik und Alltag, die potenzielle bzw. kinetische Energie besitzen!

20. Wo bleibt eigentlich die kinetische Energie deines Fahrrads beim Bremsen?

21. Ein Kind schwingt auf einer Schaukel hin und her. Beschreibe die dabei auftretenden Energieumwandlungen!

22. Ein Ball wird nach oben geworfen und erreicht eine maximale Höhe von 12 m. Beschreibe die Energieumwandlungen des Balls während des Fluges!

23. Bis zu welcher Höhe der rechten Seite rollt die Kugel in der Abbildung? Begründe deine Antwort!

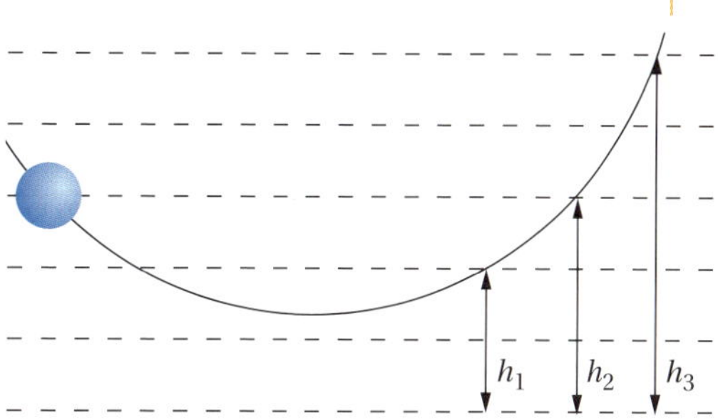

Das Wichtigste auf einen Blick

Kraft und Energie bei Bewegungsänderungen

Zusammenhänge zwischen Kraft und Bewegung

Trägheitsgesetz:
Ein Körper bleibt in Ruhe oder in gleichförmiger geradliniger Bewegung, solange sich alle auf ihn wirkenden Kräfte gegenseitig aufheben.

Newtonsches Grundgesetz:
Die auf einen Körper wirkende Kraft F ist das Produkt aus der Masse m des Körpers und der Beschleunigung a, die er durch die Kraft erhält.

$\boldsymbol{F = m \cdot a}$ Einheiten: $1\,\text{N} = 1\,\text{kg} \cdot 1\,\frac{\text{m}}{\text{s}^2} = 1\,\frac{\text{kg} \cdot \text{m}}{\text{s}^2}$

Wechselwirkungsgesetz:
Wirken zwei Körper aufeinander ein, so wirkt auf jeden der Körper eine Kraft. Die Kräfte sind gleich groß und entgegengesetzt gerichtet.

Formen **mechanischer Energie** sind die **potenzielle Energie** (Energie der Lage) und die **kinetische Energie** (Energie der Bewegung).

Die **potenzielle Energie** eines gehobenen Körpers ist umso größer,
- je größer die Gewichtskraft des Körpers ist und
- je höher er gehoben wird.

Die **kinetische Energie** eines Körpers ist umso größer,
- je größer die Masse des Körpers ist und
- je größer seine Geschwindigkeit ist.

Es gilt der **Energieerhaltungssatz der Mechanik:**

In einem abgeschlossenen System ist die Summe aus potenzieller und kinetischer Energie konstant.

$E_{pot} + E_{kin} = E_{mech} = \text{konstant}$

4.3 Mechanische Schwingungen

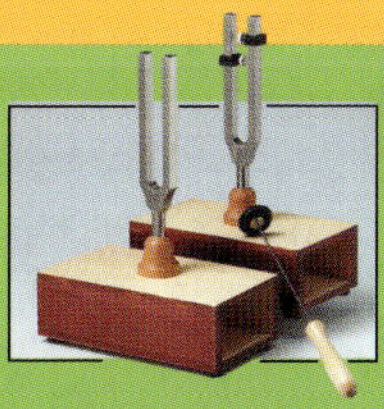

Schwingende Saiten ▸▸ Um die gewünschten Töne beim Spielen einer Gitarre zu erreichen, muss man jeweils die richtige Saite anzupfen oder anschlagen und die entsprechende Länge der Saite greifen.
Was für Schwingungen führt eine Gitarrensaite aus? Wovon hängt es ab, wie schnell bzw. wie stark sie schwingt?

Schwingende Lasten ▸▸ Kranführer müssen beim Heben und Schwenken von Lasten sehr vorsichtig und geschickt vorgehen, um gefährliche Schwingungen der Lasten zu vermeiden.
Wie entstehen diese Schwingungen der Lasten? Warum können sie gefährlich werden?

Nach einer bestimmten Zeit kommt die Gondel eines Riesenrades immer wieder an derselben Stelle vorbei.

Entstehung mechanischer Schwingungen

In unserer Umwelt gibt es viele Vorgänge, bei denen sich ein Zustand nach einer bestimmten Zeit wiederholt. Man nennt solche Vorgänge auch **periodische Vorgänge.** Die Kreisbewegung eines Riesenrads (s. Abb. links), das Hin- und Herschwingen der Saite einer Gitarre oder die Bewegung einer Schaukel sind solche periodischen Vorgänge.

Bei einer Reihe von periodischen Vorgängen, z. B. bei einer Schaukel (Abb. 1), bewegt sich ein Körper zeitlich periodisch um eine **Ruhelage,** manchmal auch Nulllage oder Gleichgewichtslage genannt. Dabei ändern sich verschiedene physikalische Größen periodisch, z. B. der Abstand des Körpers von der Ruhelage, seine Geschwindigkeit, seine Beschleunigung, seine potenzielle bzw. kinetische Energie. Solche Vorgänge nennt man **mechanische Schwingungen.**

M **Eine mechanische Schwingung ist eine zeitlich periodische Bewegung eines Körpers um eine Ruhelage.**

Stimmgabeln, die Flügel eines Vogels oder Federgabeln an Fahrrädern (s. Übersicht unten) können mechanische Schwingungen ausführen. Das gilt ebenso für die Last an einem Kranseil oder die Luftsäule in einer Orgelpfeife.

1 ▸ Eine Schaukel pendelt zwischen zwei Umkehrpunkten hin und her.

Damit ein Körper überhaupt Schwingungen vollführen kann, müssen bestimmte Voraussetzungen erfüllt sein:

- das Vorhandensein schwingungsfähiger Körper, wobei jeder Körper **träge** ist (s. S. 102),
- die Auslenkung dieser Körper aus der Ruhelage (Energiezufuhr),
- das Vorhandensein rücktreibender Kräfte.

Es gibt auch Schwingungen, bei denen sich nichtmechanische Größen, wie die elektrische Spannung oder die Stromstärke, zeitlich periodisch ändern. In diesem Fall spricht man von elektromagnetischen Schwingungen. Allgemein gilt:

M **Eine Schwingung ist eine zeitlich periodische Änderung einer physikalischen Größe bzw. eines physikalischen Zustands.**

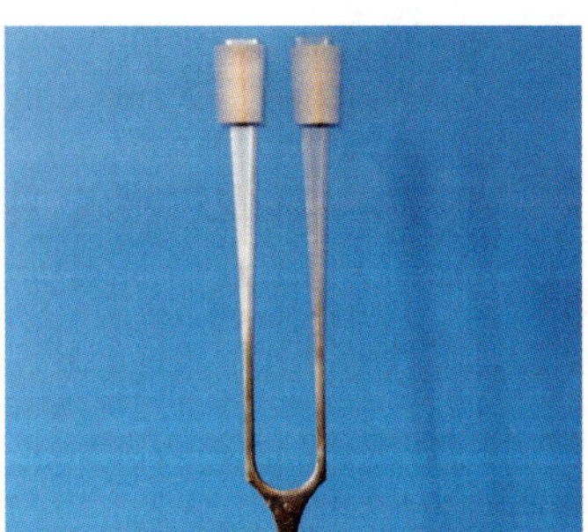

Eine angeschlagene Stimmgabel führt Schwingungen um eine Ruhelage aus.

Nach einem Stoß schwingt die Federgabel eines Fahrrads um eine Ruhelage.

Ein Vogel führt mit seinen Flügeln Schwingungen um eine mittlere Lage aus.

4

Beschreibung mechanischer Schwingungen

Da sich bei mechanischen Schwingungen mechanische Größen zeitlich periodisch ändern, kann man diese Größen zur Beschreibung von Schwingungen nutzen.

Zur Verdeutlichung der Zusammenhänge können die Schwingungen aufgezeichnet (Abb. 2) oder mithilfe eines Oszillografen sichtbar gemacht werden. Damit erhält man Darstellungen vom zeitlichen Verlauf der Schwingung. Eine solche Darstellung kann auch in einem Diagramm erfolgen (Abb. 1), wenn man z. B. die zeitliche Änderung der jeweiligen Auslenkung y (Abstand des schwingenden Körpers von der Ruhelage) darstellt.

Schwingende Körper bewegen sich zwischen zwei Umkehrpunkten hin und her. Diese Punkte haben den größten Abstand von der Ruhelage. Man nennt ihn **Amplitude** y_{max} (Abb. 1, S. 120).

2 ▸ Aufzeichnung der Pendelschwingung mithilfe eines Sandpendels

Mechanische Schwingungen können mit unterschiedlichen physikalischen Größen beschrieben werden.

Die Zeit für eine vollständige Schwingung, d. h. eine Hin- und Herbewegung, wird als **Schwingungsdauer** oder **Periodendauer** bezeichnet. So hat z. B. der Flügelschlag einer Hummel eine kleinere Schwingungsdauer als der Flügelschlag eines Schwans.

*Eine vollständige Schwingung nennt man auch **Periode.***

M **Die Amplitude einer Schwingung ist der maximale Abstand des schwingenden Körpers von der Ruhelage.**

Formelzeichen: y_{max}
Einheit: 1 Meter (1 m)

M **Die Schwingungsdauer (Periodendauer) gibt die Zeit für eine vollständige Schwingung an.**

Formelzeichen: T
Einheit: 1 Sekunde (1 s)

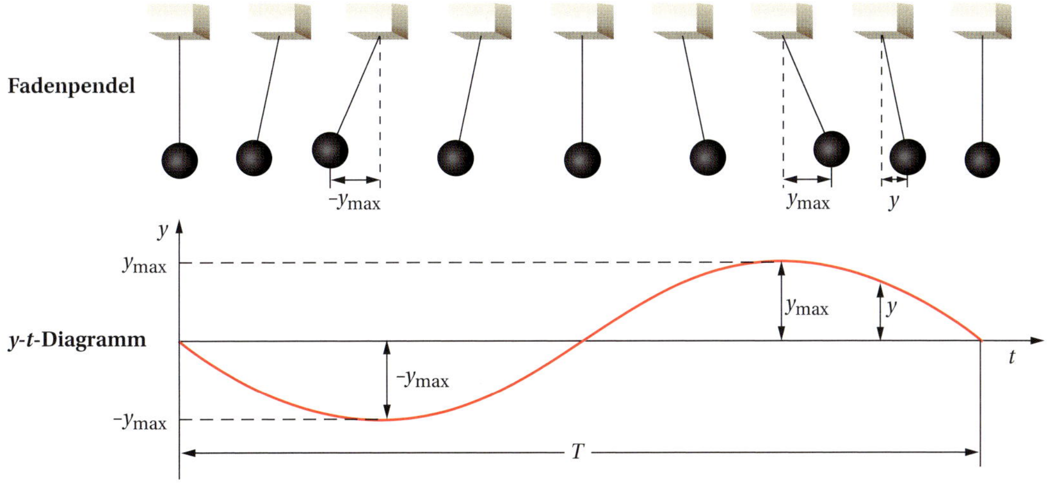

1 ▸ Fadenpendel und y-t-Diagramm einer mechanischen Schwingung

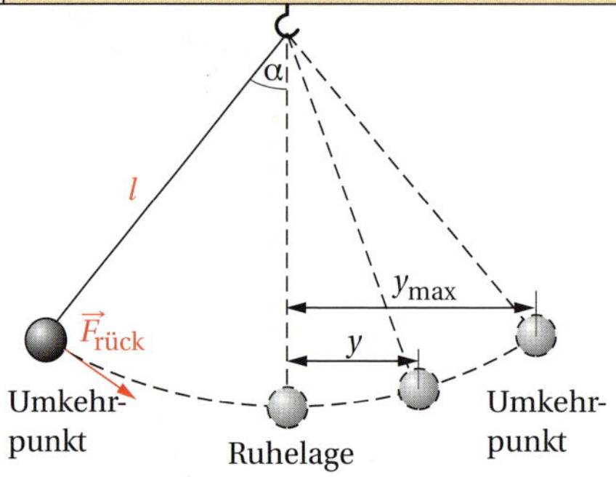

1 ▸ Kenngrößen einer Schwingung

Je nachdem, wie groß die Schwingungsdauer ist, können unterschiedlich viele Schwingungen in einer bestimmten Zeit ablaufen. Dies wird durch die **Frequenz** erfasst.

Die Einheit 1 Hz ist nach dem deutschen Physiker HEINRICH HERTZ (1857–1894) bezeichnet worden.

Die Frequenz einer Schwingung gibt an, wie viele Schwingungen in jeder Sekunde ablaufen.

Formelzeichen: f
Einheit: 1 Hertz (1 Hz)
1 Hz = 1/s

Vielfache der Einheit 1 Hz sind ein Kilohertz (1 kHz) und ein Megahertz (1 MHz).
Es gilt: 1 kHz = 1 000 Hz
1 MHz = 1 000 000 Hz
Wenn beispielsweise eine Schaukel in 10 s 6-mal hin- und herschwingt, so kann man daraus ihre Frequenz berechnen. Sie beträgt $f = \frac{6}{10\,s} = 0{,}6$ Hz. Allgemein gilt:

Die Frequenz einer Schwingung kann berechnet werden mit der Gleichung:

$$f = \frac{1}{T} \text{ oder } f = \frac{n}{t}$$

T Schwingungsdauer
n Anzahl der Schwingungen
t Zeit für n Schwingungen

Frequenzen in Natur und Technik	
1 m langes Fadenpendel	0,5 Hz
durchschnittliche Frequenz des Herzschlags beim Menschen	1,3 Hz
tiefste vom Menschen hörbare Frequenz	16 Hz
Flügel einer Hummel	200 Hz
Kammerton a	440 Hz
Frequenzen beim Sprechen	100 Hz ... 1 000 Hz
höchste von jungen Menschen hörbare Frequenz	20 000 Hz
Ultraschall	über 20 000 Hz

Fadenpendel und Federschwinger

Einfache mechanische Schwinger sind das **Fadenpendel** und der **Federschwinger.** Mit ihnen kann man eine Reihe von mechanischen Schwingern vereinfacht darstellen.

Beispiele, die man vereinfacht als Fadenpendel betrachten kann, sind eine Kinderschaukel, das Pendel einer Uhr oder Artisten am Trapez.

Für die Schwingungsdauer eines Fadenpendels gilt unter der Bedingung kleiner Auslenkungen an einem bestimmten Ort:

$$T = 2\pi\sqrt{\frac{l}{g}}$$

l Länge des Fadenpendels
g Fallbeschleunigung

Die Schwingungsdauer eines Fadenpendels ist nur von der Pendellänge und von der Fallbeschleunigung abhängig, die am jeweiligen Ort herrscht. Die Masse des Pendelkörpers hat keinen Einfluss auf die Schwingungsdauer.

Alle elastischen Körper können Schwingungen ausführen, wenn sie verformt und anschließend sich selbst überlassen werden. Ein **Federschwinger** ist ein einfacher elastischer Körper, der aus einer Feder und einem schwingenden Körper der Masse m besteht (Abb. 1, S. 121). Als rücktreibende Kraft wirkt die Gewichtskraft oder die Federkraft.

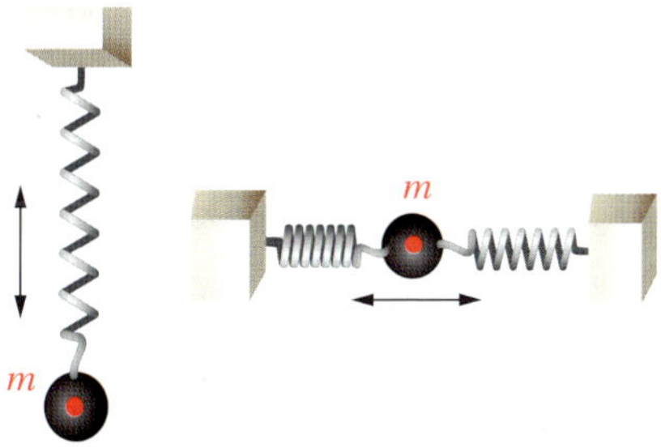

1 ▸ In grober Näherung können elastische Anordnungen vereinfacht als Federschwinger dargestellt werden.

Die Schwingungsdauer eines solchen Federschwingers ist von der Masse des schwingenden Körpers und von den Eigenschaften der Feder abhängig.

Schwingungsfähige elastische Anordnungen sind z.B. die Federungen von Autos und Motorrädern, ein Kranseil mit angehängter Last oder eine Stimmgabel. Auch die Fundamente von Maschinen können schwingen, wenn sie elastisch verformbar sind.

Ungedämpfte und gedämpfte Schwingungen

Bei mechanischen Schwingungen wird potenzielle Energie in kinetische Energie umgewandelt und umgekehrt.
Für ein Fadenpendel sind die Energieumwandlungen in Abb. 2, S. 108 dargestellt. Die Werte für die kinetische bzw. potenzielle Energie schwanken zwischen null und einem Maximalwert.

Lässt man ein solches Pendel längere Zeit hin- und herschwingen, dann zeigt sich: Die Amplitude der Schwingungen wird kleiner. Ursache dafür ist die Reibung an der Aufhängung und der Luftwiderstand. Ein Teil der mechanischen Energie wird in thermische Energie umgewandelt und als Wärme an die Umgebung abgegeben. Eine solche Schwingung wird als **gedämpfte Schwingung** bezeichnet (Abb. 2).

Für eine gedämpfte mechanische Schwingung gilt:

$$E_{pot} + E_{kin} + E_{therm} = \text{konstant}$$

Beispiele für gedämpfte Schwingungen sind das Hin- und Herschwingen eines Autos nach dem Durchfahren einer Bodenwelle oder die Schwingung einer Gitarrensaite.

Bei einer gedämpften Schwingung ändern sich die Form der Schwingungskurve und die Schwingungsdauer in vielen Fällen nicht, wohl aber die Amplitude der Schwingung. Sie wird immer kleiner und letztendlich null.

Führt man einem Schwinger die Energie, die ihm durch Reibung verloren geht, ständig wieder zu oder sieht man im Idealfall von der Reibung ab, so bleibt die Amplitude der Schwingung konstant (Abb. 3). In einem solchen Fall spricht man von einer **ungedämpften Schwingung.**

Für eine ungedämpfte mechanische Schwingung gilt der Energieerhaltungssatz der Mechanik:

$$E_{pot} + E_{kin} = \text{konstant}$$

Beispiele dafür sind die Pendel von Pendeluhren oder ein Metronom.

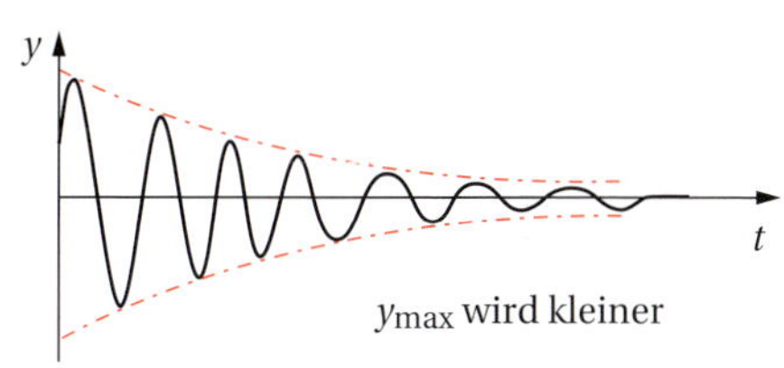

2 ▸ *y-t*-Diagramm einer gedämpften Schwingung

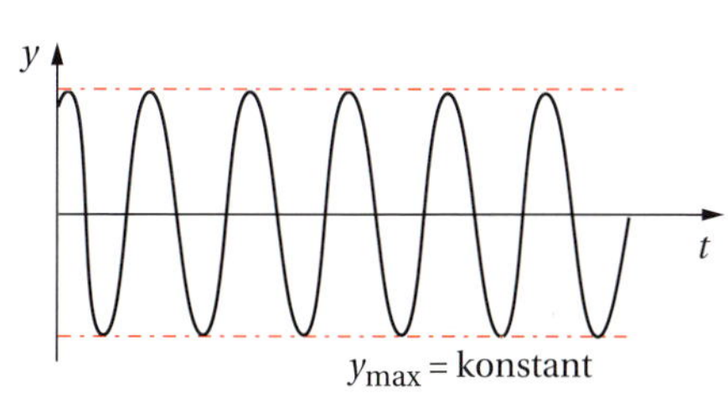

3 ▸ *y-t*-Diagramm einer ungedämpften Schwingung

Beim Metronom führt eine aufgezogene Spiralfeder die Energie zu, die durch Reibung „verloren" geht.

Physik in Natur und Technik

Musik liegt in der Luft

Ein beliebtes Musikinstrument ist die Gitarre. Sie besitzt in der Regel sechs Saiten, mit denen man unterschiedlich hohe Töne erzeugen kann (Abb. 1). Aber auch das Gitarrenspiel muss gelernt sein. Es gilt zur rechten Zeit die richtigen Saiten unterschiedlich stark zu zupfen oder anzuschlagen.
Wie erzeugt man mit einer Gitarre unterschiedlich hohe sowie unterschiedlich laute Töne?

2 ▸ Bei Saiteninstrumenten hängt die Tonhöhe von der jeweiligen Saite und ihrer Länge ab.

Bei einer Gitarre entsteht ein Ton, wenn eine Saite schwingt. Je größer die Frequenz dieser Schwingung ist, umso höher ist der Ton. Die Frequenz der Schwingung einer Saite ist zunächst abhängig von ihren elastischen Eigenschaften (Dicke der Saite und Spannung in der Saite). Diese Eigenschaften bestimmen die Eigenfrequenz einer Saite und damit den jeweiligen Grundton, der bei Anzupfen einer Saite ohne Greifen entsteht (Abb. 1).

Einen höheren Ton auf einer Saite kann man dadurch erzeugen, dass man durch Greifen mit dem Finger den schwingenden Teil einer Saite verkürzt (Abb. 3). Bei einem kürzeren Teil einer Saite ist die Frequenz der Schwingung größer als beim Grundton.
Die Töne einer Gitarrensaite können lauter oder leiser sein. Der Ton einer Saite ist umso lauter, je größer die Amplitude der Schwingung ist. Eine größere Amplitude erhält man durch ein stärkeres Anzupfen einer Saite. Bei modernen Konzertgitarren erfolgt darüber hinaus eine elektronische Verstärkung.

1 ▸ Die Grundtöne bei einer Gitarre: Angegeben sind die Frequenzen der Grundtöne.

3 ▸ Höhere Töne entstehen durch Verkürzen des schwingenden Teils einer Saite.

4

Experimente

Mechanische Schwingungen

Experiment 1
Bestimme mithilfe des Pulsschlags die Frequenz deines Herzschlags!
Durchführung:
a) Miss die Zeit für 10 Pulsschläge und ermittle daraus die Frequenz!
b) Führe mehrere Messungen durch, um einen genaueren Wert zu erhalten, und bilde den Mittelwert!
Auswertung:
Diskutiere die Genauigkeit des Pulsschlags als Grundlage für die Zeitmessung!

Experiment 2
Lege ein Lineal oder eine Blattfeder auf eine Tischkante! Lenke das freie Ende aus und lasse es hin und her schwingen!

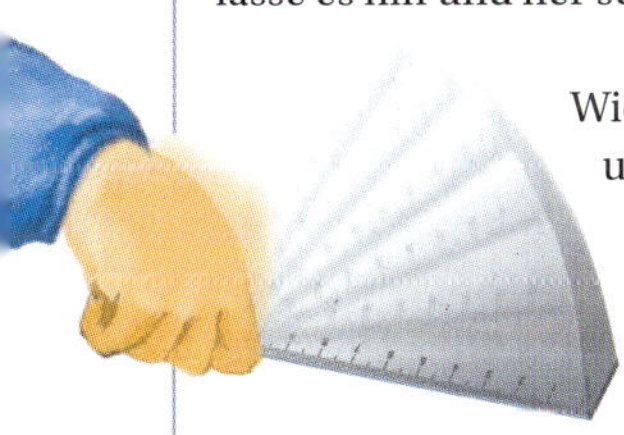

Wie kann man die Höhe und die Lautstärke des Tons ändern? Probiere es aus und erkläre!

Experiment 3
Baue ein einfaches Monochord und probiere es aus!
Vorbereitung:
Materialien: größere Blechdose mit einem Durchmesser von 10 cm bis 15 cm, stabiler Stab (z.B. Teil eines Besenstiels), Holzschrauben, Steg aus Holz, dünner Stahldraht
Durchführung:
a) Baue die Anordnung wie in der Abbildung auf!
b) Ändere die Tonhöhe der Saite!
c) Ändere die Lautstärke der Töne!

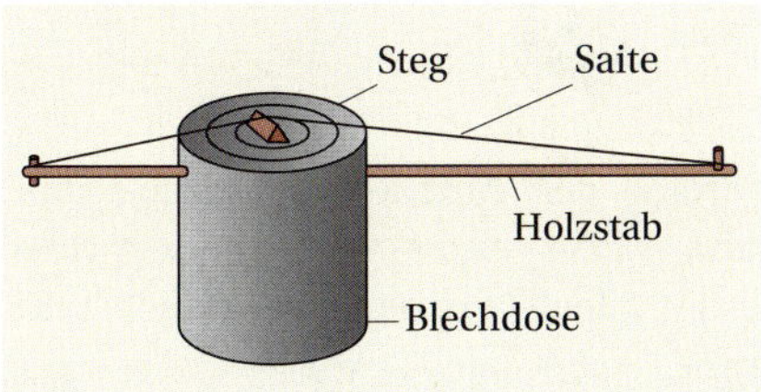

Experiment 4
Untersuche die Abhängigkeit der Schwingungsdauer eines Fadenpendels von seiner Länge! Bestimme mithilfe eines Fadenpendels die Fallbeschleunigung!
Vorbereitung:
a) Interpretiere die Gleichung für die Schwingungsdauer eines Fadenpendels!
b) Stelle die Gleichung für die Schwingungsdauer nach der Fallbeschleunigung um!
Durchführung
a) Baue den Versuch auf (s. Abb. rechts)! Die Anordnung ermöglicht es, in einfacher Weise die Pendellänge zu verändern.
b) Bestimme für 5 verschiedene Pendellängen die Schwingungsdauer! Beachte: Die Pendellänge ist der Abstand Aufhängungspunkt-Schwerpunkt des Hakenkörpers, wobei die Lage des Schwerpunkts abgeschätzt werden muss!
c) Die Schwingungsdauer für eine Schwingung ergibt sich als Mittelwert aus 10 Schwingungen! Wähle kleine Auslenkwinkel ($\alpha < 30°$)!
d) Bestimme die Fallbeschleunigung für zwei verschiedene Pendellängen!

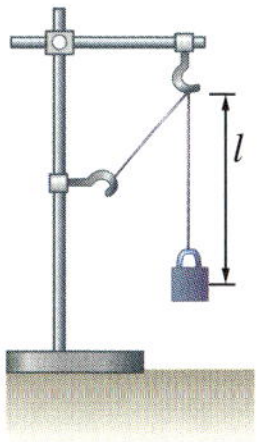

Auswertung:
a) Abhängigkeit der Schwingungsdauer von der Länge des Pendels
Messwertetabelle

Nr.	l in cm	T in s (10 Schwingungen)	$\bar{T}$ in s
1	...	...	...

Formuliere ein Ergebnis in Bezug auf die Aufgabe!
b) Berechne die Fallbeschleunigung für zwei verschiedene Pendellängen!
Bilde den Mittelwert und vergleiche ihn mit dem Tabellenwert!
Begründe Abweichungen!
c) Wie lang müsste ein Sekundenpendel sein, d.h. ein Pendel mit einer Schwingungsdauer von 1 s?

Aufgaben

1. Die folgenden Abbildungen zeigen periodische Vorgänge.

Bei welchen dieser Vorgänge handelt es sich um mechanische Schwingungen, bei welchen nicht? Begründe!

2. In Natur und Technik gibt es zahlreiche periodische Vorgänge. Nenne Beispiele dafür! Begründe, bei welchen dieser Vorgänge es sich um mechanische Schwingungen handelt und bei welchen nicht!

3. Um zu prüfen, ob ein Weinglas heil ist, schlägt man leicht mit einem Löffel dagegen. Begründe, warum diese Methode geeignet ist!

4. Die Unruh eines mechanischen Weckers führt 120 Schwingungen in der Minute aus.

a) Wie groß ist die Frequenz dieser Schwingung?

b) Wie viele Schwingungen vergehen, bis der Sekundenzeiger um eine Stelle weiterrückt?

5. Die Schwingungen einer Stimmgabel wurden aufgezeichnet. Dabei ergab sich folgendes Schwingungsbild:

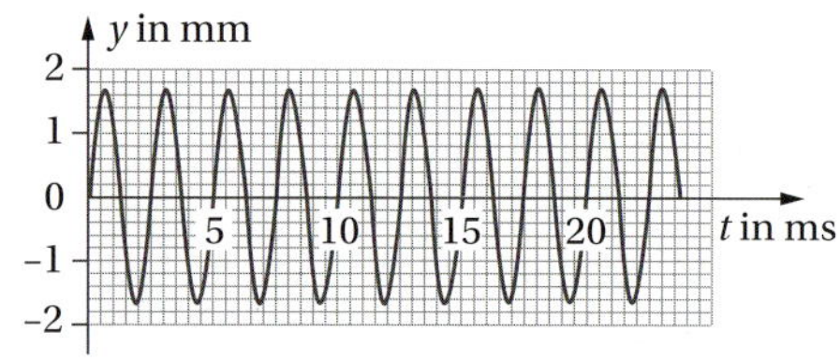

Ermittle aus dem *y*-*t*-Diagramm die Amplitude, die Schwingungsdauer und die Frequenz der Schwingung!

6. Das Foto zeigt das Schwingungsbild einer Stimmgabel. Charakterisiere die Schwingung! Wie groß ist die Frequenz?

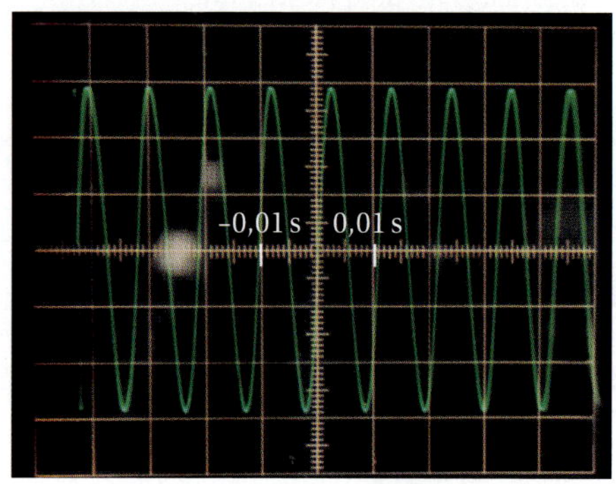

7. Die Abbildungen zeigen den Aufbau eines Schwingungsdämpfers (Stoßdämpfers), so wie sie bei Pkw verwendet werden.

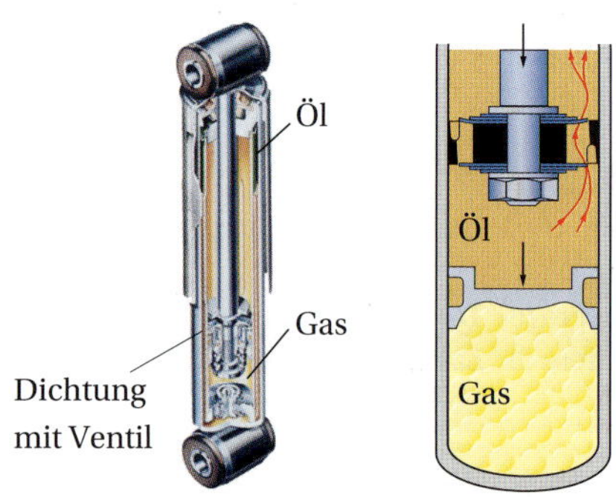

Beschreibe den Aufbau und erkläre die Wirkungsweise eines solchen Schwingungsdämpfers! Recherchiere auch im Internet!

Das Wichtigste auf einen Blick

Mechanische Schwingungen

Eine **Schwingung** ist die zeitlich periodische Änderung einer physikalischen Größe (z. B. Auslenkung, Geschwindigkeit, Beschleunigung, potenzielle bzw. kinetische Energie).

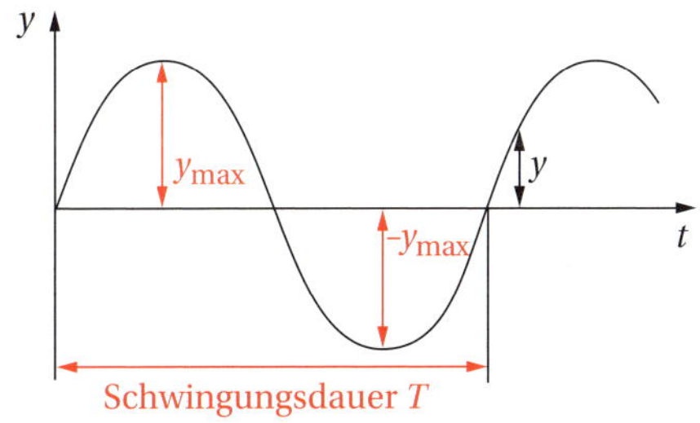

Wichtige Größen zur Beschreibung von Schwingungen sind:

y	Auslenkung
y_{max}	Amplitude (maximale Auslenkung)
T	Schwingungsdauer
f	Frequenz

$T = \frac{1}{f}$ $\quad$ $f = \frac{1}{T}$

einfache mechanische Schwinger

Fadenpendel
Für die Schwingungsdauer gilt bei kleinen Winkeln: $T = 2\pi \sqrt{\frac{l}{g}}$

Beispiel: Pendel einer Uhr

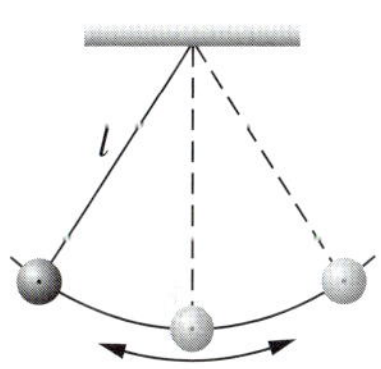

Federschwinger
Beispiel: Stoßdämpfer

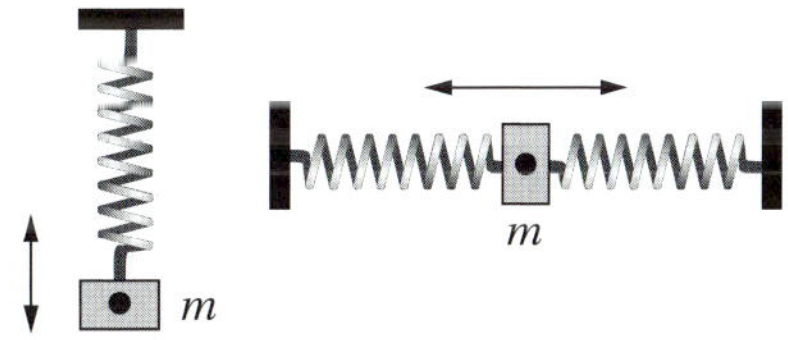

Nach dem **Verlauf der Amplitude** kann man zwischen gedämpften und ungedämpften Schwingungen unterscheiden.

gedämpfte Schwingung

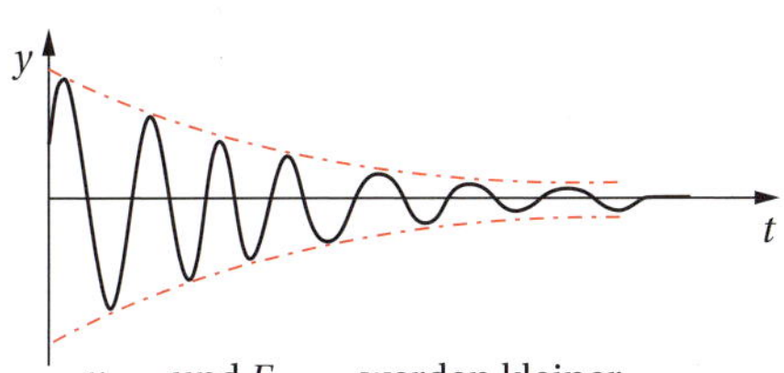

y_{max} und E_{mech} werden kleiner

ungedämpfte Schwingung

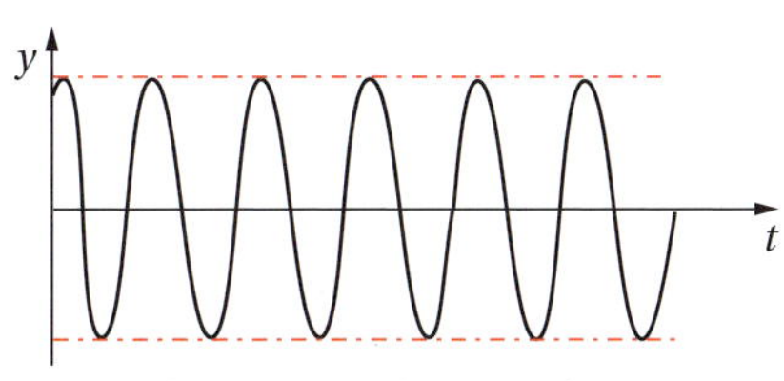

y_{max} = konstant und E_{mech} = konstant

Wahlpflichtbereiche
Fächerverbindendes Thema

Wahlpflichtbereich: Utopische Physik

Die Technik in Science-Fiction

Reisen von der Erde zum Mond, zum Mittelpunkt der Erde oder 20 000 Meilen unter dem Meer, Reisen mit Ballons, Raketen und U-Booten - die Leser der Romane von JULES VERNE (1828-1905) konnten sich vor etwa 150 Jahren nicht im Entferntesten vorstellen, dass einige der geschilderten Abenteuer jemals Realität werden konnten. JULES VERNE gilt als „Erfinder" des Science-Fiction-Romans.

Die Faszination von **Science-Fiction** ist ungebrochen, ob in Romanen oder in Filmen dargestellt. So sind z. B. Science-Fiction-Filme seit dem Anlaufen der ersten Staffel der Serie „Raumschiff Enterprise" im Jahre 1966 nicht mehr wegzudenken. Ob in der Star-Wars-Trilogie oder in Stargate, physikalische Fantasien spielen eine bedeutende Rolle. Häufig sind technische Einrichtungen der Serien eher **Utopien** als ferne Zukunft. Manchmal widersprechen sie sogar unserem Wissen, wie das Beamen eines Menschen.

Die Science-Fiction erhebt zwar keinen Anspruch auf wissenschaftliche Exaktheit, dennoch versuchen die Autoren eine möglichst realistische Darstellung und „Erklärung" ihrer modernen Technik. Nicht selten nutzen sie hierzu die neuesten Erkenntnisse der Physik.

Im Gegenzug - ähnlich wie bei den wissenschaftlich-romantischen Abenteuern von JULES VERNE - werden Teile der Science-Fiction von heute manchmal zu den wissenschaftlichen Tatsachen von morgen. Wer hätte sich in den 60er Jahren Kommunikationsgeräte in der Größe einer Zigarettenschachtel vorstellen können? Vergleichbares gilt für Speichermedien, wo man heute auf einer kleinen Speicherkarte mehr Daten unterbringen kann als vor 20 Jahren auf der Festplatte eines Computers.

1 ▸ Kampf mit Lichtschwertern

Der Weltraum – unendliche Weiten

Zur Eroberung und Verwaltung eines Sternenimperiums mittels Raumschiffen müssen enorme Distanzen zurückgelegt werden. Der Durchmesser unserer Galaxis beträgt ca. 98 000 Lichtjahre, wobei ein Lichtjahr (1 ly) einer Entfernung von etwa 9,5 Billionen Kilometern entspricht. Ungefähr 13 000 000 000 Lichtjahre ist das Ende des sichtbaren Universums entfernt.

1. *Tragt Phänomene und technische Anwendungen aus Science-Fiction-Filmen und Literatur zusammen, deren Existenz ihr physikalisch erklären könnt, und solche, die ihr bezweifelt bzw. für physikalisch falsch haltet! Begründet eure Entscheidungen!*

2. *Das Licht legt in 1 Sekunde eine Strecke von 300 000 Kilometern zurück. Das ist die höchste bisher nachgewiesene Geschwindigkeit. Wie viele Jahre braucht das Licht, um unsere Milchstraße zu durchqueren?*

Science-Fiction *(amerik.), fantastische Literatur utopischen Inhalts auf naturwissenschaftlich-technischer Grundlage*

Utopien *nennt man Ideen, Pläne und Zukunftsträume, die als unausführbar gelten.*

Der kolorierte Holzstich auf der gegenüberliegenden Seite ist eine Illustration aus dem Jahre 1865 zu JULES VERNES Roman „Von der Erde zum Mond".

Reisen durch Raum und Zeit

Um die unvorstellbar großen Distanzen zwischen fremden Welten und unbekannten Zivilisationen zurücklegen zu können, „erfanden" die Autoren von „Star Trek" unterschiedliche Antriebssysteme, den Impulsantrieb und den Warpantrieb. Mithilfe dieser Antriebe soll die Enterprise mit Lichtgeschwindigkeit oder gar Überlichtgeschwindigkeit fliegen können.

Ähnlich wie die in der Wirklichkeit existierenden Raketentriebwerke (s. S. 110), soll der **Impulsantrieb** von Science-Fiction-Raumschiffen funktionieren. Mit hoher Geschwindigkeit nach hinten ausströmende Teilchen verleihen dem Raumschiff nach dem **Wechselwirkungsgesetz** einen Schub nach vorn (Abb. 1). Angeblich können so Reisegeschwindigkeiten bis zur Lichtgeschwindigkeit erreicht werden.

actio = reactio

Zur Beschleunigung eines Science-Fiction-Raumschiffs wären gigantische Energien erforderlich. Dies liegt u. a. in den Abmessungen der Raumschiffe begründet, welche die Maße von bereits existierenden Raketen bei Weitem übertreffen. So soll das Raumschiff Enterprise ca. 4 Mio. Tonnen wiegen. Um diese große Masse beschleunigen zu können, wird die dafür erforderliche Energie durch **Kernfusion** erzeugt, einer speziellen Form der Kernumwandlung. Leichte Atomkerne verschmelzen bei hohem Druck und hoher Temperatur zu schweren Heliumkernen. Dabei wird Energie frei (s. S. 65). Aber bis heute ist es nicht gelungen, einen Fusionsreaktor zu bauen, in dem eine gesteuerte Kernfusion abläuft.

Im Inneren der Sonne wird durch Kernfusion je Sekunde eine Energie von $3{,}85 \cdot 10^{26}$ J freigesetzt.

1 ▸ Beschleunigung durch Masseausstoß

Um die Enterprise nur auf halbe Lichtgeschwindigkeit zu beschleunigen, wäre eine Wasserstoffmasse notwendig, die dem 81-Fachen der Masse der Enterprise entspricht. Denn nur etwa 1 % der verwendeten Masse wird bei der Kernfusion in Energie umgewandelt. Ein Volumen von 600 Mio. km^3 Weltraum beinhaltet jedoch lediglich ca. 1 g Wasserstoff.

3. *Der menschliche Organismus kann über einen längeren Zeitraum hinweg das Dreifache der Erdbeschleunigung gerade noch verkraften. Wie lange bräuchte es bei einer Beschleunigung von $3 \cdot g$, um die halbe Lichtgeschwindigkeit zu erreichen?*

4. *Die Abbildung zeigt, wie die Enterprise ein anderes Raumschiff mithilfe eines Traktorstrahls (von trahere, lat., ziehen) am Fliehen hindert. Mit einem solchen Strahl soll das Raumschiff auch Planeten aus ihren Bahnen heben können.*

Ist ein solcher Vorgang aus physikalischer Sicht möglich? Begründe deine Antwort!

5. *Die Besatzung eines Raumschiffs könnte eine Beschleunigung auf die höchste Geschwindigkeit von $75\,000\,km \cdot s^{-1}$ nicht lebend überstehen. Deshalb „erfanden" die Star-Trek-Autoren einen **Trägheitsabsorber.** Suche zu diesem Thema Informationen im Internet! Bereite ein Referat zum Thema „Funktionsweise und Realisierbarkeit eines Trägheitsabsorbers" vor!*

W

Noch unwahrscheinlicher als der Impulsantrieb ist der von den Star-Trek-Autoren erfundene **Warpantrieb.** Dabei wird um ein Raumschiff ein so genanntes Warpfeld erzeugt, welches das Raum-Zeit-Gefüge verzerrt. Infolgedessen befindet sich das Raumschiff in einem speziellen Raum und erreicht zusammen mit diesem sein Ziel. Aus der Sicht eines außen stehenden Beobachters kann es damit schneller als das Licht fliegen. Die enorme Energie, die erforderlich ist, um vom normalen Raum in den speziellen Raum und umgekehrt überzugehen, soll von einem **Materie-Antimaterie-Reaktor** geliefert werden.

Belege für das Vorkommen von Antimaterie gibt es bislang nicht. Ausnahmen sind das kurzzeitige Entstehen einzelner Antiteilchen bei hochenergetischer Strahlung oder bei hohen kinetischen Energien, wie sie in Teilchenbeschleunigern entstehen.

6. *Informiere dich im Internet über den Begriff Antimaterie und die Probleme ihrer wirtschaftlichen Nutzbarkeit!*

Das Beamen

Eine weitere „Erfindung" der Star-Trek-Autoren ist ein Transporter, mithilfe dessen die Besatzung eines Raumschiffs zum gewünschten Zielort gebeamt werden kann.

Das soll so geschehen: Die zu beamende Person betritt die Plattform des Transporters (Abb. 1a). Dann wird um die Person ein ringförmiger Sperrstrahl erzeugt (Abb. 1b). Nun wird die Person gescannt und die Lage aller Atome gespeichert. Abschließend wird der menschliche Körper entmaterialisiert und in elektromagnetische Strahlung umgewandelt. Am Zielort wird die Strahlung wieder materialisiert und zur gebeamten Person zusammengesetzt.

Neben dem Warpantrieb gibt es kaum eine andere Science-Fiction-Technik, die so unrealistisch wie der Transporter ist. Eine Reihe von Gesetzen macht das Beamen eines Menschen unmöglich. So stellt der Umgang mit der riesigen Datenmenge ein Problem dar. Ein menschlicher Körper besteht aus ca. 10^{28} Atomen. Allein für die Position jedes dieser Atome wären drei Koordinaten zu speichern, um ihre Lage rekonstruieren zu können. Angenommen, die Informationen über ein Atom beanspruchen ein Kilobyte. Dann bräuchte man für einen Menschen einen Speicherumfang von 10^{28} Kilobyte, eine unvorstellbar große Datenmenge.

7. *Nach Meinung des Chefingenieurs der Enterprise ist der Transporter im Star-Trek-Universum die sicherste Möglichkeit, um zu reisen. Könnte das Beamen in ferner Zukunft Wirklichkeit werden?*

„Beam me up, Scotty!" ist in der Science-Fiction-Welt zu einem legendären Ausspruch geworden.

Die Zahl 10^{28} entspricht einer 1 mit 28 Nullen.

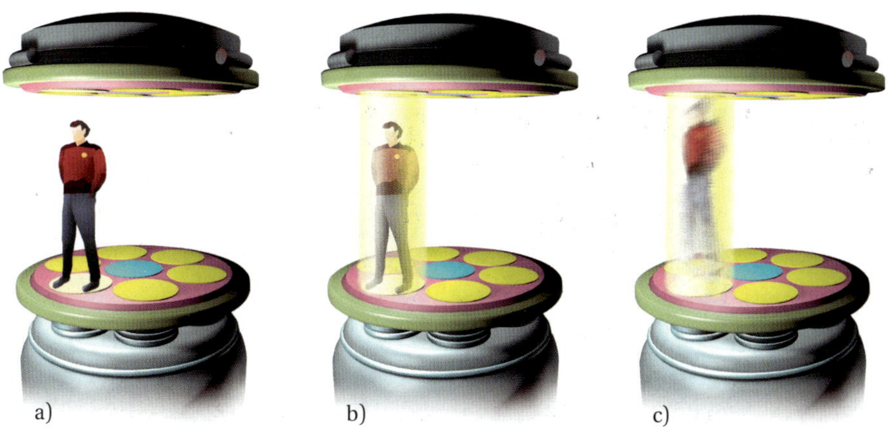

1 ▸ Das Beamen eines Besatzungsmitglieds zu einem Zielplaneten

Zeitreisen

*Eine **Zeitreise** ist eine Bewegung, die vom gewöhnlichen Ablauf der Zeit abweicht, wie Reisen in die Zukunft oder die Vergangenheit.*

Neben den Reisen durch den Weltraum wird die Handlung in Science-Fiction-Büchern und Filmen häufig von **Zeitreisen** bestimmt. Auch berühmte Wissenschaftler wie ALBERT EINSTEIN (1879-1955) befassten sich ernsthaft mit diesem Thema. Ihnen ging es dabei aber nicht um die Herstellung einer Zeitmaschine. Sie wollten lediglich überprüfen, ob Reisen durch die Zeit theoretisch möglich sind, und machten dabei eine erstaunliche Entdeckung: Die Physik schließt Zeitsprünge nicht aus. Dennoch würde das Zeitreisen zu zahlreichen Widersprüchen führen, die es absurd erscheinen lassen.

*Ein **Paradoxon** ist eine scheinbar falsche Aussage, die aber auf eine höhere Wahrheit hinweist.*

8. *Im Zusammenhang mit Zeitreisen werden immer auch **Paradoxa** thematisiert. Bei einem Zeitparadoxon führt der Zeitreisende z. B. eine Maßnahme aus, die diese selbst erst in der Zukunft ermöglicht. Recherchiere im Internet und beschreibe Beispiele für Zeitparadoxa!*

*Der Begriff **Wurmloch** entstand in Analogie zu einem Wurm, der sich seinen Weg direkt durch den Apfel bahnt.*

So genannte **Wurmlöcher** sind eng mit Zeitreisen verbunden. Nach der Relativitätstheorie ist es denkbar, dass zwei verschiedene Bereiche der Raumzeit über diese Wurmlöcher verbunden sein könnten. Sie stellen Röhren zwischen zwei weit entfernten Punkten dar, die in der Science-Fiction-Welt als Abkürzungen dienen. Ähnlich wie das Zeitreisen sind solche Wurmlöcher zwar theoretisch möglich, jedoch nicht realisierbar.

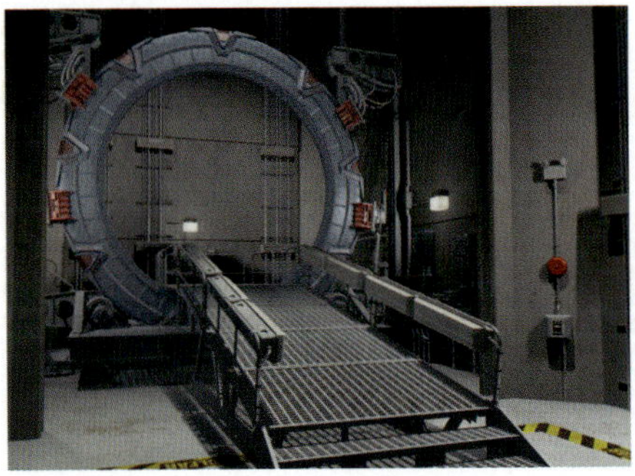

1 ▸ Reisen mithilfe von Wurmlöchern

Häufige Science-Fiction-Fehler

Weltraumgefechte sind in Science-Fiction-Filmen stets mit eindrucksvollen optischen Effekten (Abb. 2) und lautstarken Explosionen verbunden. Zugegeben, ohne visuelle und akustische Effekte wären solche Kampfszenen für den Zuschauer relativ langweilig. Doch Schallwellen benötigen zu ihrer Ausbreitung ein **Medium.** Der Weltraum entspricht jedoch einem sehr guten **Vakuum,** weshalb Explosionen nicht hörbar wären.

Ähnlich verhält es sich mit Laser- bzw. Phaserstrahlen. Um diese sehen zu können, sind Streupartikel notwendig, die das Licht in unsere Augen reflektieren.

9. *Schüttle einen Lappen mit Kreidestaub über dem Strahl eines Laserpointers aus und erkläre deine Beobachtungen! **Achtung!** Den Laserpointer nicht in Augenhöhe betreiben!*

10. *Bereite einen Schülervortrag mit dem Thema „Lichtschwerter – Science oder Fiction?" vor! Nutze für die Recherche das Internet!*
Beziehe in deine Betrachtungen auch Spielzeuglichtschwerter mit ein!

11. *In vielen Weltraumgefechten gelingt es den Piloten Laserstrahlen auszuweichen, die sich bereits auf das Raumschiff zu bewegen. Ist dies wirklich möglich?*

2 ▸ Beschuss der Enterprise

W

Wahlpflichtbereich: Leitungsvorgänge in Röhren

Leitungsvorgänge in Luft und im Vakuum

In „normaler" Luft gibt es nur sehr wenige frei bewegliche Ladungsträger. Das ist auch der Grund dafür, dass zwischen den beiden Anschlüssen einer Steckdose oder zwischen den offenen Kontakten eines Schalters trotz vorhandener Spannung kein Strom fließt. Im Vakuum sind überhaupt keine Ladungsträger vorhanden. Trotzdem kann unter bestimmten Bedingungen auch dort ein Strom fließen.

1. *Suche Beispiele dafür, dass in Luft ein Strom fließt! Erkunde, welche Bedingungen dafür erforderlich sind!*

2. *Wiederhole: Welches sind die Voraussetzungen für einen elektrischen Leitungsvorgang in einem Metall und in einem Halbleiter?*

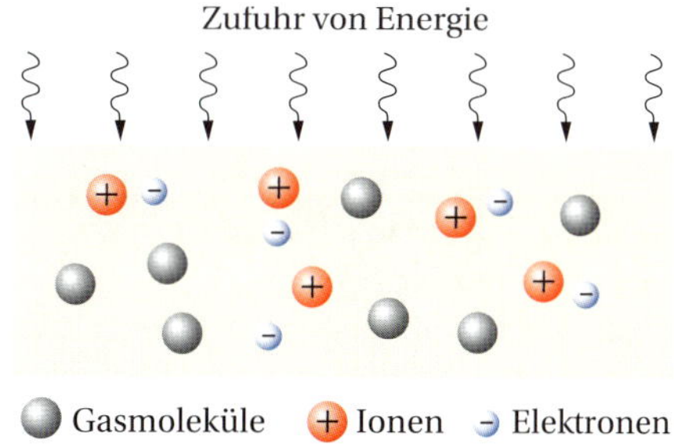

2 ▸ Ionisation eines Gases: Durch Energiezufuhr werden Gasmoleküle in Elektronen und positiv geladene Gas-Ionen aufgespalten.

Beim Blitz fließt ein starker Strom durch einen schmalen Kanal aus ionisierter Luft.

3. *Informiere dich in Lexika oder im Internet unter dem Suchwort „Elektronenröhre" über*
   a) *Arten von Röhren und*
   b) *Verwendungszweck von Röhren!*

Leitungsvorgänge in Röhren

Röhren unterschiedlicher Bauart wurden ab etwa 1850 entwickelt und später für viele verschiedene Zwecke genutzt, so etwa zur Gleichrichtung von Wechselstrom, zur Verstärkung elektrischer Signale oder als Senderöhren in Rundfunksendern.

Auch heute werden Röhren vielfältig genutzt: als Bildröhren in Fernsehapparaten, als Röntgenröhren oder Leuchtstofflampen.

Damit in Gasen, z. B. in Luft, ein Strom fließen kann, müssen frei bewegliche Ladungsträger vorhanden sein. Sie können in Gasen durch **Ionisation** erzeugt werden (Abb. 2). In Röhren mit geringem Druck (Vakuum) wird der **glühelektrische Effekt** genutzt: Bei erhitzten Metallen können Elektronen aus der Metalloberfläche austreten (Abb. 3).

Die Glühemission wurde 1883 durch THOMAS ALVA EDISON (1847–1931) bei Experimenten mit Glühlampen entdeckt.

1 ▸ Röhren unterschiedlicher Bauart

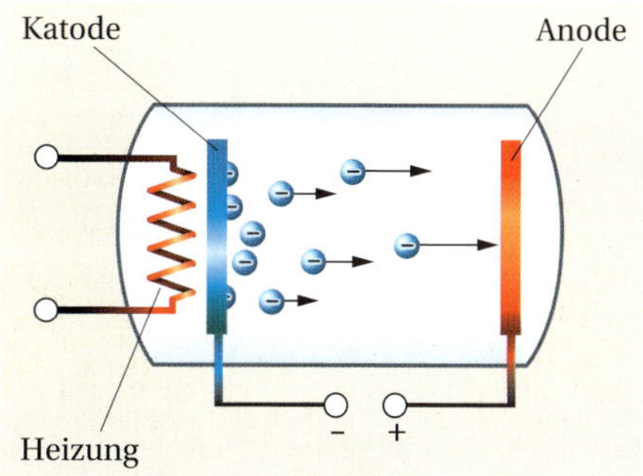

3 ▸ Glühemission in einer Vakuumröhre

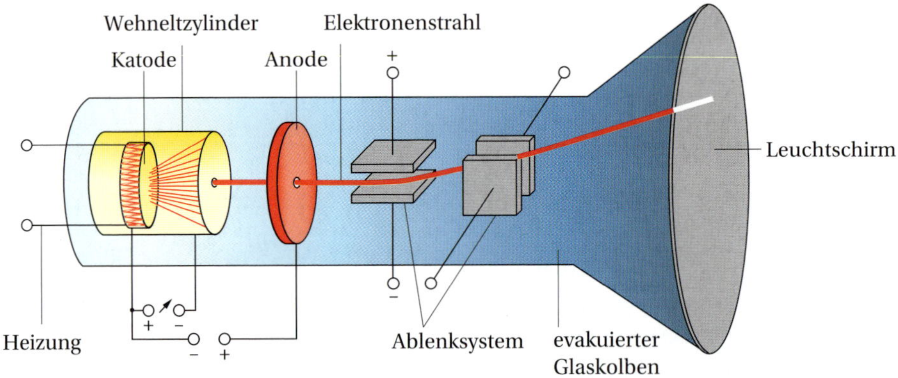

1 ▸ Aufbau einer Oszillografenbildröhre mit elektrischer Ablenkung des Elektronenstrahls

Ein Oszillograf ist ein Gerät zum Nachweis des Verlaufs von zeitlich veränderlichen Spannungen.

Die Elektronenstrahlröhre

Bei Fernsehbildröhren, Computerbildschirmen oder Oszillografen werden **Elektronenstrahlröhren** eingesetzt.

Prinzipiell besteht eine Elektronenstrahlröhre aus einem System zur Erzeugung eines Elektronenstrahls, einem Ablenksystem und einem Leuchtschirm (Abb. 1). Mit Heizung, Katode, Anode und Wehneltzylinder wird ein Elektronenstrahl erzeugt, der sich durch die Anode hindurch weiterbewegt.

Der Wehneltzylinder, benannt nach dem deutschen Physiker Arthur Wehnelt (1871–1944), dient dabei der Helligkeitssteuerung. Durch das Ablenksystem wird der Elektronenstrahl horizontal und vertikal so abgelenkt, dass er an einem bestimmten Punkt auf den Leuchtschirm auftrifft. Dort bringt er die Leuchtschicht an der inneren Seite des Schirms zum Leuchten.

Bei **Oszillografenbildröhren** erfolgt die Ablenkung des Elektronenstrahls im Ablenksystem durch elektrisch unterschiedlich geladene Platten (Abb. 1). Bei Bildröhren wird die magnetische Wirkung des elektrischen Stroms zur Ablenkung genutzt (Abb. 2).

4. *Bei Fernsehgeräten und Computerbildschirmen nutzt man heute neben Elektronenstrahlröhren zunehmend Flachbildschirme (LCD, Plasma). Vergleiche deren Aufbau und Wirkungsweise!*

In einer Elektronenstrahlröhre herrscht ein sehr geringer Druck.

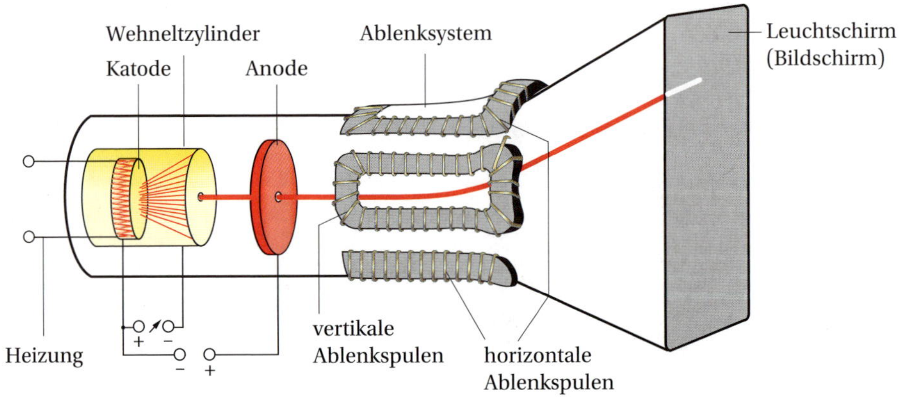

2 ▸ Aufbau einer Elektronenstrahlröhre mit magnetischer Ablenkung des Elektronenstrahls

W

Die Röntgenröhre

Röntgenstrahlung kann mithilfe von Röntgenröhren erzeugt werden. Die Abbildung zeigt den Aufbau einer solchen Röhre.

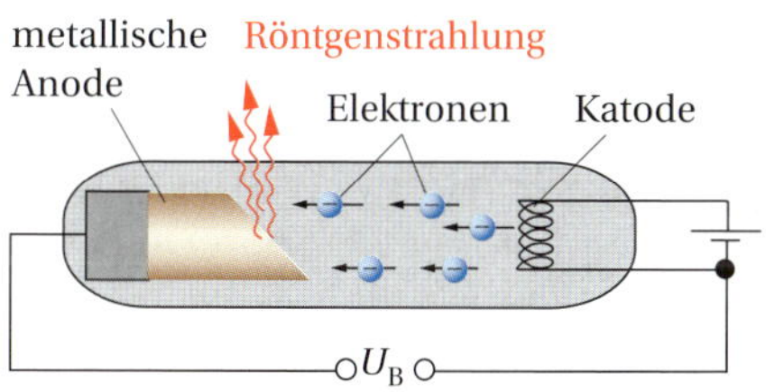

Aus einer Katode treten infolge Glühemission Elektronen aus. Sie werden durch eine hohe Spannung zwischen Katode und Anode beschleunigt und treffen dann auf die Anode. Dabei werden sie stark abgebremst und es entsteht Röntgenstrahlung, die nach außen abgegeben wird.

5. *Erkunde, welche Eigenschaften Röntgenstrahlung besitzt!*

6. *Stelle Beispiele dafür zusammen, wozu Röntgenstrahlung genutzt wird! Gibt es beim Umgang mit Röntgenstrahlung auch Gefahren?*

Leuchterscheinungen in gasgefüllten Röhren

Bei einer Bildröhre geht es um die Entstehung eines Bildes auf einem Leuchtschirm, bei der Röntgenröhre um die Erzeugung von Röntgenstrahlung. In beiden Fällen wird mit Vakuumröhren gearbeitet, d. h. der Druck in der Röhre ist sehr gering. Sind aber Röhren gasgefüllt, so können in der Röhre unterschiedliche Leuchterscheinungen auftreten (Abb. 1). Ein Beispiel dafür sind Glimmlampen, die man auch in Spannungsprüfern findet.

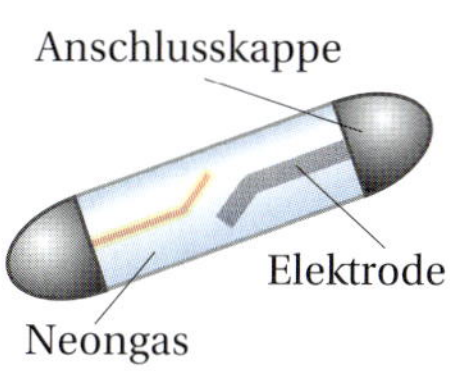

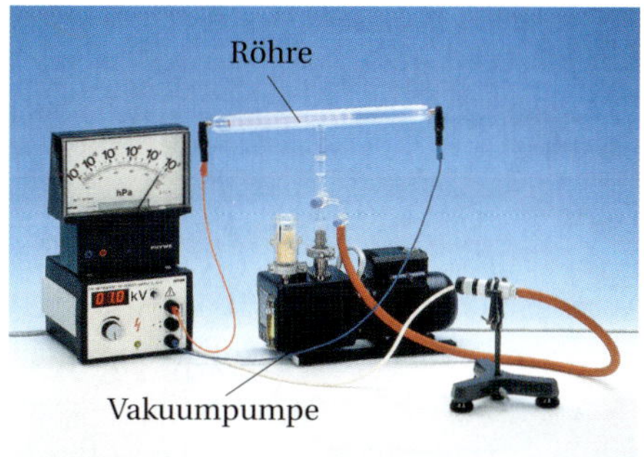

1 ▸ Verringert man den Druck in einer Röhre und legt Hochspannung an, dann sind in der Röhre Leuchterscheinungen zu beobachten.

WILHELM CONRAD RÖNTGEN (1845–1923) bezeichnete die später ihm zu Ehren genannte Röntgenstrahlung als X-Strahlung.

7. *Erkunde den Aufbau eines Spannungsprüfers mit Glimmlampe! Probiere ihn aus! Versuche ein Schaltbild zu entwickeln!*

Die Leuchterscheinungen in gasgefüllten Röhren werden vor allem bei Leuchtstofflampen genutzt. Auch alle Energiesparlampen sind Leuchtstofflampen. Abbildung 2 zeigt Aufbau und Schaltung.

8. *Der Wirkungsgrad von Leuchtstofflampen ist etwa 5-mal so groß wie der von Glühlampen. Was bedeutet das für die Lichtausbeute?*

9. *Erkunde, wie eine Leuchtstofflampe funktioniert! Nutze dazu Nachschlagewerke oder das Internet, z. B. die Adresse* ***www.schuelerlexikon.de!***

10. *Reklameröhren können in sehr unterschiedlichen Farben leuchten. Wie kommt das zustande?*

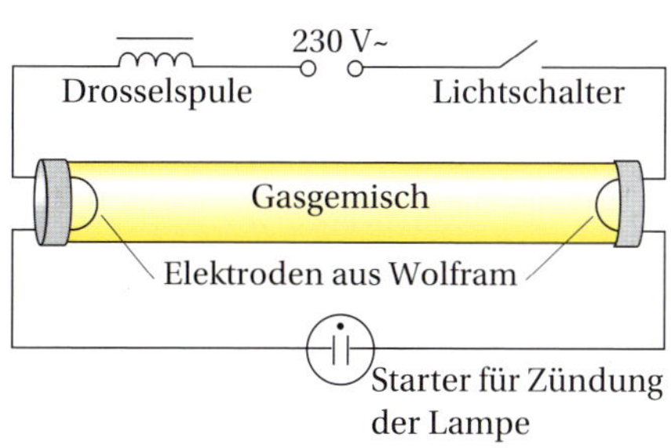

2 ▸ Schaltung einer Leuchtstofflampe

W

Wahlpflichtbereich: Werfen und Springen

Zusammengesetzte Bewegungen

Bewegungen in Natur und Technik sind meistens keine einfachen gleichförmigen oder gleichmäßig beschleunigten Bewegungen. Vielmehr setzen sich solche Bewegungen häufig aus mehreren Teilbewegungen zusammen. Ein Beispiel dafür ist die Bewegung eines Schwimmers quer zur Strömungsrichtung eines Flusses (Abb. 1). Seine gleichförmige Bewegung von A in Richtung C überlagert sich mit der Strömung des Wassers. Wege und Geschwindigkeiten setzen sich so zusammen, wie in Abb. 1 dargestellt.

Für jede einzelne gleichförmige Bewegung gilt: $s = v \cdot t$

1. *Nenne und erläutere Beispiele, wo sich zwei gleichförmige Bewegungen zusammensetzen!*

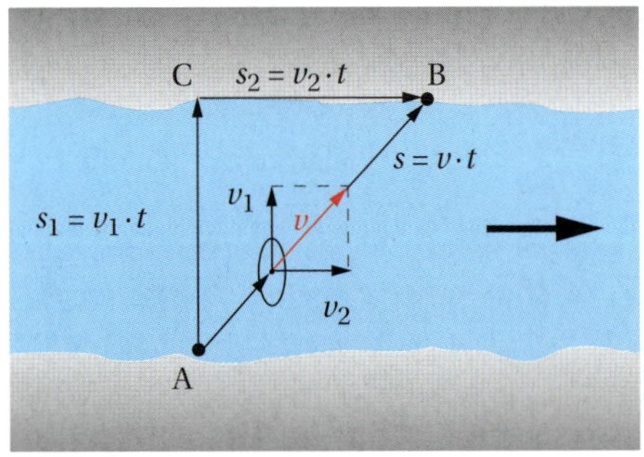

1 ▸ Wege und Geschwindigkeiten bei der Überlagerung zweier gleichförmiger Bewegungen

Bei vielen Sportarten, z. B. bei Ballspielen, beim Skispringen, beim Hoch- und Weitsprung oder beim Kugelstoßen, überlagert sich eine gleichförmige Bewegung mit dem freien Fall. Man spricht dann von einem **Wurf** (s. Übersicht unten).

senkrechter Wurf

Ein Ball wird senkrecht nach oben oder unten geworfen.

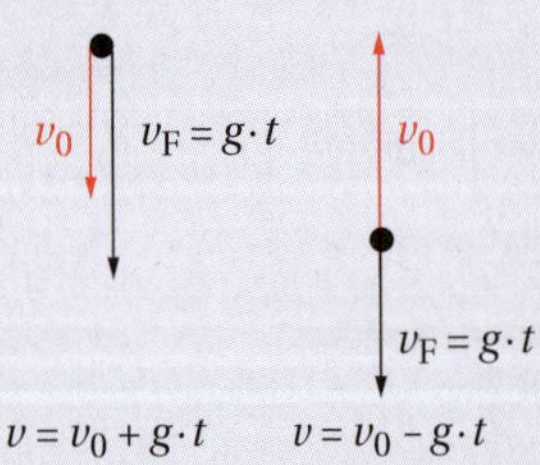

Der Körper bewegt sich geradlinig nach oben oder nach unten.

waagerechter Wurf

Ein Skispringer springt fast horizontal ab.

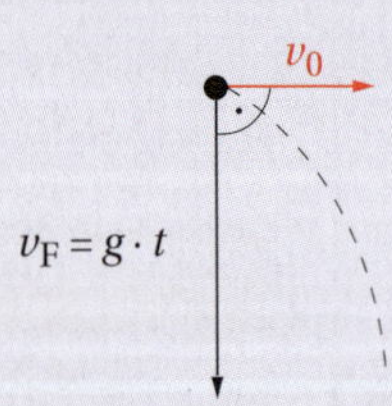

Der Körper bewegt sich auf einer Wurfparabel.

schräger Wurf

Ein Hürdenläufer oder ein Weitspringer springt jeweils schräg ab.

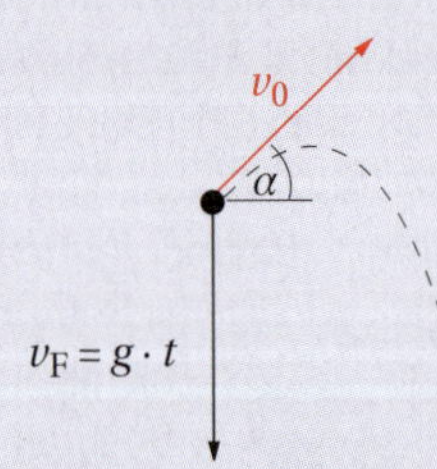

Der Körper bewegt sich auf einer Wurfparabel.

Bei einem senkrechten Wurf nach oben oder nach unten bewegt sich der betreffende Körper auf einer geraden Bahn. Er führt eine geradlinige Bewegung aus.

Die Bahnen, die bei waagerechten und schrägen Würfen entstehen, haben die Form von Parabeln. Man nennt sie deshalb **Wurfparabeln** (Abb. 1 und 3).

2. *Stelle in einer Übersicht Beispiele für senkrechte, waagerechte und schräge Würfe aus dem Bereich des Sports dar!*

3. *Bei einem senkrechten Wurf eines Balls nach oben hängt die maximale Höhe von der Abwurfgeschwindigkeit ab.*
   a) *Welche Höhen erreicht man bei Abwurfgeschwindigkeiten von 5 m/s, 10 m/s und 15 m/s?*
   b) *Formuliere in Worten einen Zusammenhang zwischen Abwurfgeschwindigkeit und Wurfhöhe!*

Waagerechte und schräge Würfe

Ein Skispringer springt vom Schanzentisch näherungsweise waagerecht ab. Dabei überlagern sich die gleichförmige Bewegung in waagerechter Richtung und der freie Fall senkrecht dazu (Abb. 1).

4. *Untersuche experimentell, wovon die Wurfweite bei einem waagerechten Wurf abhängt! Nutze für deine Untersuchungen ein Wurfgerät, einen Wasserstrahl oder einen Ball!*

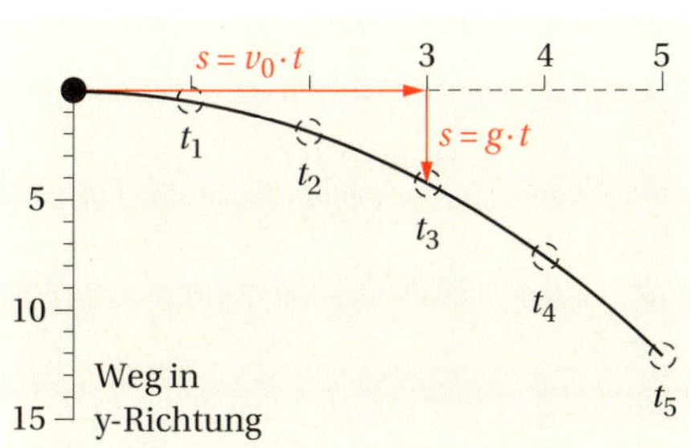

1 ▸ Wege beim waagerechten Wurf

2 ▸ Beim Golfspielen wird der Ball schräg nach oben geschlagen.

5. *Zeichne analog zu Abb. 1 die Wurfparabel für die Anfangsgeschwindigkeiten $v_0 = 20\,m/s$ und $v_0 = 30\,m/s$ für die ersten fünf Sekunden der Bewegung!*

Beim Kugelstoßen, Weitspringen oder Ballweitwurf kommt es darauf an, eine möglichst große Weite zu erreichen.
Diese Wurfweite ist bei einem schrägen Wurf abhängig
- von der Abwurfgeschwindigkeit v_0 und
- vom Abwurfwinkel α.

*Unter den Internetadressen **www.tafelwerk.de** oder **www.schuelerlexikon.de** findest du auch Simulationsprogramme zu den Würfen.*

Darüber hinaus spielt auch die Höhe des Abwurfpunktes über dem Auftreffpunkt eine Rolle.

6. *Untersuche experimentell, wie die Wurfweite beim schrägen Wurf von der Abwurfgeschwindigkeit und dem Abwurfwinkel abhängt! Bei welchem Abwurfwinkel wird die maximale Wurfweite erreicht?*

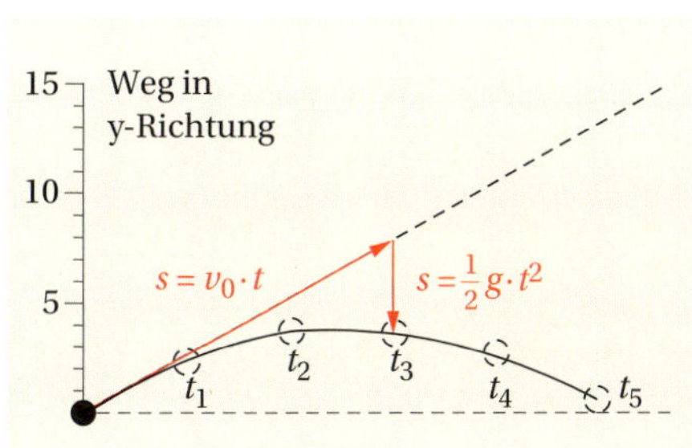

3 ▸ Wege beim schrägen Wurf

Ballistische Kurven

Wenn man die Bahn eines Fußballs oder eines Tischtennisballs genau verfolgt, dann zeigt sich: Die Bahnkurve ist keine Wurfparabel, sondern weicht z. T. deutlich davon ab. Die Ursache dafür ist das Wirken des bewegungshemmenden Luftwiderstands. Damit kommen Bahnen zustande, die der Physiker **ballistische Kurven** nennt. Infolge des Luftwiderstands ist bei gleicher Abwurfgeschwindigkeit die Wurfweite wesentlich geringer, als sie ohne Luftwiderstand wäre (Abb. 1).

*Die **Ballistik** ist die Lehre von den Wurf- oder Geschossbahnen. Abgeleitet ist diese Bezeichnung von balleria (griech.) = werfen.*

Kugelstoßen und Weitsprung

Bei diesen Sportarten handelt es sich um schräge Würfe, bei denen der Luftwiderstand vernachlässigt werden kann. Die Bahnen ähneln damit Wurfparabeln. Der Abwurfpunkt liegt aber über dem Auftreffpunkt (Abb. 2). Damit wird die maximale Wurfweite nicht bei 45 °, sondern bei Winkeln zwischen 35 ° und 40 ° erreicht.

7. *Ein Weitspringer springt unter einem Winkel von 25 ° zur Horizontalen ab. Seine Absprunggeschwindigkeit in dieser Richtung beträgt 10 m/s. Ermittle durch eine Zeichnung, wie weit er dann springen würde, wenn Absprung- und Auftreffpunkt in einer Ebene liegen!*

8. *Erkunde die Weltrekordweiten für Frauen und Männer! Vergleiche mit deinem Bestwert!*

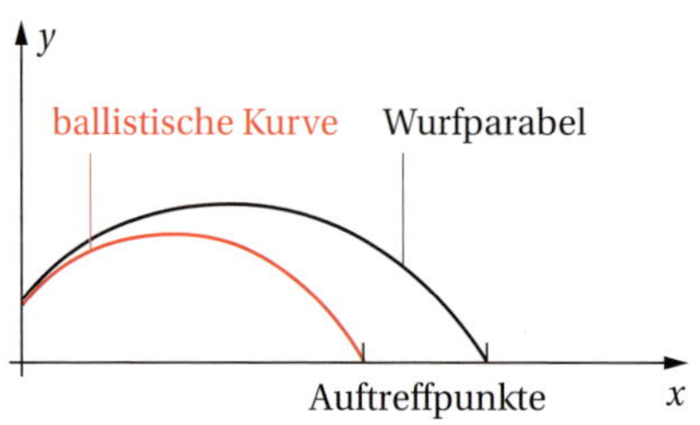

1 ▸ Wurfparabel und ballistische Kurve

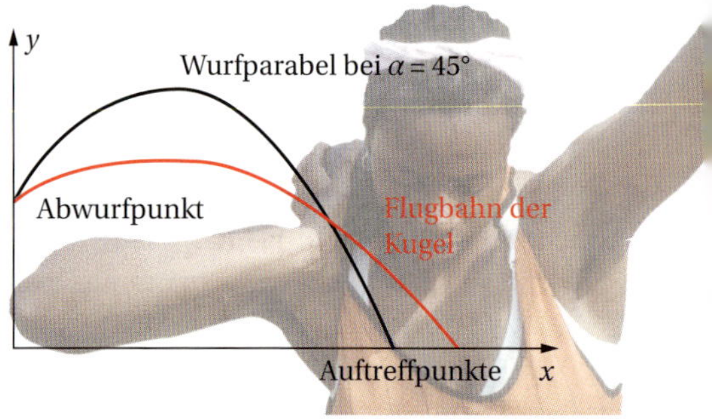

2 ▸ Die Wurfweite hängt von der Abwurfhöhe, der Abwurfgeschwindigkeit und dem Abwurfwinkel ab.

Fußball, Handball, Tischtennis

Bei allen Ballspielen hat der Luftwiderstand einen wesentlichen Einfluss auf die Flugbahn. Dabei spielen auch Rückenwind und Seitenwind eine Rolle. Hinzu kommt: Werden Bälle beim Abschlag oder Abwurf in Rotation versetzt, erfolgt je nach Rotationsrichtung eine zusätzliche Ablenkung aus der „idealen“ Bahn.

9. *Untersucht die Bewegung eines Tischtennisballs unter verschiedenen Bedingungen!*

Skispringen, Diskuswerfen

Beim Skispringen und Diskuswerfen kann ein „Luftpolster“ unter den Ski bzw. unter dem Diskus sogar bewirken, dass die Wurfweite größer ist als bei einer Bewegung ohne Luftwiderstand (Abb. 3). Das ist vor allem bei leichtem Gegenwind der Fall.

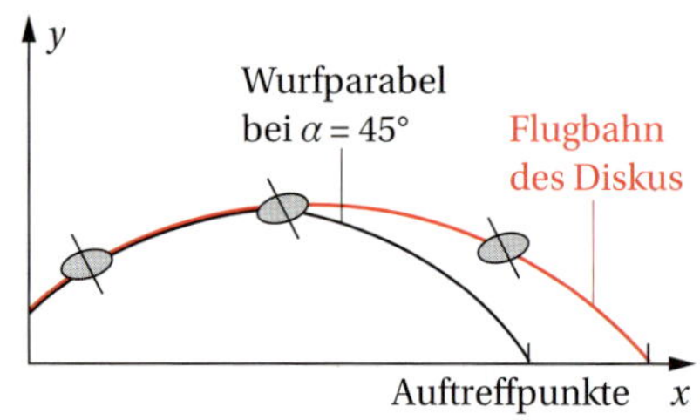

3 ▸ Beim Diskus „trägt“ die Luft.

W

Fächerverbindendes Thema

Energie und Umwelt

Primär-, Sekundär- und Nutzenergie

Der Energiebedarf der Menschheit ist in den letzten Jahrzehnten sprunghaft angestiegen und hat inzwischen einen Wert von über $4 \cdot 10^{20}$ J pro Jahr erreicht (Abb. rechts). Nach allen Prognosen wird er weiter ansteigen.

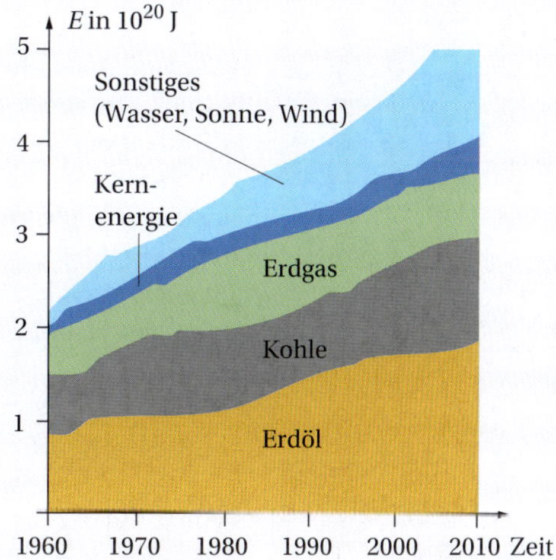

Entwicklung des Energiebedarfs der Menschheit

Der Gesamtverbrauch an Energie in Deutschland beträgt etwa $1{,}45 \cdot 10^{19}$ J, wobei fossile Brennstoffe einen erheblichen Anteil an den Energieträgern stellen. Holz, Kohle, Erdöl, Erdgas, Uranerz, Wind, Wasser, Biomasse und Sonnenstrahlung sind **Primärenergieträger,** die in der Natur vorkommen. Brikett, Koks, Benzin, Heizöl und elektrischer Strom sind **Sekundärenergieträger.**
Die **Primärenergie** wird heute nur in begrenztem Umfang unmittelbar genutzt. Sie wird in vielfältigen Umwandlungsprozessen in andere Energieformen umgewandelt, die sich besser transportieren, verteilen und für den Nutzer bereitstellen lassen, wobei die elektrische Energie die wichtigste **Sekundärenergie** ist.

1. *Der Anteil verschiedener Energieträger an der Deckung des gesamten Energiebedarfs ist in einzelnen Ländern, aber auch von Region zu Region verschieden.*
   a) *Berechne den prozentualen Anteil der einzelnen Energieträger beim Primärenergieverbrauch (s. Tabelle rechts) am Gesamtverbrauch in Deutschland! Stelle die Anteile in einem Säulendiagramm dar und interpretiere dieses Diagramm!*
   b) *Informiere dich über die Verteilung der Energieträger beim Primärenergieverbrauch in anderen Ländern! Wähle zweckmäßige Veranschaulichungen, die einen Vergleich ermöglichen!*

2. *Begründe, warum die elektrische Energie die wichtigste Form der Sekundärenergie ist!*

3. *Der größte Teil der Energie auf der Erde stammt letztlich von der Sonne. Sie ist eine riesige Gaskugel, in deren Innerem gewaltige Energien freigesetzt und in den Weltraum abgestrahlt werden. Recherchiere, wie wichtig der Energielieferant Sonne für das Leben auf der Erde ist!*

Energieverbrauch Deutschland 2004

Energieträger	Energieverbrauch E in 10^{18} J
Mineralöl	5,21
Erdgas	3,28
Steinkohle	1,94
Kernenergie	1,82
Braunkohle	1,65
Sonstiges	0,34
Wasser- und Windkraft	0,16

Fächerverbindendes Thema

Kraftwerke im Vergleich

Wirkungsgrad η von Kraftwerkstypen	
Art des Kraftwerks	η
Solarkraftwerk	20 %
Windkraftwerk	30 %
Kernkraftwerk	38 %
Kohlekraftwerk	40 %
Gasturbinenkraftwerk	52 %
Pumpenspeicherkraftwerk	75 %
Kraftwerk mit Kraft-Wärme-Kopplung	85 %
Wasserkraftwerk	90 %

In Kraftwerken wird aus Primärenergie über mehrere Umwandlungsprozesse elektrische Energie erzeugt. Je nach Primärener-gieträger und Art der Anlage unterscheidet man zwischen Wärmekraftwerken (Abb. 1), Kernkraftwerken (Abb. 1, S. 36), Wasserkraftwerken, Windkraftwerken und geothermischen Kraftwerken. Wesentliche Kriterien zur Beurteilung von Kraftwerken sind – neben dem Wirkungsgrad (s. Tabelle links) – die Kosten, die Risiken, die Umweltbelastung und die Verfügbarkeit der Energieträger.

4. *Stelle für jeden Kraftwerkstyp die Energieumwandlungskette auf und benenne die Primärenergieträger!*

5. *Worin unterscheiden sich wichtige Arten von Kraftwerken? Welche Vorteile und welche Nachteile haben sie?*

Von großem Nachteil sind die **Nebenprodukte,** die beim Verbrennen fossiler Brennstoffe in Wärmekraftwerken entstehen und die **Umwelt belasten,** wie Staub, Stickoxide (NO, NO_2), Schwefeldioxid (SO_2), sowie Kohlenstoffdioxid (CO_2). Bei der Rauchgasentschwefelung wandelt man z. B. SO_2 in Gips um, der als Baustoff Verwendung findet. Dadurch können bis zu 95 % des SO_2 aus den Abgasen entfernt werden. Der Ausstoß von CO_2 hat entscheidenden Einfluss auf den zusätzlichen **Treibhauseffekt** der Erde und kann durch technische Anlagen prinzipiell **nicht** verhindert werden.

6. *Erkunde, wie Anlagen zur Rauchgasentschwefelung und zur Entfernung der Stickstoffoxide funktionieren!*

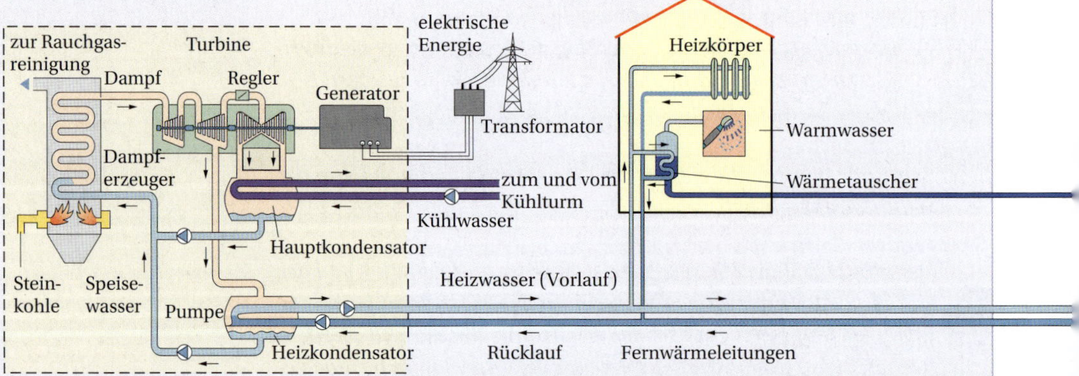

1 ▸ Wärmekraftwerk (links) mit Kraft-Wärme-Kopplung (rechts)

W

Fächerverbindendes Thema

1 ▸ Wasserkraftwerke (links) und Kernkraftwerke (rechts) tragen nicht zur Verstärkung des Treibhauseffekts bei.

Die Nutzung der Kernenergie birgt andere Umwelt- und Sicherheitsrisiken, hauptsächlich durch den radioaktiven Abfall und durch Störfälle beim Betrieb der Kernkraftwerke (s. S. 37). In Deutschland werden gegenwärtig ca. 30 % der elektrischen Energie durch **Kernspaltung** gewonnen. Das geschieht derzeit in 18 Kernkraftwerken und trägt zu einer stabilen Energieversorgung bei. Trotzdem gibt es kontroverse Diskussionen über die Nutzung von Kernenergie. Eine Alternative zur Kernspaltung könnte die Erzeugung von Elektroenergie durch **kontrollierte Kernfusion** sein. Die technologische Machbarkeit wird derzeit im internationalen Forschungsprojekt **ITER** untersucht.

*Im Juni 2005 gaben die Europäische Union, die USA, Japan, China, Russland und Südkorea den Startschuss für den Bau des so genannten **ITER-Reaktors.***

***ITER** bedeutet: International Thermonuclear Experimental Reactor*

7. *Gestaltet einen Workshop zum Thema „Pro und Kontra Kernenergie“! Ladet kompetente Gesprächspartner ein! Bereitet euch in Arbeitsgruppen auf einzelne Aspekte vor, z. B.*
   - *Vorteile und Nachteile gegenüber anderen Kraftwerken,*
   - *Risiken beim Betrieb, Störfälle,*
   - *Lagerung des radioaktiven Mülls!*

Radioaktive Strahlung kann bei entsprechender Dosis und Dauer der Einwirkung zu Schädigungen des menschlichen Körpers, aber auch anderer Lebewesen führen. Man spricht von der Strahlenkrankheit.

8. *Radioaktive Strahlung kann **Mutationen** auslösen. Welche Art von Mutation wird durch radioaktive Strahlung ausgelöst?*

__Mutationen__ sind erbliche Veränderungen eines Merkmals oder einer Eigenschaft.

9. *Die biologischen Wirkungen der radioaktiven Strahlung werden durch die **Äquivalentdosis** erfasst. Informiere dich im Internet, welche Wirkungen bereits kurzzeitige Einwirkungen ionisierender Strahlung hervorrufen können! Gestaltet ein Poster zu **Strahlenbelastung** und **Strahlenschutz!***

Grundregel zum Strahlenschutz:
Die Strahlung, der man sich aussetzt, sollte so gering wie möglich sein!

Fächerverbindendes Thema

Erneuerbare und nicht erneuerbare Energieträger

Energieträger	Reichweite in Jahren	
	weltweit	BRD
Braunkohle	515	230
Steinkohle	151	330
Erdöl	43	31
Erdgas	65	16

Die weltweit am umfangreichsten genutzten Energieträger Kohle, Erdöl und Erdgas sind in Millionen von Jahren unter speziellen Bedingungen entstanden und können unter heutigen Verhältnissen nicht neu entstehen. Sie sind nicht erneuerbar. Das Ende ihrer Verfügbarkeit ist bereits abzusehen (s. Tabelle links). Energieträger, die nachwachsen (Holz, Biomasse) oder von Neuem nutzbar sind (Wind, Wasser, Sonnenstrahlung), nennt man **erneuerbare** oder **regenerative Energieträger.**

10. *Die Tabelle links zeigt, wie lange die Reserven an fossilen Energieträgern reichen, wenn man den jetzigen Verbrauch zugrunde legt.*
    a) *Welche Folgerungen kann man aus diesen Daten ableiten?*
    b) *Diskutiert die Konsequenzen, die sich aus den Daten für die Nutzung erneuerbarer Energien ergeben!*

11. *Erarbeite eine Übersicht über erneuerbare Energieträger und deren Nutzung! Welche natürlichen Gegebenheiten begünstigen oder erschweren die Nutzung erneuerbarer Energieträger?*

12. *Der Anteil der erneuerbaren Energieträger Wind und Sonne an der Energieversorgung ist immer noch gering (s. S. 137). Welches sind die Ursachen dafür? Stelle in einer Präsentation den prinzipiellen Aufbau von solarelektrischen Anlagen und Windkraftanlagen vor!*

1 ▸ Der Wirkungsgrad von Brennstoffzellen ist mit 35 % bis 85 % sehr hoch.

Brennstoffzellen werden oft als Energiequellen der Zukunft bezeichnet. Darin wird Wasserstoff kontrolliert in einer exothermen Reaktion mit Sauerstoff zu Wasser umgesetzt.

13. *Beschreibe, wie eine Brennstoffzelle funktioniert! Erläutere die Vor- und Nachteile von Wasserstoff als Energieträger!*

Eine einzelne Brennstoffzelle liefert eine Spannung von 0,6 V bis 0,9 V. Durch Reihenschaltung der Zellen werden Spannungen bis etwa 200 V erreicht.
Beim Betrieb von Brennstoffzellen entstehen keine Umweltbelastungen. Allerdings sind die Produktionskosten noch sehr hoch.

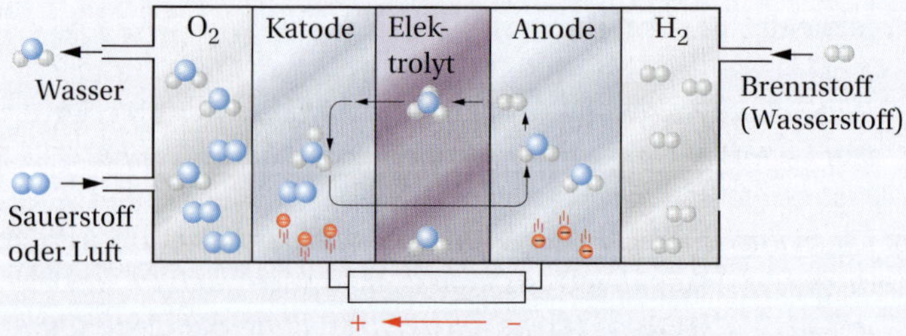

2 ▸ Aufbau und Wirkungsweise einer Brennstoffzelle: Es erfolgt ein Austausch von Elektronen.

W

Fächerverbindendes Thema

Biomasse gehört zu den Energieträgern, die ständig nachwachsen. Weltweit werden pro Jahr etwa 155 Mrd. Tonnen produziert. Auch die Nutzung organischer Abfälle (tierische und pflanzliche Ausscheidungsprodukte bzw. Rückstände) nimmt anteilig an der Energiegewinnung zu. So wird z. B. brennbares **Biogas** durch Fäulnisprozesse mithilfe von Mikroorganismen ohne Sauerstoffverbrauch erzeugt.

1 ▸ Sonnenblumen, Mais, Raps und andere Pflanzen liefern nachwachsende Rohstoffe für die Energiegewinnung.

14. *Trage in einer Tabelle verschiedene Verfahren zur Nutzung von Biomasse als Energieträger für die Energieversorgung zusammen und gehe dabei auf die Energieumwandlungen ein!*

Verfahren	Energieumwandlungen
Verbrennung von Biomasse (z. B. Holz)	…

2 ▸ In Abwasserkläranlagen lässt man Klärschlamm faulen, um Biogas als Heizgas zu gewinnen.

15. *Stelle Biogas her und überprüfe die Brennbarkeit!*
Durchführung:
Gehe in den Schritten 1 bis 3 vor (s. Abb.)!

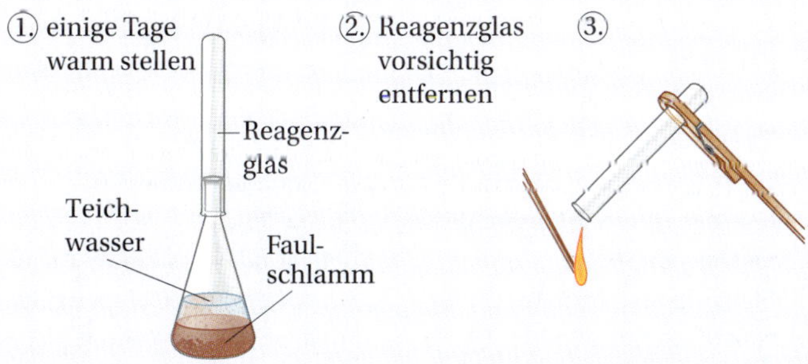

Auswertung:
a) *Vergleiche die Entstehung von fossilen Brennstoffen und von Biogas!*
b) *Ordne die Energieträger in den Kohlenstoffkreislauf ein!*

Um den ständig wachsenden Energiebedarf zu decken, ist es nicht nur erforderlich, in zunehmendem Maße erneuerbare Energien zu nutzen. Noch viel wichtiger ist es, sparsam und rationell mit den vorhandenen Energieträgern umzugehen und die Ressourcen so effektiv wie möglich zu nutzen.

16. *Unterbreite Vorschläge, wie Energie bei dir zu Hause und in deiner Umgebung sparsam und rationell genutzt werden kann!*

Isaac Newton (1643–1727)

Der englische Forscher Isaac Newton war einer der bedeutendsten Naturwissenschaftler der Geschichte. Als Sohn eines Landpächters, der noch vor seiner Geburt starb, wuchs Newton in bescheidenen materiellen Verhältnissen auf.
Der Rektor seiner Schule und sein Onkel ermöglichten dem begabten Schüler ein Universitätsstudium. Danach war Newton als Wissenschaftler in verschiedenen Einrichtungen tätig.
Newton entdeckte grundlegende Gesetze der Mechanik (newtonsche Gesetze). Er fand das Gravitationsgesetz, führte zahlreiche optische Untersuchungen durch und entwickelte das erste Spiegelteleskop.

James Prescott Joule (1818–1889)

James Prescott Joule wurde in einem englischen Dorf in der Nähe von Manchester geboren. Neben einer Tätigkeit in der elterlichen Brauerei nahm er Unterricht in Mathematik und Naturwissenschaften und beschäftigte sich mit physikalischen Problemen.
Joule entdeckte 1840 das Gesetz über die Stromwärme. Mit seinen Untersuchungen zum Zusammenhang zwischen Wärme und mechanischer Arbeit trug er wesentlich zur Durchsetzung des Energieerhaltungssatzes bei. Ihm zu Ehren wird als Einheit der Energie das Joule verwendet.

Werner von Siemens (1816–1892)

Werner von Siemens wurde als viertes von vierzehn Kindern eines Gutspächters in einem Dorf in der Nähe von Hannover geboren. Nach seiner Ausbildung als Artillerieoffizier versuchte er mit allerlei Erfindungen Geld zu verdienen, um nach dem Tod seiner Eltern seine Geschwister versorgen zu können. 1847 gründete er zusammen mit dem Mechaniker Johann Georg Halske in Berlin eine Firma, die sich im Laufe der Jahrzehnte zur Siemens AG entwickelte.
Siemens erfand und verbesserte zahlreiche Geräte der Telegrafentechnik. Seine bedeutendste Entdeckung war 1866 das elektrodynamische Prinzip, eine physikalische Grundlage aller modernen Generatoren.